中国农业应对气候变化

周广胜 郭建平 霍治国 周 莉 著

气象出版社
China Meteorological Press

内容简介

本书采用要素—过程—结果—评估的逻辑思路,从全国、主要农区及主要粮食作物(水稻、玉米、小麦)三个层次,较系统地分析了中国农业气候资源变化、农业气象灾害变化、农业病虫害变化、农业种植制度变化及种植面积变化、作物生长发育与产量变化,探讨了当前及未来气候变化情景下中国主要粮食作物的气候生产潜力以及中国主要粮食作物产量的提升潜力。同时,针对当前农业气候资源下中国主要粮食作物增产面临的问题,从主要粮食作物的种植面积、复种指数、品种布局和生产管理方式等方面探讨了中国农业适应气候变化的对策措施。

本书可供从事农学、农业气象学、气象学、生态学、生物学和全球变化等专业的科研业务、教学人员及大学生、研究生阅读参考。

图书在版编目(CIP)数据

中国农业应对气候变化/周广胜等著. —北京:气象出版社,2014.6
ISBN 978-7-5029-5806-0

Ⅰ.①中… Ⅱ.①周… Ⅲ.①农业气象-气候变化-研究-中国
Ⅳ.①S42

中国版本图书馆 CIP 数据核字(2014)第 128982 号

出版发行:气象出版社

地　　址:	北京市海淀区中关村南大街 46 号	**邮政编码:**	100081
总 编 室:	010-68407112	**发 行 部:**	010-68409198
网　　址:	http://www.cmp.cma.gov.cn	**E-mail:**	qxcbs@cma.gov.cn
责任编辑:	张　斌	**终　　审:**	黄润恒
封面设计:	博雅思企划	**责任技编:**	吴庭芳
印　　刷:	北京中新伟业印刷有限公司		
开　　本:	787 mm×1092 mm　1/16	**印　　张:**	13.75
字　　数:	358 千字		
版　　次:	2014 年 7 月第 1 版	**印　　次:**	2014 年 7 月第 1 次印刷
定　　价:	80.00 元		

前　言

　　以气候变暖为标志的全球环境变化已经发生,并将继续到可预见的将来。伴随着气候变暖和降水变异的加剧,极端天气气候事件出现的频次在增加,强度也在加大。如此剧烈的气候变化单独或和社会经济因素结合在一起,已经并将继续影响农业生产,甚至危及粮食安全。

　　中国是一个具有悠久农耕历史的农业大国,与同纬度国家相比,农业是在气候条件不稳、土壤质地瘠薄的自然条件下发展起来的,受气候变化及气象灾害的影响巨大。同时,中国还是人口大国,人多地少,既要保证足够的粮食供应,又要保证人民生活水平的日益提高。因此,农业如何应对气候变化不仅关系到中国的粮食安全,而且直接影响到中国的社会稳定、经济发展乃至国家安全。正因为如此,中国政府与相关部门高度关注农业生产与粮食安全问题。

　　为确保气候变化背景下农业增产、农民增收,2005 年中央 1 号文件《中共中央国务院关于进一步加强农村工作提高农业综合生产能力若干政策的意见》(中发〔2005〕1 号)明确指出,应该加强"农业灾害的监测、预报、防治和处置,农业资源、农业生态环境和农业投入品使用监测,水资源管理和防汛抗旱等职能"。2008 年中央发布了《中共中央国务院关于切实加强农业基础建设进一步促进农业发展农民增收的若干意见》(中发〔2008〕1 号)和《国家粮食安全中长期规划纲要(2008—2020 年)》(以下简称《纲要》)。依据《纲要》,2009 年国务院颁布了《全国新增1000 亿斤粮食生产能力规划(2009—2020 年)》,明确提出至 2020 年中国需要新增粮食 1000亿斤以上。《中国气象事业发展战略》也明确提出,"气象部门以国家粮食安全和生态安全气象保障服务为重点,积极拓展农业生态系统监测和信息服务领域,为中国农业防灾减灾,农业高产、高效和优质提供气象保障服务,为农业生态系统保护和建设提供科学支持。"

　　气候变化对中国农业生产的影响已经显现,并将随着气候变化程度的加剧,对农业生产的影响将持续增大。为确保未来气候变化情景下中国的粮食安全,趋利避害,规避极端天气气候灾害风险,减缓气候变化的不利影响,增强农业防灾减灾能力,及时为各级政府决策提供服务,迫切需要明晰已经发生的气候变化对中国农业的影响事实以及未来气候变化可能对中国农业的影响趋势,探讨未来气候变化下中国农业生产潜力变化,建立可持续发展的粮食安全生产与农民增收模式,从而适应和减缓气候变化的影响。

　　为此,自 2011 年起中国气象局专门针对"中国农业应对气候变化的措施"进行持续资助,开展了多部门、多学科的综合协作研究。本书是关于中国农业应对气候变化措施研究成果的系统总结,采用"要素—过程—结果—评估—对策措施"的研究思路,从全国、主要农区及主要粮食作物(水稻、玉米、小麦)三个层次,分析了中国农业气候资源变化、农业气象灾害变化、农业病虫害变化、农业种植制度变化及其对粮食生产的影响,从主要粮食作物的种植面积、复种指数、品种布局和生产管理方式等方面探讨了中国农业适应气候变化的对策措施,研究成果可供相关部门和领域交流与相互借鉴。希望本书的出版能为进一步深入开展气候变化对农业的影响及应对措施研究提供理论基础。

　　全书由周广胜研究员主持编写并统稿,其中第一章由周广胜、周莉、房世波、麻雪艳、王秋玲等执笔,周广胜统稿;第二章由周广胜、陈超等执笔;第三章由周莉、宋艳玲、申双和等执笔;第四章由宋艳玲执笔;第五章由毛留喜、郭安红等执笔;第六章由霍治国、张蕾、于彩霞、王丽、黄大鹏、吴立执笔,霍治国统稿;第七章由杨晓光、赵锦执笔;第八章和第九章由居辉、徐建文、姜帅、李翔翔执笔;第十章至第十二章由郭建平、赵俊芳、邬定荣、俄有浩、徐延红、穆佳等执笔,郭建平统稿;第十三章由唐华俊、周广胜、杨鹏、吴文斌、李正国等执笔。

本书由中国气象局项目"中国农业应对气候变化的措施"与科技部全球变化研究国家重大科学研究计划(973计划)项目"全球变化影响下中国主要陆地生态系统的脆弱性与适应性研究"(2010CB951300)共同资助。特别值得指出的是,我们在承担和完成各项任务以及撰写和出版过程中,得到中国气象局矫梅燕副局长、中国气象局应急减灾与公共服务司陈振林司长、中国气象局应急减灾与公共服务司农业气象处李朝生副处长和潘亚茹高级工程师等的大力支持与指导。在此,谨对他们表示诚挚的谢意。

由于研究的阶段性及水平限制,关于中国农业应对气候变化的认识尚有待不断深入。本书疏漏之处和缺点错误难免,敬请广大读者批评指正。

著　者

2014 年 6 月

目　录

第一章 绪 论

国以民为本,民以食为天。粮食是关系经济发展、社会稳定和国家自立的基础,保障国家粮食安全始终是治国安邦的头等大事。

中国是一个具有悠久农耕历史的农业大国,地处季风气候区,天气、气候条件年际变化很大,气象灾害发生频繁,农业受气候变化与气象灾害影响剧烈;同时,中国农业生产基础设施薄弱,抗御自然灾害能力较差,使得中国成为世界上受气象灾害影响最为严重的国家之一。据统计,中国每年因气象灾害造成的损失占整个自然灾害损失的 70% 左右,造成的直接经济损失占国民生产总值的 3%～6%(翟盘茂等,2009a)。

中国仅有世界 7% 的耕地,要养活世界 20% 的人口,并且还要保证人民生活水平不断提高。随着全球气候持续变暖与极端天气气候事件的频繁发生,破坏程度越来越强,影响越来越复杂,应对难度越来越大,从而将加大未来中国农业受灾风险和粮食安全的不确定性。经济平稳发展与社会和谐稳定对农业稳产高产的客观要求与气候变化影响的严峻形势之间的矛盾越来越突出。正因为如此,农业生产与粮食安全问题受到政府与科学家的高度关注。

为确保气候变化背景下中国的粮食安全,提高农业防灾减灾能力,及时为各级政府决策提供信息服务,迫切需要弄清已经发生的气候变化对中国农业的影响以及未来气候变化可能对中国农业的影响,并基于可持续发展理论建立安全的粮食生产与农民增收模式以适应和减缓气候变化的影响。

第一节 中国气候变化概况

中国气候条件复杂,大部分地区的气温季节变化幅度较同纬度其他地区剧烈,很多地方冬冷夏热,夏季普遍高温;降水时间分布极不均匀,多集中在汛期,而且降水的区域分布也不均衡,年降水量从东南沿海向西北内陆递减。气候变化极大地改变了中国农业的气候资源。农业生产活动只有与之相适应,才能更加充分合理地利用气候资源,变不利为有利,实现农业生产的可持续性。

中国气候变化趋势与全球气候变化的总趋势基本一致(秦大河等,2005)。近百年来,中国地表年均气温升高约 0.5～0.8℃;最近 50 年升高 1.1℃,增温速率达 0.22℃/a,明显高于全球或北半球同期平均增温(0.74℃,0.13℃/10a)(丁一汇等,2006)。2010 年中国气象局《气候变化对中国农业影响公报》指出,1961—2009 年中国大部地区气温呈上升趋势,其中北方地区增温明显,增幅在 0.3～0.6℃/10a 之间,增温最显著的区域主要分布在东北地区的东北部、内蒙古中部和新疆的东部,升温幅度达到 0.6～0.9℃/10a。黄河以南大部地区升温幅度普遍较小,一般在 0.3℃/10a 以下。

温度增加使得中国热量资源呈总体增加、时空分布极其不均的显著变化特点：北方地区增加幅度大于南方地区，且冬季和夜间增温较大；北方地区的气候变暖主要来自最低气温升高的贡献，其升温速率为最高温度升温速率的 2 倍左右（王菱等，2004）；而南方地区的增温趋势不明显（Tao et al.，2006）。黑龙江省 1961—2003 年的平均气温、平均最高气温、平均最低气温均呈显著上升趋势，其中平均最低气温增加幅度最大，达 0.69℃（白鸣祺等，2008）；1961—2004 年华东地区≥0℃的积温和持续日数分别增加了 5.18～9.53 ℃·d/a 和 0.22～0.60 d/a（李军等，2009）。

2010 年中国气象局《气候变化对中国农业影响公报》指出，气候变化也使中国降水及其分布格局发生明显变化。1961—2009 年中国平均降水量没有明显的趋势性变化，仅略增加了 12.86 mm，然而近 10 余年来降水量呈下降趋势。中国降水变化则呈现较大的区域特征。东北东部、华北中南部的黄淮海平原和山东半岛、四川盆地以及青藏高原部分地区的降水出现不同程度的下降趋势；在中国的其余地区，包括西部地区的大部分、东北北部、西南西部、长江下游和东南丘陵地区，年降水量均呈现不同程度的增加（《气候变化国家评估报告》编写委员会，2007）。

分析表明，20 世纪 80 年代初至 21 世纪初的近 20 年间，东北和华北大部地区的土壤含水量呈减少趋势，黄河上游和江淮流域一般为增加，而长江中下游增加较为明显（任国玉，2007）。西北干旱半干旱过渡区近 50 年的年降水量呈明显下降趋势，且近 10 年来降水出现剧烈下降，随着温度的进一步上升，土壤蒸发（散）的增加，未来干旱化将进一步加剧（高蓉等，2009）；而华北地区 1961—2000 年的小麦和玉米种植每年需水分别亏缺 90～435 mm 和 0～257 mm，特别是位于冬小麦种植的南北分界线 36°N 以北地区呈干旱化加剧趋势，而以南地区则呈干旱程度减弱趋势（Wang et al.，2008）。

第二节　气候变化对中国农业的影响事实

一、农业生产潜力变化

降水与温度的时空变化必将影响中国农业的生产潜力。气候变暖使得中国大陆（除西南地区外）的光温生产潜力呈显著增加趋势，其中北方增幅大于南方（章基嘉等，1992）。1991—2000 年黄淮海平原耕地的生产潜力与气温呈显著正相关，温热水平每提高 10%，耕地的生产潜力将提高 3.2%（姜群鸥等，2007）。但是，不同地区限制作物生长的气象因子不同，使得气候变化对不同地区不同作物生产潜力的影响也不相同。温度是东北地区作物生长的主要限制因子，温度增加对东北地区不同作物气候生产潜力的促进作用不同：水稻最大，玉米次之，而大豆对温度变化的敏感性最小（周光明，2009）。与 1951—2000 年的平均值相比，松嫩平原 90 年代的玉米气候生产潜力增加了 1057 kg/hm²，水稻气候生产潜力增加了 787 kg/hm²（周光明，2009）。由于气候资源时空分布的不均匀性，气候变暖也使得一些地区的光温生产潜力呈减小趋势。水分是西部干旱区作物生长的主要限制因子，90 年代以来的降水量减少导致关中平原作物气候生产潜力减少（刘引鸽，2005）。

气候变暖引起的热量资源增加，使农作物春季物候期提前，生长期延长，生长期内热量充足，作物生产潜力增加，在一定程度上促进了作物的稳产高产。但是，不同地区气候变暖的程度和趋势不同,各地区降水的时空格局变化也不相同。一些地区由于水分的制约,特别是温度增加、降水频次和强度的变异幅度加大以及气候变化的不确定性增加将进一步加大农业自然灾害发生的频次和强度,危及作物生产潜力的发挥(林而达等,2005)。因此,气候变化对中国各地农业生产的影响也不尽相同:一些地区是正效应,而另一些地区则是负效应。

气候变暖有利于东北地区的粮食生产。东北地区的作物生长主要受冷湿气候的影响,气候变暖使得该地区的温度升高,明显减轻了作物生长成熟的低温冷害,并使得作物生长期延长,有利于引进晚熟高产玉米、大豆品种和选种冬小麦、水稻等高产作物(刘颖杰等,2007;Tao et al.,2008)。据估算,20世纪90年代东北地区的粮食总产量较80年代初以前约增加了1倍(《气候变化国家评估报告》编写委员会,2007);相对于80年代,90年代的气候变暖对黑龙江省水稻单产增产的贡献率约23.2%~28.8%(方修奇等,2004),对松嫩平原玉米增产的贡献率约26.78%(王宗明等,2007)。

气候变暖对华东和中南地区的粮食产量影响并不明显。这在一定程度上是因为该地区社会经济发展较快,城市化引起的土地利用变化超过了气候对粮食总产的影响。

气候变暖不利于华北、西北和西南地区的粮食生产。这是因为这些地区大多处于干旱半干旱地区,温度升高使作物(越冬作物如冬小麦)生长发育加快、生长期缩短,作物可利用的有效水资源相对减少,致使作物的总干重和穗重减少,从而对粮食生产产生负面影响。

二、作物种植制度变化

一个地区作物的种植制度应该根据现实生产和资源条件,兼顾经济发展和基于生态管理的资源保护的最佳化,最终达到预期的年度生产目标(Hanson et al.,2007)。随着温度的升高,世界范围内作物的种植范围向更高纬度的区域发展,导致区域种植结构发生变化,已经形成共识(Rosenzweig et al.,1998;Easterling et al.,2007)。因此,气候资源等内在和外界条件的变化,决定了需要一个动态的种植制度与之相适应,以保证农业生产目标的实现(Hanson et al.,2007)。

作物种植界线显著北移高扩。20世纪90年代中后期,东北地区的水稻种植北界已达52°N左右的呼玛地区,较80年代初北移了约4个纬度。中国冬小麦种植北界(长城沿线)与50年代所确定的冬小麦种植北界(长城沿线)相比,已经从大连(38°54′N)推移到了42.5°的抚顺—法库—彰武一线(郝志新等,2001),北移了近4个纬度,可种植最高海拔也由海拔1800~1900 m上升到了2200 m(邓振镛等,2007);特别是,黑龙江省冬小麦的种植北界已达克东和萝北等北部地区,较50年代所确定的冬小麦种植北界(长城沿线)北移了近10个纬度(祖世亨等,2001;云雅如等,2007)。黑龙江省的玉米种植北界已扩展至大兴安岭和伊春地区,向北推移了约4个纬度;同时,玉米种植区域也向高海拔地区扩展。在西藏地区,80年代以后,玉米种植地区由传统意义上的海拔1700~3200 m扩展到海拔3840 m(禹代林等,1999;任国玉,2007)。过去20年来,吉林省的玉米带种植重心由西向东移动,自1950年至2000年重心向东偏移了18.3 km,除政策支持和经济收益的作用外,近年来的气温升高,尤其是冬、春两季增温起到重要的推动作用(王宗明等,2006)。温度升高也使得中国夏播大豆的种植北界越过了原有的北方温和、中长光照春夏播大豆区,到达东起辽东半岛南缘,经渤海沿长城西行,接岷山—大雪山一线的位置,约向北推进了3~5个纬度(高永刚,2005)。

多熟种植界线明显北移高扩。双季稻种植北缘由原先的28°N推进到31°~32°N,稻麦二熟由原先的长江流域推进到华北平原的北缘(40°N)(章秀福等,2003);华北地区两年三熟制已改为冬小麦—玉米一年平播两作(江爱良,1993)。

作物品种布局发生明显改变。气候变暖引起的热量增加使得中国南方的水稻品种逐渐向北方扩展,冬小麦种植北界北移西扩,喜温作物播种面积比例增加。在中国,冬小麦品种按其冬春性特点分为强冬性、冬性、半冬性和春性4种类型。目前,气候变暖已导致中国华北地区一直以来广泛种植的强冬性冬小麦品种因冬季无法经历足够的寒冷期以满足春化作用对低温的要求不得不被半冬性甚至弱春性小麦品种所取代,导致遭受冷害冻害风险加大(周新保,2005;云雅如等 2007)。近 50 年来,河南省冬小麦品种由冬性为主演变到半冬性、弱春性占绝对优势,且其成熟期也明显提早(周新保,2005)。在南方,比较耐高温的水稻品种将占主导地位,并逐渐向北方发展;东北地区乃至中国大部分地区水稻种植区均表现出由早熟被高产晚熟品种所替代的趋势(高亮之等,1994;周广胜等,2005;云雅如等,2007)。近 50 年来,辽宁省≥10℃积温界限开始的日期明显提前,大部分地区提前 6 天左右;吉林省玉米品种成熟期较以前延长了 7~10 d,玉米杂交种北移现象突出,使得生育期长、成熟期晚的高产晚熟玉米品种得到推广(贾建英等,2009)。气候变暖对作物品种布局的改变深刻地影响了品种在粮食生产中的作用和地位。

作物复种指数大幅度提高。中国是世界上复种面积最多的国家,有着较大的土地产出率。气候变暖已经显著地影响了中国的复种指数:中国的作物复种指数明显上升,由 1985 年的 143%增加到 2001 年的 163.8%,其中青藏高原、西北、西南、华东和华南地区丘陵山地的复种指数增加幅度较大(张强等,2008)。中国作物复种指数的增加,有效地促进了粮食增产。

种植结构发生明显变化。由于不同地区气候变暖的程度和趋势不同,气候变化对农业种植结构的影响也不尽相同。1984 年前黑龙江省的水稻播种面积仅占 3 种主要粮食作物(水稻、玉米与小麦)总播种面积的 6%,2000 年达到 39%,使得黑龙江省的粮食作物种植结构从主要以小麦和玉米为主转变为以玉米和水稻为主的结构(云雅如等,2005,2007)。在甘肃省,喜热作物棉花、玉米和谷子的种植面积也迅速扩大(刘德祥等,2007;邓振镛等,2008a),棉花主产区河西走廊的种植面积较 20 世纪 80 年代扩大了 7 倍(周震等,2006)。

气候变暖改变了热量的时空分布格局,深刻地影响了作物种植制度,主要体现在种植界限的北移和复种指数的提高,为有效促进农业增产与农民增收带来了机遇。但由于中国气候变化的时空变异较大,北方干暖化趋势明显,南方洪涝灾害频发,使得现有农业生产面临着调整不及时、应对措施不当等带来的巨大挑战。缺乏科学论证的引种已经给中国的粮食生产带来严重危害。例如,发生在东北地区的"水玉米"事件就是由于种植玉米品种的生育期超过当地无霜期所致(蒋相梅,2001;史桂荣,2001)。而发生在中国黄淮、长江中下游与西南地区冬麦区的冻害及由此引起的群众集体上访事件就是由于盲目推广春性较强的小麦品种所致,特别是 2004 年小麦良种补贴项目实施的利益驱使进一步加剧了这一现象(林而达,2008)。1993 年冬季江汉平原发生的一次大范围低温冻害过程导致天门蜜橘一夜之间几乎全部冻死,造成了普遍性经济损失,这都是预先没有从气候学角度进行科学论证而盲目引种导致的结果(赵建平等,2002)。

三、农业气象灾害与病虫害变化

尽管气候变暖在改善和增加区域热量条件的同时,也增加了一些区域的水分条件,在一定意义上增加了粮食的生产潜力。但是,气候变化的不确定性使气象灾害加剧,导致高温、干旱、强降水等极端天气气候事件与病虫害频发,而且来势早、强度大,并有加剧的趋势(Easterling et al.,2007;Tubiello et al.,2007;Battisti et al.,2009),导致农业生产的脆弱性增加(Easterling et al.,2007),粮食生产面临的风险增加,甚至给农业生产带来巨大的损失。

伴随着气候变暖和降水变异的加剧,自 1950 年以来,中国的旱灾、洪涝、热浪和低温冷害冻害等极端天气气候事件加剧(林而达等,2005),近年来冰雪灾也时有发生,导致中国作物的受灾和成灾面积日益扩大,农业粮食产量与经济损失呈指数增长。据统计,1950—2002 年中国农业自然灾害作物受灾面积平均每年为 3854.8 万 hm^2,受灾率为 26%。在灾害造成的总损失中,水旱受灾 3211.4 万 hm^2,占播种作物总受灾面积的 83.3%(翟盘茂等,2009b)。特别是 20 世纪 90 年代以来,气候变率增大,致使中国重大农业气象灾害频发,损失巨大,仅 1990—2006 年期间的年均经济损失就达 1004 亿元,而 2008 年初的低温雨雪冰冻灾害使得 20 个省(区、市)的直接经济损失达 1111 亿元,其中作物受灾面积达 1.77 亿亩(谷洪波等,2009)。

干旱。是中国农业面临的最主要灾害。近半个世纪以来,中国干旱地区和干旱强度都呈现增加趋势。中国北方主要农业区的干旱面积一直上升,夏秋两季干旱日益严重,华北、华东北部干旱面积扩大尤其迅速,形势尤其严峻(秦大河,2009)。20 世纪 50 年代以来,中国农业干旱受灾、成灾面积逐年增加,每年因旱灾损失粮食 250 亿~300 亿 kg,占自然灾害损失总量的 60%。

2009 年云南省遭遇了 60 年一遇的特大旱灾。据当地气象部门分析,2009 年 9 月中下旬以来,云南省大部分地区降水量异常偏少,而气温明显偏高,蒸发量增加进一步加剧了旱情,造成了特大旱灾。截至 2010 年 1 月 30 日,云南全省作物受旱面积达 1755 万亩,其中重旱 667 万亩、干枯 207 万亩,致使部分地区颗粒无收,如云南玉溪就有 34.1 万亩小春作物绝收。

洪涝。20 世纪以来,中国暴雨极端事件出现频率上升、强度增大,尤以华南和江南地区最为明显(刘九夫等,2008),其中 90 年代为近 50 年来洪涝高发的 10 年。近 50 年来,中国洪涝灾害成灾面积呈逐年增加趋势。目前,中国的洪涝灾害主要集中发生在长江、淮河流域以及东南沿海等地区,中国 40% 的人口、35% 的耕地和 60% 的工农业产值长期受到洪水威胁(冷传明等,2004)。洪涝灾害对粮食生产的危害仅次于旱灾,每年因洪涝灾害造成的粮食平均损失占总量的 25%。

高温热浪。全球气候变暖引发夏季持续高温和热浪频发,成为中国农业面临的主要气象灾害之一。1956—2006 年,中国平均气温线性增加,中国 50 年日最高气温除青藏高原地区外均高于 35℃,其中 50 年日最高气温极大值高于 40℃ 的地区主要分布在塔里木盆地、吐鲁番盆地、华北东部、黄淮地区和长江中游地区;中国大部分地区,即除青藏高原、西南西部和东部大部以及内蒙古中东部等地的其他地区,平均高温日数大于 2 d,新疆吐鲁番盆地甚至高达 94.4 d,江南大部分地区也在 20 d 以上(高荣等,2008)。热害在江苏、浙江、湖北、湖南、江西和四川等省时有发生,导致稻谷减产达 10%~18%。

近 50 年来,华北地区和华东地区的春末高温、干热风发生频率和强度呈增加趋势(邓振镛等,2009);江南地区和华南地区的高温使得水稻灌浆不足导致减产(熊伟,2009);西北地区显著的暖干化增加了干热风发生次数,给农业带来巨大危害(邓振镛等,2009)。

低温冷害冻害。寒潮和强冷空气是中国秋冬春三季易发生的灾害性天气,常常带来剧烈降温和大风天气,有时还伴有雨雪和冻雨,形成冻害。1951—2004 年中国和区域性寒潮(统称为总寒潮次数)共发生 371 次,平均每年 7 次,其中中国性寒潮 104 次,平均每年发生约 2 次

（王遵娅等，2006）。中国每年因冷害损失稻谷约 30 亿～50 亿 kg。低温冷害时间变化趋势分析表明：东北三省 20 世纪 60 年代末至 70 年代中期发生较为频繁，灾害程度较重；80 年代后气温明显升高，低温冷害出现频次明显减少。气候变暖背景下，东北和华北地区的霜冻害和冻害也时有发生，如 90 年代发生在吉林省中部较严重的初霜冻和松辽平原的初霜冻造成大田作物受害致死。

同时，气候变暖引起的中国持续的冬前和冬季偏暖使得越冬作物春季冻害风险加大。1998 年河南省发生大范围的越冬冻害，造成的损失占全部农业灾害损失的 20%。2004 年黄淮海地区从播种至 12 月 20 日温度持续偏高 2～6℃，导致麦苗生长过旺，但 12 月 20 日出现的大范围降温、降雪天气使得气温骤降 5～10℃，麦苗无法适应气温突变，导致黄淮麦区冬小麦受冻面积达 333 万 hm^2，其中严重冻害超过 33.3 万 hm^2（李茂松等，2005a）。实地调查表明，冻害较重的小麦地上部分 90% 干枯，分蘖节基本上冻死枯萎，减产 50% 以上，大部分地块绝收，占受冻害麦田的 10% 左右。气候变化还导致中国华南寒害发生的频率增加。20 世纪 90 年代以来，华南地区严重冬季寒害发生了 5 次，占 50 年代以来严重寒害次数的 62.5%。

可见，中国是一个遭受农业气象灾害严重的国家，气候变暖将加剧中国的农业气象灾害及其影响。特别是，近几十年来中国夏季高温热浪增多，局部地区特别是华北地区干旱加剧，南方地区强降水增多，西部地区雪灾发生的几率增加、面积扩大；干旱、洪涝、冻害、雪灾和风灾等主要农业气象灾害的时空分布、发生规律、年代际变化特征等发生了较大变化，总体上朝着不利的方向发展；每年气象灾害造成的经济损失约占各种自然灾害总损失的 57%。总体而言，气候变化对农业生产的影响利弊并存，但以负面影响为主（林而达等，2005）。

气候变暖不仅加剧了农业气象灾害及其影响，也加剧了农业病虫害的频发，而且来势早、强度大。据联合国粮农组织（FAO）统计，全世界农业生产中每年因虫害、病害和杂草危害造成的损失占总产值的 37%，其中虫害占 14%、病害占 12%、杂草占 11%。中国农业病虫害具有种类多、影响大、时常暴发成灾的特点，其发生范围和严重程度对国民经济、特别是农业生产产生直接的重大影响。例如，中国重要农作物的病虫草鼠害达 1400 多种，其中重大流行性、迁飞性病虫害就有 20 多种。几乎所有大范围流行性、暴发性、毁灭性的农作物重大病虫害的发生、发展、流行都和气象条件密切相关，或与气象灾害相伴发生。目前，中国农业因病、虫、草害造成的损失约占农业总产值的 20%～25%（熊伟，2009）。

农业有害生物种类剧增且灾害加重。20 世纪 50—70 年代，中国每年发生面积 333.3 万 hm^2 以上的农业有害生物种类只有 10 余种，80 年代为 14 种，90 年代为 18 种，2000—2004 年平均每年 30 多种。据统计，1949—2006 年中国重大农业生物灾害发生面积由 0.12 亿公顷次上升到 4.60 亿公顷次，近 5 年年均发生面积超过 4.2 亿 hm^2。无论是水稻、小麦、玉米、大豆等主要粮食作物，还是蔬菜、果树等园艺作物的生物灾害都呈加重态势（夏敬源，2008）。

农作物病虫害的发生、发展和流行加剧。就农作物病害而言，病害的潜育期一般在发病温度范围内随温度升高而缩短，如西瓜蔓枯病潜育期在 15℃ 时，需要 10～11 d，而 28℃ 时只需 3.5 d。高温有利于大白菜炭疽病的流行，通常在适宜温度范围内大多数害虫的各虫态发育速率与温度呈正相关，温度升高使得害虫各生育期缩短；反之，则延长。温度升高，害虫就会提前发育，一年中的繁殖代数增加，数量呈指数增加，造成农田多次受害的几率增大。同时，病虫越冬状况受温度影响将更加明显，冬季变暖，有利于多种病虫过冬，可造成主要农作物病虫越冬基数增加、越冬死亡率降低、次年病虫发生期提前、危害加重，而作物害虫迁入期提前、危害期延长,可能导致农药施用量增加 20％以上,甚至加倍。

研究表明,严重危害中国农作物的稻瘟病、水稻白叶枯病,水稻纹枯病、胡麻叶斑病、恶苗病、鞘腐病、绵腐病、黄萎病、普通矮缩病、黑条病、赤枯病等 11 种与气象条件密切的病害随着气候变化,其发生发展、危害范围、侵染途径等均发生了不同程度的变化(夏敬源,2008)。气候变暖,尤其是冬季温度增高,有利于条锈菌越冬,使菌源基数增大,春季气候条件适宜,将促使小麦条锈病的发生、流行加重。中国北方小麦条锈病已经连续 5 年(2001—2005 年)大流行,最高年份发病面积 560 万 hm²(夏敬源,2008)。低温和寒露风对穗颈稻瘟病的流行十分有利,双季稻种植区北移后,易造成稻瘟病北上,有利于稻瘟病的发生和加重等。中国南方的稻瘟病也已经连续 4 年(2004—2007 年)大流行,最高年发病面积 580 万 hm²(夏敬源,2008)。

气候变化也使得危害各种农作物的蝗虫、水稻螟虫、黏虫、稻飞虱、稻纵卷叶螟、小麦吸浆虫、蚜虫、红蜘蛛类、草地螟、棉铃虫等的发生频率和强度发生变化(李一平,2004)。中国北方农区的飞蝗 1995—2004 年连续 10 年暴发,草地螟 1998—2004 年连续 7 年大发生,年最高发生 3800 万亩次(王爱娥,2006)。2005—2007 年,当中国北方农区的飞蝗、草地螟暴发态势有所趋缓时,南方的稻飞虱、稻纵卷叶螟连续大发生,年均发生面积分别达到 2666.7 万公顷次和2000 万公顷次(夏敬源,2008)。

第三节　气候变化对中国农业的影响预估

研究表明,以气候变暖为标志的全球气候变化将继续到可预见的将来。政府间气候变化专门委员会(IPCC)第四次评估报告指出:21 世纪末,全球平均地表温度可能将升高 1.1～6.4℃(6 种 SRES 情景,与 1980—1999 年相比)(IPCC,2007),从而使中国粮食生产面临的风险增加。

一、未来气候变化将显著影响农业生产潜力

未来气候变化,特别是热量的增加,将对农业生产潜力产生显著影响(Lobell et al.,2003;林而达等,2005)。高纬度地区,热量的增加将提高作物的生产力,而在低纬度地区则相反,将降低作物的生产力,特别是未来高温、旱涝灾害天气频发,强度加大,将使农业生产潜力变数增加,变得更加难以预测(Easterling et al.,2007;Battisti et al.,2009)。在 HadCM2 GX 方案条件下,未来气候变暖将显著影响中国气候资源的时空分布,将使东北地区的土地生产潜力明显增加,东北地区在 21 世纪 20 年代、50 年代和 80 年代的土地生产潜力分别较现在增加16.0％、24.9％和 36.8％;而雨养条件下则将分别增加 12.1％、10.1％和 35.3％;但气候变化却明显减少华南和西藏地区的土地生产潜力(唐国平等,2000)。

同时,未来气候变化将可能加剧农用水资源的不稳定性与供需矛盾。据研究,气温每升高1℃,因需水量增加,农业灌溉用水量将增加 6％～10％(《气候变化国家评估报告》编写委员会,2007)。温度升高使作物需水量加大,土壤水分的蒸发量也将增大,作物可利用水资源量将减少。因此,热量资源增加的潜在有利因素可能会由于水资源的匮乏而无法得到充分利用。

研究表明,1981—2000 年水稻生长季节温度每升高 1℃将使安徽合肥的水稻产量下降3.7％,甘肃天水地区的小麦产量下降 10.2％,但却使黑龙江哈尔滨地区的玉米产量大幅度增

加,呈现出"北增南减"的趋势(Tao et al.,2006),反映出未来气候变暖引起的蒸发(散)增加对干旱程度的加剧,直接导致作物产量的降低(Chaves et al.,2003;Turner,2004;Mavromatis,2007;Wang et al.,2008)。Battisti et al.(2009)基于实验和模型分析结果指出,主要粮食作物在生长季节每升高 1℃直接造成减产 2.5%～16%,虽然存在区域差异,但总的趋势是减产。Lobell et al.(2003)指出,在美国生长季节温度每增加 1℃,玉米和大豆的产量将下降约 17%,而 Brown et al.(1997)则指出每增加 1℃,美国中部地区的玉米、小麦、高粱和大豆等主要粮食作物将减产 5.3%。亚洲地区,在 CO_2 浓度不变条件下,水稻生长季节每升高 1℃,产量将下降 7%(Matthews et al.,1997)。菲律宾国际水稻研究所的历史统计资料表明,夜间温度每升高 1℃,产量约降低 10%,而与日间的最大温度无关(Peng et al.,2004)。美国 Texas 的实验表明,夜间温度从田间观测的实际温度 27℃加热处理升高 5℃时,水稻产量降低 95%(Mohammed et al.,2009)。

在现有种植制度、种植品种和生产水平条件下,2030 年由于气候变暖和 CO_2 浓度加倍,中国主要作物总产量将平均减少 5%～10%,其中小麦、玉米和水稻三大粮食作物均以下降为主(《气候变化国家评估报告》编写委员会,2007)。模拟研究还表明,在未来气候变化情景下,中国作物产量的年际变率将高于基准气候情景,低产概率和产量波动风险上升(熊伟等,2008)。最新研究表明,温度对作物产量的影响呈非线性变化,当温度高于关键温度后,作物产量将迅速下降(谭凯炎等,2009)。

二、未来气候变暖将使作物种植面积扩大、作物布局发生变化

未来温度升高将使得中、高纬度地区的作物生长季延长、冷害减少,并使作物向更高纬度扩展,农业种植面积扩大。研究表明,年均温度每增加 1℃,北半球中纬度的作物带将在水平方向北移 150～200 km,垂直方向上移 150～200 m(Howden,2003)。

气候变暖将进一步增加热量资源,从而引起中国长期形成的农业生产格局和种植模式发生变化,为中高纬度和高原区发展多熟种植制度带来了可能(邓可洪等,2006)。未来气候变暖将使中国长江以北地区,特别是中纬度和高原地区生长季开始的日期提早、终止的日期延后,潜在的生长季延长;使多熟种植的北界向北推移,有利于多熟种植和复种指数的提高(杨恒山等,2000)。到 2050 年,中国几乎所有地区的农业种植制度将发生较大变化(王馥棠,2002)。在品种和生产水平不变的条件下,温度上升 1.4℃,降水增加 4.2%,将使中国多熟种制的面积发生变化:一熟种制面积可由当前的 62.3%下降为 39.2%,二熟种制由 24.2%变为 24.9%,三熟种制由 13.5%提高到 35.9%。两熟制北移到目前一熟制地区的中部,目前大部分的两熟制地区将被不同组合的三熟制取代,三熟制地区的北界由长江流域北移到黄河流域(张厚瑄,2000a,b)。21 世纪末期,全球平均气温上升 4℃左右时,中国单季稻面积还可以向北扩展 50万 hm^2,双季稻面积最大可扩展 620 万 hm^2(Xiong et al.,2009)。值得注意的是,以上关于多熟种制范围变化的分析仅仅基于热量条件,没有考虑气候变化对水分条件及极端天气气候异常变化可能带来的不利影响。

未来气候变暖还将进一步影响作物布局和品种熟制。华北地区目前推广的冬小麦品种(冬性品种)可能将由于冬季无法经历足够的寒冷期而不能满足春化作用对低温的要求,从而将不得不被其他类型的冬小麦品种(半冬性和春性品种)所取代;较耐高温的水稻品种将在南方地区占主导地位,而且还将逐渐向北方稻区发展;东北地区玉米早熟品种逐渐被中、晚熟品种取代(《气候变化国家评估报告》编写委员会,2007)。

三、未来气候变化将进一步加剧农业气象灾害及病虫害的影响

未来在温室效应影响下,高温、热浪、极度干旱和强降水事件发生的频率和强度可能将会增加(IPCC,2007)。未来气候变化将在全球范围内,特别是热带和亚热带地区,导致季节性热害发生更加频繁,世界粮食安全面临更大的危机(Battisti et al.,2009)。

研究表明,未来中国气候变暖趋势将进一步加剧,从而导致农业生产高温灾害加剧、低温灾害的发生频率在不同区域将有增有减,但强度均将增大,导致农业损失显著增加;区域性干旱灾害可能加剧;洪涝灾害存在加重的可能,作为中国重要的粮食主产区的长江流域和淮河流域,洪涝发生频率和危害程度均呈加剧态势。全球变暖背景下,发生 100 年一遇和 20 年一遇洪水的可能性增大。

未来气候变暖还将进一步增加一些农业病虫基数、降低越冬死亡率,部分虫害首次出现期、迁飞期及种群高发期提前;一些病虫害的生长季节延长,繁殖代数增加,一年中危害时间延长,作物受害进一步加重。气候变暖也将加剧病虫害的流行和杂草蔓延,使得病虫害发生的地理范围扩大,造成病虫害越界限北移。目前,在中国北方地区出现一些以前没有或是较少的病虫害,尤其是春、秋发生的病虫害种类、数量、面积较过去增加。由于温度直接影响病虫害的生长发育及其危害能力,温度的变化及其分布也直接影响病虫害的发生流行及其地域分布(Drake,1994)。受热量限制的病虫害将向高纬度地区扩散,而中纬度地区则病虫害加重,病虫害暴发频率将逐年提高。据统计,气候变暖可使黏虫越冬北界北移约 3 个纬度、稻飞虱越冬北界北移 2.5～3.5 个纬度,黏虫、草地螟、稻飞虱繁殖代数增加(李淑华,1993)。无论是小麦、水稻、玉米、大豆等粮食作物,还是蔬菜、果树等园艺作物,其病虫害都呈加重态势,种植结构单一则将进一步加大病虫害的发生。气候变化引起的降水异常也有利于作物病虫害区域灾变,从而将进一步加剧农业病虫害的发生。

不仅如此,未来大气 CO_2 浓度的进一步升高将导致植物的含氮量下降,使得害虫采食量增大,以满足其对蛋白质的生理需求。农作物的改变和复种指数的增加可能更有利于害虫和病原物的传播,从而加剧病虫的危害(吴志祥等,2004)。同时,气温升高将显著影响农作物害虫的繁殖、越冬和迁飞等习性,改变昆虫、寄主植物和天敌之间原有的物候同步性,打破原有生态平衡,使病虫害的治理难度加重,从而增加了农药、除草剂的施用量和资金投入,农业生产的损失进一步加重。

四、未来气候变化将增加农业适应成本

气温升高可能导致农业病虫害增加,害虫繁殖代数增加,作物受害程度加重,并向高纬度地区扩散,从而使得农药用量增加;同时,气候变暖使得土壤氮的释放量增加,有机质分解速率提高,加速土壤贫瘠。研究表明,15～28℃条件下,气温每升高 1℃,可被作物直接利用的速效氮释放量增加 4%。因此,要想保持原有肥效,每次的施肥量要增加 4% 左右。如果气温增加2℃或 4℃,氮肥用量需要增加 8% 或 16%(《气候变化国家评估报告》编写委员会,2007)。由于土壤有机质分解速率随温度升高而加强,未来气候变暖将导致土壤中的碳损失加速(Sundquist,1993;Kevenbolden,1993;McKane et al.,1997)。Kirschbaum(1995)认为,温度每升高 1℃,土壤有机碳将损失 10%,甚至更高。因此,气候变暖将使得化肥与农药的需求量

增加,农业生产成本因此将大幅度增加,而农药和除草剂挥发和淋溶流失的增加将加剧对土壤和环境的危害。

第四节　中国农业对气候变化的适应技术

气候变化已经极大地改变了中国气候资源的时空分布特点,出现了新情况新问题,对中国农业生产,特别是种植制度提出了变化的要求。面对气候变化,完善农业种植制度,调整作物结构,优化品质布局,取其利避其害,切实保障中国的中长期粮食安全,实现农业的可持续发展,是中国农业生产面临的紧迫任务之一。

目前,国内外关于适应气候变化的农业技术主要还停留在农民基于传统经验的自发试验阶段,即使有相关的研究,也多是基于站点尺度,难以在更大区域甚至全球推广,还缺乏系统的理论研究与应用示范。20世纪80年代,欧洲中部地区根据气候条件对土地利用进行了优化,冬小麦、玉米、蔬菜种植面积增加,春麦、大麦和马铃薯种植面积减少(Parry et al.,1988)。厄瓜多尔通过建造传统的“U”形滞留地,以在湿润年份收集降水,用于干旱年份(Rachel et al.,2006)。

中国农民也根据区域气候变化特点,自觉调整作物种植比例以适应气候变化。地跨湖南和湖北的两湖平原由于洪涝灾害的影响,当地农民发展了错开洪涝高峰期的早熟早稻品种与迟熟晚稻组合搭配的种植格局,部分实现了农业避洪减灾(王德仁等,2000;陶建平等,2002);甘肃省农民针对干旱灾害频发和小麦产量低而不稳的特点,自觉调整作物种植比例,减少了小麦的播种面积,扩大了耐旱作物如玉米、糜、谷、马铃薯、胡麻、豆类等的种植面积(姚小英等,2004;邓振镛等,2006),实现了粮食增产和农民增收(杨小利等,2009);河南南阳农民选择生育期较长的小麦品种,减少了气候变暖的限制作用,有效地保持了小麦生产的稳定(Liu et al.,2009);作为玉米高产中心的东北松嫩平原南部,由于气候变暖、生长期提前,夏季积温增加,当地农民通过种植一些晚熟高产品种,大幅度提高了玉米单产(王宗明等,2006)。不仅如此,一些地区的农民还根据温度变化的特点调整传统的耕作方式,使农业生产适于气候变化。例如,由于冬前积温的增加,促使华北和黄淮海平原的小麦播期推迟,以避免生长过旺而遭受冻害。为此,鲁西北桓台县将1986年“冬前80%的保证积温选择”的适宜播期9月23日—10月3日调整为目前的10月2—10日,较传统播期推迟了7～9 d(荣云鹏等,2007);山西省晋城地区将以往的最佳播期9月24日—10月2日延至目前的9月28日—10月6日,即推迟了4 d,并获得最佳的产量结果(程海霞等,2009)。

第五节　中国农业应对气候变化的研究资料与方法

气候变化已经极大地改变了中国气候资源的时空分布特点,出现了新情况新问题,对中国农业生产,特别是种植制度提出了变化的要求。面对中国已经发生的气候变化以及作物品种的变化,中国农业如何应对全球气候变化,趋利避害,规避极端天气气候灾害风险,减缓气候变化的不利影响,切实保障中国的中长期粮食安全,实现农业的可持续发展,是中国农业生产面临的紧迫任务之一。为此,迫切需要弄清已经发生的气候变化对中国农业的影响以及未来气候变化可能对中国农业的影响,并基于可持续发展理论建立安全的粮食生产与农民增收模式以适应和减缓气候变化的影响。

紧扣国家粮食安全的需求,本着"有所为、有所不为"的原则,以中国主要农作物(水稻、小麦和玉米)为研究对象,以气候变化影响下的中国农业气候资源为切入点,采用要素—过程—结果—评估的逻辑思路,从中国、主要农区及主要粮食作物(水稻、玉米、小麦)三个层次,较系统地分析了中国农业气候资源变化、农业气象灾害变化、农业病虫害变化、农业种植制度变化及种植面积变化、作物生长发育与产量变化,探讨了当前及未来气候变化情景下中国主要粮食作物的气候生产潜力以及主要粮食作物产量的提升潜力。同时,针对当前农业气候资源下中国主要粮食作物增产面临的问题,从主要粮食作物的种植面积、复种指数、品种布局和生产管理方式等方面探讨中国农业适应气候变化的对策措施。

关于中国农业应对气候变化的研究资料与方法主要介绍如下。

一、农业气候资源变化

研究所用数据来自中国气象局气象数据共享数据网,包括 1961—2010 年 601 个地面气象台站(剔除数据缺失的站点,图 1.1)的逐日平均气温、最高气温、最低气温、日较差、降水量和日照时数资料。作物生育期资料来自《中国农业物候图集》(张福春,1987)(表 1.1)。

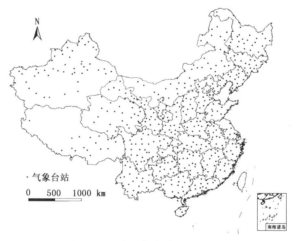

图 1.1 研究区气象台站的分布

表 1.1 中国小麦、玉米和水稻的生育期

省份	ID	小麦(月)		玉米(月)		水稻(月)					
						早稻		晚稻		单季稻	
		播种	收获	播种	收获	播种	收获	播种	收获	播种	收获
黑龙江	1	4	7	5	9					5	9
吉林	2	4	7	5	9					5	9
辽宁	3	4	7	5	9					5	9
内蒙古	4	4	7	5	9					5	9
北京	5	10	6	5	9					4	9

续表

省份	ID	小麦(月)		玉米(月)		水稻(月)					
						早稻		晚稻		单季稻	
		播种	收获	播种	收获	播种	收获	播种	收获	播种	收获
河北	6	10	6	6	9					4	9
天津	7	10	6	6	9					4	9
山东	8	10	6	6	9					4	9
河南	9	10	6	6	9					4	9
山西	10	10	6	5	9					5	9
陕西	11	10	6	5	9					5	9
宁夏	12	10	6	5	9					5	9
甘肃	13	10	6	5	9					4	9
青海	14	3	7	5	9						
新疆	15	10	6	5	9					4	9
安徽	16	10	5	6	9	4	7	7	10	5	9
江苏	17	11	5	6	9	4	7	7	10	5	9
浙江	18	11	5	6	9	4	7	7	10	5	9
福建	19	11	4	3	8	3	7	7	10	5	9
上海	20	11	5	6	9					5	9
湖北	21	11	5	6	9	4	7	7	10	4	8
湖南	22	11	5	6	9	4	7	7	10	4	8
江西	23	11	5	6	9	4	7	7	10	5	9
贵州	24	11	4	6	9	4	7	7	10	4	8
四川	25	11	4	6	9	4	7	7	10	4	8
重庆	26	11	4	6	9	4	7	7	10	4	8
云南	27	11	4	6	9	4	7	7	10	4	8
西藏	28	11	4	6	9					4	8
广东	29	11	3	3	8	3	6	7	10		
广西	30	11	3	3	8	3	6	7	10	5	8
海南	31	11	3			3	6	7	10		

二、农业气候资源变化对主要粮食作物产量的影响

1. 资料来源

气象资料来自中国气象局气象数据共享数据网,包括 1961—2010 年 601 个地面气象台站 (剔除数据缺失的站点,图 1.1)的逐日平均气温、日较差和降水量资料;作物生育期资料来自 《中国农业物候图集》(张福春,1987);1961—2008 年作物的省级产量资料来自《新中国农业 60 年统计资料》(中华人民共和国农业部,2009),并通过中华人民共和国农业部种植业管理司网 站(http://www.zzys.moa.gov.cn/)收集整理了 2009 年和 2010 年的作物产量资料,包括 1961—2010 年省级冬小麦、玉米、水稻(单季稻和双季稻)的种植面积、单产和总产资料。研究 采用的统计分析方法包括气候倾向率(魏凤英,2007)、一阶差分(Nicholls,1997;Lobell et al.,

2008)和多元线性回归(魏凤英,2007)等。

2.研究方法

(1)气候变量和产量的一阶差分(年际变化)计算如下:

$$Y(k)=X(k+1)-X(k)$$

式中 $Y(k)$ 是一阶差分值,$X(k)$ 是年气候变量或产量,k 是序列。

(2)为阐明气候变量一阶差分值和产量一阶差分值之间的相关关系,建立平均气温、气温日较差、降水量与产量的多元线性回归方程如下:

$$\delta W=a\cdot\delta T+b\cdot\delta DTR+c\cdot\delta R+\beta_0$$

式中 δW 是一阶差分处理后的产量;δT、δDTR 和 δR 分别是一阶差分处理后的平均气温、气温日较差和降水量;a、b 和 c 为回归系数,反映了气候变量对产量的影响程度;β_0 代表趋势项。

(3)产量和气候变量之间的多元线性方程回归系数百分率计算如下:

$$\beta_{percent}=\beta/Y_{meand}$$

式中 $\beta_{percent}$ 和 β 代表某一气候要素的回归系数百分率和绝对值,Y_{meand} 代表 1961—2010 年平均作物产量。

三、农业病虫害变化趋势

为定量揭示气候变化导致的温度、降水、日照变化对中国农作物病虫害变化的影响,采用 1961—2010 年 50 年中国农区气象资料、中国病虫害资料以及农作物种植面积资料等,基于中国农作物病虫害发生面积率与气象因子的相关分析,进行气候变化对病虫害变化的主要影响因子筛选;基于筛选出的主要影响因子,分析气候变化对中国病虫害变化的影响关系。

1.资料来源

气象资料取自国家气象信息中心,从中国 564 个站点中,剔除高山站、沙漠站、草原站,选取中国农区 527 个气象站点(其中农作物 527 个站点,小麦 520 个站点,玉米 521 个站点,水稻 481 个站点,见图 1.2)。1961—2010 年的逐日气象资料,包括日平均气温、降水量、日照时数

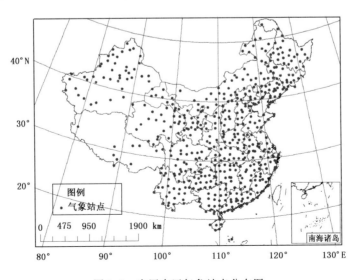

图 1.2 中国农区气象站点分布图

等。病虫害资料来自中国农业技术推广服务中心,包括 1961—2010 年中国农作物如小麦、玉米、水稻病虫害逐年发生面积、导致的粮食产量损失等。农作物面积、产量资料来自中国种植业信息网,包括 1961—2010 年逐年的农作物如小麦、玉米、水稻种植面积、总产量等。

2.研究方法

统计的气象因子主要有温度、降水、日照及其因子组合,包括年、季、关键时段、不同界限温度时段等气象因子或因子组合的平均值和距平值。以农区 527 个站点为例,气象因子或因子组合(简称因子,下同)距平值的计算方法如下:将 x 因子第 i 个站点第 j 年表示为 x_{ij} ($i=1$, $2,\cdots,527$; $j=1,2,\cdots,50$),则第 j 年 x 因子的中国平均值计算如下:

$$x_j = \sum_{i=1}^{527} x_{ij}/527$$

x 因子的 50 年平均值计算如下:

$$\overline{x} = \sum_{j=1}^{50} x_j/50$$

第 j 年 x 因子的距平计算如下:

$$x'_j = x_j - \overline{x}$$

在不同等级降水对病虫害影响分析中,由于中国东西部降水差异很大,故针对不同年降水量的站点,采用陈晓燕等(2010)所划分的标准,以日降水量定义的降水强度划分标准(表1.2),分别计算小雨、中雨、大雨、暴雨 4 个等级强度的降雨量、雨日数及其百分比。

表 1.2　不同年降水量对应的雨量等级划分标准(单位:mm)

降水等级	按不同年降水量分为三类		
	≥500.0	45.0 ~ 499.9	<45.0
小雨	0.1~9.9		0.1~2.9
中雨	10.0~24.9	左边一列的标准乘以	3.0~7.4
大雨	25.0~49.9	$\sqrt{年降水量/500}$	7.5~14.9
暴雨	≥50.0		≥15.0

为消除农作物如小麦、玉米、水稻种植面积对病虫害发生面积的影响,将病虫害发生面积转换为病虫害发生面积率,即中国农作物病虫害发生面积率＝当年中国农作物病虫害发生面积/当年中国农作物种植面积,并构建历年农作物如小麦、玉米、水稻病虫害发生面积率距平序列。同时,对中国病虫害发生面积率距平与年、季、关键时段、不同界限温度时段等气象因子或因子组合距平以及中国病虫害发生面积率距平与不同等级降水量距平及其雨日数距平的相关关系进行分析。

四、气候变化背景下主要粮食作物种植制度变化

1.资料来源

以中国各气象台站建站(所有站点建站时间为 20 世纪 50 年代)至 1980 年为基准时段,剔除其间搬迁的一些台站,选取中国建站到 2007 年 40 多年的 666 个气象台站(台湾省除外)逐日气候资料,包括逐日平均气温和降水量。

2.指标确定

20 世纪 80 年代中期,刘巽浩和韩湘玲(1987)完成了中国种植制度区划。受当时研究工具和数据资料的限制,此项研究所有的资料是气象台站建站以来到 1980 年的气候资料,为科学比较各时段种植界限变化特征,在此所用的指标为刘巽浩和韩湘玲提出的种植制度区划指标体系(刘巽浩等,1987),即零级带统一按热量划分,一级区与二级区按热量、水分、地貌与作物划分。在此,重点分析与 1980 年以前相比,1981—2007 年气候变暖后所引起的零级带的改变,一级区和二级区的研究零级带的指标如表 1.3 所示,最主要的指标是≥0℃积温,辅助指标为平均极端最低气温与 20℃终止日。

表 1.3 作物种植制度区划的零级带划分指标

	≥0℃积温(℃·d)	极端最低气温(℃)	20℃终止日	主要区域
一年一熟	<4000	<-20	8 月上旬	辽南
	<4100	<-20	8 月中下旬	华北
	<4200	<-20	9 月上旬	山西、陕西、甘肃
一年二熟	>4000	>-20	9 月上旬	黄淮、秦岭南北
	>4010	>-20	9 月中旬	江淮、江汉、川西平原
	>4200	>-20	9 月下旬初	长江流域以北地区
一年三熟	>5900	>-20	9 月下旬初	长江中下游以南
	>6100	>-20	11 月上旬	长江中下游

冬小麦种植北界的确定采用崔读昌等(1991)提出的指标,即最冷月平均最低气温-15℃、极端最低气温-22～-24℃。

双季稻种植北界的确定采用中国农业区划委员会(1991)提出的双季稻安全种植北界指标,即≥10℃积温满足 5300 ℃·d。雨养冬小麦-夏玉米稳产的种植北界是年降水量 800 mm(刘巽浩等,1987)。

春玉米的生物学下限温度为 10℃(王璞,2004),在此将稳定通过 10℃界限温度的持续日数定义为气候学的温度生长期,即某一地区一年内作物可能生长的时期(韩湘玲,1999)。关于东北三省春玉米不同熟型品种的划分采用杨镇(2007)提出的≥10℃积温指标,如表 1.4 所示。

表 1.4 东北三省春玉米不同熟型品种的积温指标(单位:℃·d)

玉米熟型	黑龙江省	吉林省	辽宁省
早熟品种	2100	2100	2100
中熟品种	2400	2500	2700
晚熟品种	2700	2700	3200

海南岛、雷州半岛、西双版纳水田旱作二熟兼热作区主要种植作物为橡胶、剑麻及椰子等(刘巽浩等,2005),在此将≥10℃积温满足 8000 ℃·d 作为研究典型热带作物种植(以下简称热带作物)北界的积温指标(竺可桢,1958;黄秉维,1958;江爱良,1960),用于广东、广西和海南 3 省(区)的热带作物种植北界分析。由于云南省南部地区积温有效性强,故选择≥7500 ℃·d 作为该区域的热带作物种植北界指标(丘宝剑,1993)。

3. 计算方法

积温的求算方法:采用偏差法计算某台站某一时间段≥$X℃$的积温(刘巽浩等,1987)。首先,求算 1951—2007 年每年稳定通过 $X℃$ 的起止日期内≥$X℃$ 的积温,然后采用经验频率法计算该台站不同时间段内(在此为 2 个时间段,分别为 20 世纪 50 年代至 1980 年、1981—2007年)在 80% 保证率下的积温(曲曼丽,1990)。

4. 产量差异分析

为分析种植制度界限可能发生改变区域内的粮食产量变化,选择比较熟制(由一年一熟变为一年二熟,或一年二熟变为一年三熟)或作物(春小麦变为冬小麦)发生改变后,主体种植模式中作物的粮食单产变化。在此,使用最能代表目前气候条件的 2000—2007 年各省统计年鉴的统计产量平均值,使用某省的平均产量能代表该作物在该区域内的平均状况,且 2 种作物的产量是适应目前气候背景下的实际状况,可确保结果更有实际意义。

五、农作物气候生产潜力

20 世纪 70 年代后期,联合国粮农组织(FAO)和国际应用系统分析研究所(IIASA)基于中国的统计资料(经多方校正)共同开发了"农业生态区划"(agro-ecological zone,AEZ)模型。随着 AEZ 模型的不断完善及技术上的日趋成熟,迄今已成为国际上比较流行的估算作物气候生产潜力的方法之一。在此,基于 AEZ 模型分 3 个步骤来估算中国主要作物的气候生产潜力,即用光、热、水分层进行修正。通过对不同层次作物生产潜力以及限制因子的计算,有助于分析当地气候对农业生产的影响,找出影响产量形成的因素,从而有针对性地寻求应对的方法和途径。

1. 光合生产潜力

光合生产潜力指特定作物在水、肥、热等因素均处于最佳状态时,由太阳辐射所决定的产量水平。计算作物全晴天的干物质生产量和全阴天的干物质生产量,最后用云层覆盖率来校正,得到作物每日总干物质生产量。

$$Y_o = F \cdot y_o + (1 - F) \cdot y_c$$
$$F = 5.2 (R_{se} - 0.5 R_g) / R_{se}$$

式中 Y_o 为每日总干物质生产量($kg/(hm^2 \cdot d)$);y_o 为全阴天的干物质生产量($kg/(hm^2 \cdot d)$);F 为云层覆盖率;y_c 为全晴天的干物质生产量($kg/(hm^2 \cdot d)$);R_{se} 为晴天最大有效射入短波辐射($J/(cm^2 \cdot d)$);R_g 为实测射入短波辐射($J/(cm^2 \cdot d)$)。

2. 光温生产潜力

光温生产潜力指作物在水肥条件处于最适状态时,由光温因素组合所决定的产量水平,反映了最高投入水平下特定作物在一个地区灌溉农田中可能达到的产量上限。在光合生产潜力计算的基础上,考虑温度和不同作物的生理特性,用最大干物质生产率(y_m,$kg/(hm^2 \cdot h)$)、作物叶面积校正系数(L_c)、作物在生育期平均的日平均温度下呼吸消耗时的净干物质产量校正值(N_c)、收获部分干物质校正值(H_c)等参数对光合生产潜力校正得到光温生产潜力(Y_{mp})。

(1)最大干物质生产率 y_m 的校正。作物干物质生产率决定于作物品种和生产期间温度,研究表明,当白天气温分别为 15、20、25 和 30℃时,冬小麦的干物质生产率分别为 33.96、

33.96、25.45 和 8.41 kg/(hm² · h)，夏玉米的干物质生产率分别为 5.25、47.25、47.25 和 68.25 kg/(hm² · h)。

（2）以叶面积指数对作物生长量进行校正（L_c）。当叶面积指数（LAI）≥5 时，校正后的 L_c = 0.5。当 LAI 分别为 1、2、3、4 时，校正后的 L_c 分别为 0.2、0.3、0.4 和 0.48。

（3）净干物质生长量的校正（N_c）。作物在生长过程中，既有光合作用，又有呼吸作用，两者之差才能用于作物生长与物质积累。大量实验表明：当平均气温＜20 ℃时，净干物质生长量的校正值为 0.6；当平均温度≥20 ℃时，净干物质生长量的校正值为 0.5，故 N_c=0.5～0.6。

（4）收获部分干物质的校正（H_c）。收获部分干物质（籽粒、糖、油等）的比率即收获系数。

当 y_m＞20 kg/(hm² · h) 时：

$$Y_{mp} = L_c \cdot N_c \cdot H_c \cdot G \cdot [F(0.8 + 0.01y_m) y_o + (1-F)(0.5 + 0.025y_m) y_c]$$

当 y_m＜20 kg/(hm² · h) 时：

$$Y_{mp} = L_c \cdot N_c \cdot H_c \cdot G \cdot [F(0.5 + 0.025y_m) y_o + (1-F)0.5y_m \cdot y_c]$$

式中 Y_{mp} 为光温生产潜力（kg/hm²）；L_c 为作物叶面积校正系数；N_c 为净干物质产量校正值；H_c 为收获部分干物质校正值；G 为作物生长期天数（d）。

3. 气候生产潜力

作物气候生产潜力指作物在光、温和自然降水 3 种因子组合条件下的产量潜力，是在有限的降水条件下作物所能实现的最大生产力。气候生产潜力是通过水分校正系数对光温生产潜力进行修正后获得。

作物需水量（T_m，mm）和播前土壤有效水分储量（S_a，mm）的算式如下：

$$T_m = K \cdot P$$
$$S_a = \sum i \cdot P_a - \sum k j \cdot P$$

式中 K 为作物需水系数，可查表得到；P 为可能蒸散量（mm）；k 为经验校正指数；i 和 j 为天数；P_a 为降雨量（mm）。

作物实际耗水量（T_a，mm）指水分供应受限制的情况下，作物实际所能得到的水量。

当 $P_a + S_{a1} ＞ T_m$ 时，$T_a = T_m$，$S_{a2} = P_a + S_{a1} - T_m$

当 $P_a + S_{a1} ＜ T_m$ 时，$T_a = P_a + S_{a1}$，$S_{a2} = 0$

式中 S_{a1} 为前一天土壤水分有效储量；S_{a2} 为当天土壤水分有效储量。

各生育阶段产量降低百分率（Y_m）的算式如下：

$$Y_m = K_y(1 - T_a / T_m) \times 100\%$$

式中 K_y 为产量反应系数，可查表得到。

第 n 生育阶段产量指数（I_n）的算式如下：

$$I_n = i_{n-1}(1 - i_n)$$

式中 i_{n-1}、i_n 分别为第 $n-1$、n 生育阶段产量的降低率，可查表得到。

气候生产潜力（Y_p，kg/hm²）的算式如下：

$$Y_p = Y_{mp} \cdot I_n$$

第二章 农业气候资源变化

全球环境变化与可持续发展已经成为当前人类面临的两大挑战。农业是对气候变化最敏感的领域之一,任何程度的气候变化都会给农业生产及其相关过程带来潜在或明显的影响,包括生育期长度、生物量、产量、复种指数、作物布局,以及农业种植制度变化。国以民为本,民以食为天。粮食生产不仅是人类生存与经济社会发展的物质基础,更是治国安邦的头等大事。中国作为一个历史悠久的农业大国和人口大国,人多地少,粮食需求量大,要以世界不到 9% 的耕地养活世界 20% 的人口,农业生产特别是粮食安全生产直接关系到社会稳定和可持续发展。经济的不断发展和人口的持续增长导致对粮食的需求量不断增加。谁来养活中国?《国家粮食安全中长期规划纲要》提出了到 2020 年粮食生产能力达到 1.1 万亿斤[①]以上,较现有生产能力增加 1000 亿斤的目标。因此,研究气候变暖对农业的影响具有十分重要的意义。气候变化对农业的影响首先是对农业气候资源的影响,弄清气候变化下农业气候资源的变化是研究气候变暖对农业影响的基础。

第一节 气候资源变化

中国气候主要属于大陆性季风气候,大部分地区的气温季节变化较同纬度其他地区剧烈,很多地方冬冷夏热,夏季普遍高温;降水时间分布极不均匀,多集中在汛期,而且降水的区域分布也不均衡,年降水量从东南沿海向西北内陆递减。气候变化极大地改变了中国农业的气候资源。农业生产活动只有与之相适应,才能更加充分合理地利用气候资源,变不利为有利,实现农业生产的可持续发展。

政府间气候变化专门委员会(IPCC)第四次评估报告指出,过去 100 年(1906—2005 年)全球地表平均温度升高 0.74℃,近 50 年的线性增温速率达 0.13℃/10a。特别是自 20 世纪 70 年代以来,在更大的范围,尤其是在热带和亚热带地区,观测到了强度更大、持续时间更长的干旱;强降水事件的发生频率有所上升。1956—2005 年已观测到了极端温度的大范围变化,冷昼、冷夜和霜冻已变得稀少,而热昼、热夜和热浪变得更为频繁(IPCC,2007)。

中国气候变化趋势与全球气候变化的总趋势基本一致(秦大河等,2005)。近百年(1908—2007 年)来,中国地表年均气温升高约 0.5～0.8℃;最近 50 年升高 1.1℃,增温速率达 0.22℃/10a,明显高于全球或北半球同期平均增温速率(丁一汇等,2006)。温度增加导致热量分布格局改变,热量资源表现出总体增加、时空分布极其不均的显著变化特点:北方地区增加幅度大于南方地区,冬季和夜间增温较大;北方地区的气候变暖主要来自于最低气温升高的贡

---

① 1 斤等于 0.5 kg。

献,其最低气温升温速率约为最高气温升温速率的 2 倍(王菱等,2004);而南方地区的增温趋势不明显(Tao et al.,2006)。1961—2009 年中国平均降水量没有明显的趋势性变化,仅增加 12.86 mm,然而近 10 余年降水量呈下降趋势。气候变化也使中国降水分布格局发生了明显的变化:西部和华南地区降水增加,而华北和东北大部分地区降水减少(国务院新闻办公室,2008)。

第二节　主要农区气候资源变化

以气候变暖为标志的全球气候变化已经发生,并将持续到可预见的将来。因此,气候变化必将影响中国主要农区的气候资源。

一、东北地区

东北地区是中国纬度最高的地区,同时也是中国气候变化最显著的地区之一。气候变化背景下东北地区温度呈显著升高趋势,降水呈减少趋势,气候暖干化趋势明显。

温度。1951—2003 年东北地区夏季平均气温普遍升高(李辑等,2006;吉奇等,2006)。黑龙江省 1961—2003 年的平均气温、平均最高气温、平均最低气温均呈显著上升趋势,其中平均最低气温增加幅度最大,达 0.69℃(白鸣祺等,2008)。

降水。1956—2005 年间,东北地区年降水量除黑龙江的漠河、内蒙古的海拉尔和赤峰呈略增加以外,其他大部分地区的降水都呈减少的趋势,尤其是黑龙江东部、吉林西部以及辽宁东南部地区降水减少明显,近 50 年降水量减少了 15～20 mm(数据来自沈阳区域气象中心,2006)。20 世纪 80 年代初至 21 世纪初的近 20 年间,东北地区的土壤含水量呈减少趋势(丁一汇等,2006)。

日照。1981—2007 年东北三省(未包括内蒙古东部四盟、市)年均日照时数为 2176～2914 h,平均 2512 h,较 1961—1980 年的平均值下降 114 h,呈明显的下降趋势。同时,年均日照时数高值区范围不断缩小、低值区不断向西北推进。东北北部地区日照时数有一定增加,其他大部分地区呈减少趋势,尤其是东北的东南部地区减少非常明显(刘志娟等,2009)。

二、华北地区

温度。1901—2002 年,华北地区气温基本呈弱上升趋势,大部分区域的增温幅度小于 0.1℃/10a,且东北部增温大、东南部增温小;冬季升温最显著,夏季升温最小(荣艳淑等,2009)。但自 70 年代末期开始,华北地区增温幅度总体越来越大,增暖效应明显(郭志梅等,2005)。

降水。华北地区气候经历了以 20 世纪 80 年代中后期为界的“冷湿暖干”变化过程,尤其是进入 90 年代后,“暖干”特征更加突出,与中国北方大部分地区的气候变化特征相同(左洪超等,2004)。20 世纪 50 年代以来,华北地区年降水量总体呈减少趋势(谭方颖等,2010),春旱发生的频率显著增加(高歌等,2003);由此导致 20 世纪 80 年代初至 21 世纪初的近 20 年间,华北大部分地区的土壤含水量呈减少趋势(丁一汇等,2006),使得华北地区 1961—2000 年的小麦和玉米种植每年需水分别亏缺 90～435 mm 和 0～257 mm,特别是冬小麦种植的南北分界线 36°N 以北地区呈干旱化加剧趋势,而以南地区则呈干旱程度减弱趋势(Wang et al.,

2008)。

日照。1961—2005 年华北平原年日照时数线性倾向率为−79.8 h/10a,减少趋势从 1968 年开始,且十分明显,华北地区年日照时数南北差异呈增大趋势(谭方颖等,2010)。

三、长江中下游地区

长江中下游地区地处暖温带和南亚热带之间,气候温暖湿润、光照充足、热量丰富、雨热同季。近 50 年来,长江中下游地区的气候变化呈气温升高、降水增加、日照时数显著减少趋势。

温度。1960—2002 年长江中下游地区年均气温总体呈增加趋势,增温率为 0.13℃/10a (陈莹等,2008)。1960—2005 年长江中下游地区夏季平均气温呈弱增加趋势(0.01℃/10a), 其中最高气温呈下降趋势(−0.06℃/10a)、最低气温呈上升趋势(0.09℃/10a)(蔡佳熙等, 2009)。

降水。1951—2001 年长江中下游地区年降水量呈弱增加趋势;年降水日数显著减少,在 1977—1978 年之间发生突变;年降水强度显著增加,突变发生在 20 世纪 80 年代中期。冬季降水量变化趋势与全年相似,春季显著减少(−14.5 mm/10a),夏季显著增加(22.73 mm/ 10a),秋季呈减少趋势,但不显著(梅伟等,2005)。20 世纪 80 年代初至 21 世纪初的近 20 年间,长江中下游土壤含水量增加较为明显(丁一汇等,2006)。

日照。1961—2005 年长江中下游地区日照时数呈显著减少的趋势,年及春、夏、秋和冬四季日照时数的变化趋势分别为−0.201、−0.082、−0.432、−0.085 和−0.210 h/10a(高歌, 2008)。

四、华南地区

华南地区地处热带和中、南亚热带,气候温暖、热量丰富、降水丰沛、光照条件在长江以南的区域最好;受气象灾害影响严重,尤其以夏半年的台风、旱涝灾害最为突出(何素兰,1995)。

温度。1961—2004 年间,华南地区年均最高气温和年均气温均呈增加趋势,尤以 20 世纪 80 年代后期以来增暖明显(王亚伟等,2006)。香港的增温率达 0.12℃/10a(1884—2002 年), 而厦门气温呈下降趋势,降温率达−0.071℃/10a(1906—2001 年)(张小丽等,2001;Leung et al.,2004)。1953—2003 年华南沿海地区增温率为 0.12℃/10a,而 1905—2004 年的增温率仅为 0.06∼0.08℃/10a,但均与同时期的北半球(陆地＋海面)增温速率相近(陈特固等,2006)。 1951—2002 年华南地区(广东、广西和海南)各季平均气温均明显升高,升温幅度从 0.03℃/ 10a 到 0.25℃/10a,尤以夏季升温最为明显(顾俊强等,2005)。

降水。1951—1994 年华南地区年降水量变化存在一定的阶段性和周期性,50 年代和 70 年代及 90 年代前期降水相对偏多,60 年代和 80 年代降水相对偏少;年降水变化的主周期为 7 ∼11 年,20 世纪 80 年代后期存在明显的年代际变化(Zhang et al.,2008)。1965—2004 年华南地区春季降水在 1980 年前呈增加趋势,之后呈减少趋势;夏季降水在 1990 年前呈明显减少趋势,之后呈增加趋势;秋季降水在 1985 年前偏多,之后偏少;冬季降水年际变化明显,而年代际变化不明显,1990 年后降水呈缓慢减少趋势(吴林等,2009)。

日照。1961—1990 年华南地区日照时数呈明显下降趋势(罗云峰等,2000)。1961—2005 年华南地区的年及春、夏、秋、冬四季平均日照时数变化趋势为−0.169、−0.175、−0.212、 −0.121 和−0.152 h/10a(高歌,2008)。

五、西南地区

西南地区包括云贵高原、横断山区和四川盆地等,热量丰富、冬暖突出,年降水量主要集中于夏半年,光能资源较少。1961—2000 年西南地区的青藏高原、川西高原、云南北部高海拔地区的日照时数、气温、降水和湿度呈显著增加趋势,而四川盆地东北部和西南部的日照时数和气温则呈明显的下降趋势(马振峰等,2006)。

温度。西南地区的年均气温、年均日最高气温、年均日最低气温自 20 世纪 80 年代中期以来呈增加趋势,在 1998 年达到 50 年来最高值;1951—2000 年日最高气温呈下降趋势,年际变化大于平均气温和日最低气温;日最低气温总体呈增加趋势,冬季 1 月增温较夏季 7 月显著(班军梅等,2006)。

降水。1951—1995 年西南地区的年降水变率多在 10%～20% 之间,负趋势强于正趋势,年降水量在滇西南、滇东北、黔东北和盆地中西部的减少趋势较明显。各季降水量的相对变率都较年降水量大,冬季最大,夏季最小,除云南春季变率大于秋季外,大部分地区春秋变率相差不大。春、夏、秋三季降水量的变化都表现为负趋势强于正趋势,但各地差别较大;冬季降水量大部分地区有增加的趋势(董谢琼等,1998)。

日照。1961—2005 年西南地区日照时数呈现不明显的减少趋势,年及春、夏、秋和冬四季平均日照时数的变化趋势为 -0.122、-0.115、-0.244、-0.051 和 -0.057 h/10a(高歌,2008)。

六、西北地区

西北地区地处内陆、高山环绕,气候呈干旱和半干旱特点。该地区气候呈暖干向暖湿转型发展趋势(施雅风等,2002)。

温度。1961—2006 年西北地区年均气温呈上升趋势(0.34℃/10a),但区域分异显著,最大增温发生在柴达木盆地的茫崖(0.92℃/10a),增温不显著发生在新疆西部及青海高原东部的西宁等(0.06～0.16℃/10a),新疆的库车局地甚至出现不显著的降温趋势(陈少勇等,2009)。20 世纪 90 年代西北干旱区春季平均气温较 50 年代上升 0.9℃;夏季平均气温在四季中升幅速度最小,1961—2000 年 40 年间变化不大,90 年代略有升高;秋季平均气温呈明显升高趋势,90 年代平均气温较 60 年代高 0.6℃;冬季气温在 80 年代开始升高,到 90 年代升温最明显,较 60 年代上升 1.7℃(李栋梁等,2003)。

降水。1956—2000 年西北干旱区降水呈波动增加趋势,增加速率达 3.2 mm/10a(任朝霞等,2007)。1987—2000 年与 1961—1986 年降水平均距平百分率(取 1961—2000 年平均值)相比,西北地区的北疆年降水量平均偏多 22%、南疆增加 33%、天山山区增加 12%、祁连山区、河西走廊以及青海高原的部分地区增加幅度在 10%～20% 之间(李栋梁等,2003)。

日照。西北地区平均日照时数普遍较高,其中自锡林浩特、呼和浩特、银川、西宁、拉萨一线以西以北的内陆地区,年均日照时数普遍在 3000 h 以上,是中国日照时数最多的地区,局部地区甚至可以达到 3300～3500 h 以上。1961—2005 年,西北地区西部日照时数减少显著(-0.079 h/10a);而西北地区东部日照时数也呈减少趋势(-0.026 h/10a),但不显著(高歌,2008)。

第三节　主要粮食作物农业气候资源变化

一、水稻

水稻是人类重要的三大粮食作物(水稻、小麦、玉米)之一,世界上大约有50%的人口以稻米为主食(FAO,2009)。中国是世界上最大的水稻生产国和最大的稻米消费国,中国水稻发展对世界谷物增产和粮食安全具有突出贡献(杨万江,2009)。水稻是中国播种面积最大、总产最多、单产最高的粮食品种,是65%左右人口的主食,在粮食生产和消费中处于主导地位。中国国内常年稻谷消费总量保持在1.9~2.0亿t,因营养价值高,其中85%以上用作口粮(吴建寨等,2011)。因此,中国水稻生产对保障世界及中国粮食安全起着极其重要的作用。

1. 单季稻

1961—2010年单季稻生育期内,大部分地区的平均气温高于16℃,华中和华东地区较高,而新疆北部、甘肃和东北的部分地区偏低;平均气温气候倾向率总体呈升高趋势,西北、内蒙古和东北地区的升温率高于其他地区(图2.1)。

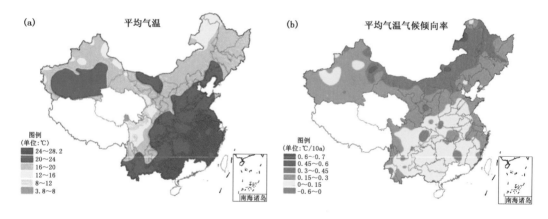

图2.1　1961—2010年单季稻生育期内平均气温(a)及其气候倾向率(b)空间格局

平均最高气温大部分地区高于24℃,华中和华东地区较高;平均最高气温气候倾向率总体呈升高趋势,仅在山东、河南和贵州的部分地区以降温为主(图2.2)。

平均最低气温总体由南向北呈降低趋势,在华东地区较高;平均最低气温气候倾向率总体以升温为主,由北向南升温率降低(图2.3)。

气温日较差呈现由西北向东南减小的趋势,在新疆、甘肃和内蒙古的部分地区最高;气温日较差气候倾向率总体呈降低趋势,大部分地区的气候倾向率在-0.25~0℃/10a之间(图2.4)。

降水量总体呈由东南向西北减少的趋势,最高值出现在福建、江西和广西的部分地区;降水量气候倾向率在西部、华中和华东地区有所升高,而在其他地区以减少趋势为主(图2.5)。

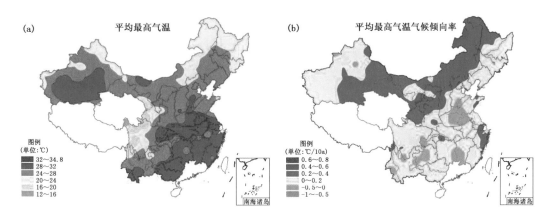

图 2.2　1961—2010 年单季稻生育期内平均最高气温(a)及其气候倾向率(b)空间格局

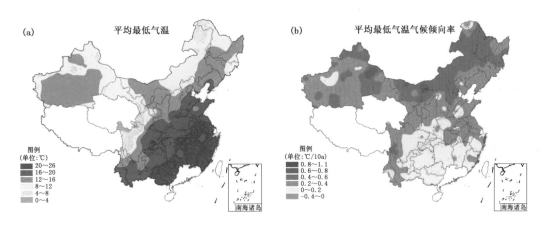

图 2.3　1961—2010 年单季稻生育期内平均最低气温(a)及其气候倾向率(b)空间格局

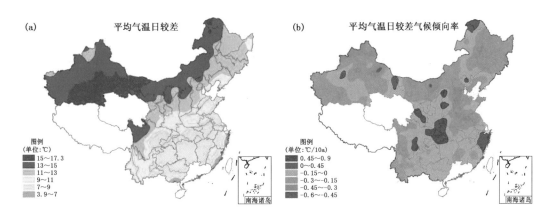

图 2.4　1961—2010 年单季稻生育期内平均气温日较差(a)及其气候倾向率(b)空间格局

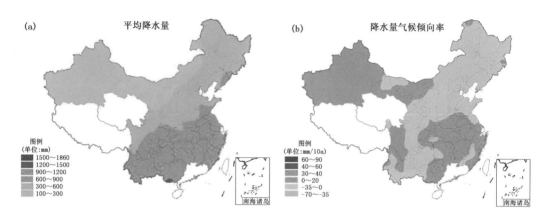

图 2.5　1961—2010 年单季稻生育期内平均降水量(a)及其气候倾向率(b)空间格局

日照时数由西北向东南呈减少的趋势,在新疆、甘肃和内蒙古西部地区最高,而在四川盆地、重庆和贵州地区最低;日照时数气候倾向率在西北和黑龙江北部局地呈略微升高趋势,而在其他地区都呈减小趋势(图 2.6)。

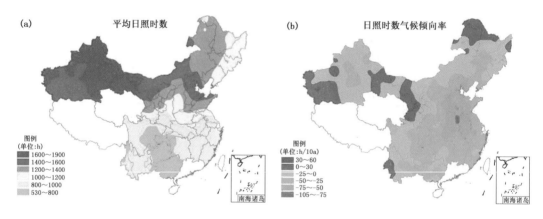

图 2.6　1961—2010 年单季稻生育期内平均日照时数(a)及其气候倾向率(b)空间格局

2. 双季稻

1961—2010 年双季稻生育期内平均气温在中国大部地区高于 20℃,在广西、广东和江西的部分地区较高;大部分地区平均气温气候倾向率在 0～0.2℃/10a 之间(图 2.7)。

平均最高气温大部地区都高于 26℃,由东向西呈减小趋势;大部分地区平均最高气温气候倾向率在 0～0.25℃/10a 之间(图 2.8)。

平均最低气温总体呈由东向西降低趋势,在广西、广东和海南地区最高;平均最低气温气候倾向率总体以升温为主,大部分地区的升温率在 0～0.2℃/10a 之间(图 2.9)。

气温日较差呈由西向东减小趋势;气温日较差气候倾向率总体呈降低趋势,仅在四川盆地、重庆和浙江的部分地区呈升高趋势(图 2.10)。

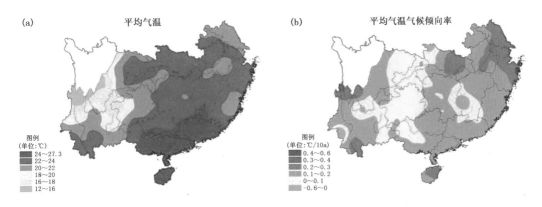

图 2.7　1961—2010 年双季稻生育期内平均气温(a)及其气候倾向率(b)空间格局

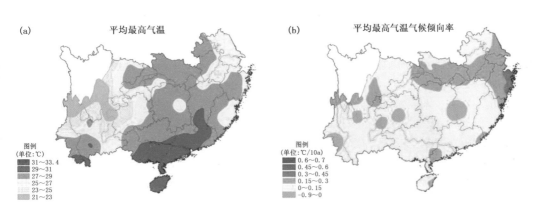

图 2.8　1961—2010 年双季稻生育期内平均最高气温(a)及其气候倾向率(b)空间格局

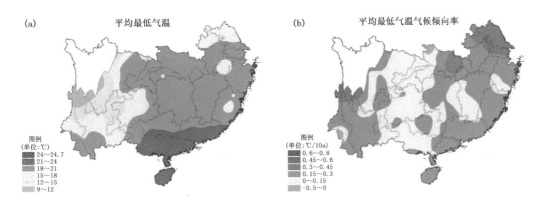

图 2.9　1961—2010 年双季稻生育期内平均最低气温(a)及其气候倾向率(b)空间格局

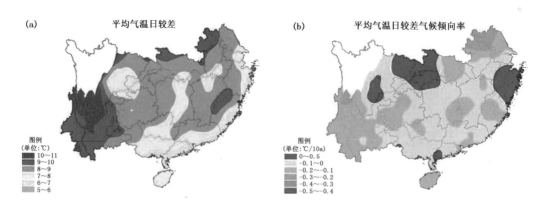

图 2.10　1961—2010 年双季稻生育期内平均气温日较差(a)及其气候倾向率(b)空间格局

　　降水量总体由南向北呈减少趋势,最高值出现在广东、广西和海南的部分地区;降水量的气候倾向率在江西等地有所减小,而在其他地区略有增加(图 2.11)。

　　日照时数总体由西向东呈增加趋势,在海南最多,而在四川盆地、重庆和贵州地区最少;日照时数气候倾向率在大部地区呈减小趋势(图 2.12)。

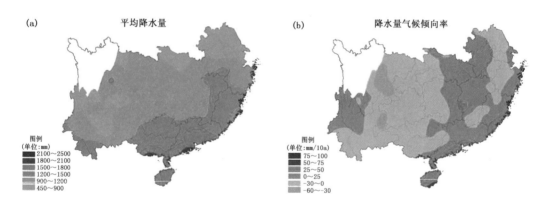

图 2.11　1961—2010 年双季稻生育期内平均降水量(a)及其气候倾向率(b)空间格局

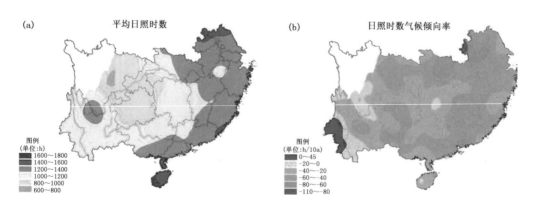

图 2.12　1961—2010 年双季稻生育期内平均日照时数(a)及其气候倾向率(b)空间格局

二、小麦

小麦是中国第二大粮食作物（玉米主要作为饲料），对维护国家粮食安全有着重要意义。基于小麦对温度、湿度、生物或非生物胁迫的不同响应、春化要求和小麦生长季的不同，中国小麦的种植区可划分为10个主要的农业生态种植区域和26个亚种植区。基于小麦的气象需求和形态发育特征，小麦的品种生态型可划分为强冬型、冬型、半冬型和春型等系列（金善宝，1995），从而为小麦品种的选育和引种提供指导。通常，按播种期的不同可将小麦分为春小麦和冬小麦。二者的生长季节和发育特征不同，春小麦一般在3—5月播种，全生育期为90～150 d，没有越冬条件的限制，在中国基本上都可以种植，而冬小麦一般在8—11月播种，全生育期为100～300 d，生长受越冬条件的限制，北方寒冷地区不能种植（赵广才，2010）。中国小麦大约有68％的产量来自华北平原和江淮地区，有23％的产量来自长江中下游地区和西南地区，不足10％的产量来自东北和西北地区。中国气候资源较为丰富，为小麦生产的发展提供了有利条件，但由于大多处于中纬度地带、海陆相过渡带和气候过渡带，气候灾害频发，气候变化对小麦生产的发展又带来了严峻的挑战。气温升高以及全球气候剧烈变化引发的极端气候，如极端高（低）温、干旱和洪涝等气象灾害，非常不利于中国小麦生产的发展（王春乙，2007）。

1961—2010年小麦生育期内，平均气温在东北、内蒙古、华南和长江中下游地区较高，而在西部和华北的部分地区偏低；平均气温气候倾向率总体呈升高趋势，且西部和北方地区升温率高于南方地区（图2.13）。

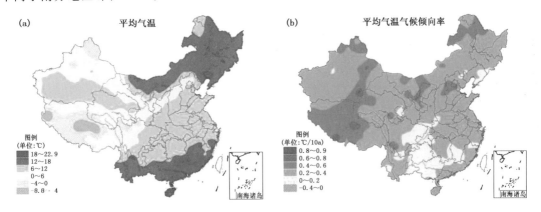

图 2.13　1961—2010 年小麦生育期内平均气温（a）及其气候倾向率（b）空间格局

平均最高气温在东北、内蒙古和华南地区最高，而在四川西部高原、西藏、甘肃、青海和新疆的部分地区偏低；平均最高气温气候倾向率总体呈升高趋势，且升温率在西部、北方和华东的部分地区偏高（图2.14）。

平均最低气温在东北和华南地区最高，而在西部大部、山西和河北的部分地区偏低；平均最低气温气候倾向率总体呈升高趋势，且升温率高于最高气温，并在西部、东北和华北的部分地区偏高（图2.15）。

气温日较差在四川西部高原、西藏和新疆的部分地区最高，而在南方地区偏低；气温日较差气候倾向率总体呈降低趋势，仅在黄河中下游和长江中下游的部分地区升高（图2.16）。

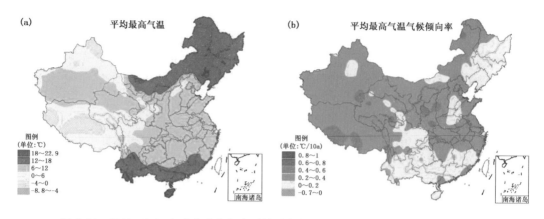

图 2.14　1961—2010 年小麦生育期内平均最高气温(a)及其气候倾向率(b)空间格局

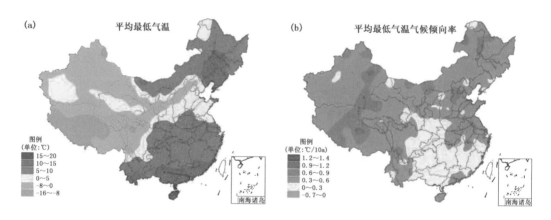

图 2.15　1961—2010 年小麦生育期内平均最低气温(a)及其气候倾向率(b)空间格局

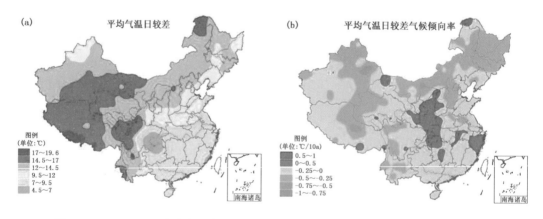

图 2.16　1961—2010 年小麦生育期内平均气温日较差(a)及其气候倾向率(b)空间格局

降水量总体呈由东南向西北减少的趋势,最高值出现在湖北和安徽的部分地区;降水量气候倾向率在西部、内蒙古、东北、华南和华东的部分地区略微升高,而在华北平原和长江中下游地区的大部分地区以减少为主(图 2.17)。

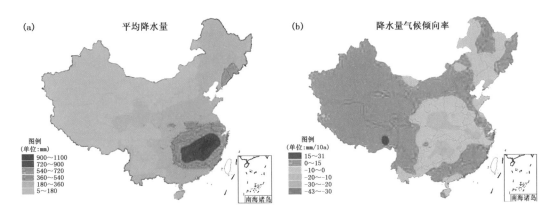

图 2.17 1961—2010 年小麦生育期内平均降水量(a)及其气候倾向率(b)空间格局

日照时数在新疆、甘肃、陕西、宁夏、山西和河北的部分地区较高,而在四川盆地、贵州、重庆、湖南、广西和广东的部分地区偏低;日照时数气候倾向率在西藏、青海、新疆、甘肃、云南和湖南的部分地区呈升高趋势,而在其他地区都呈减小趋势(图 2.18)。

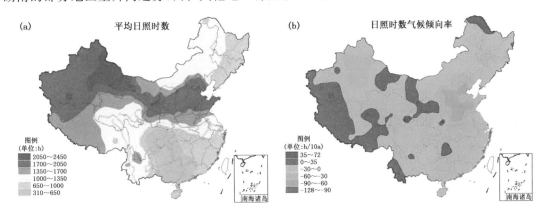

图 2.18 1961—2010 年小麦生育期内平均日照时数(a)及其气候倾向率(b)空间格局

三、玉米

玉米是世界上种植最广泛的谷类作物之一,是近百年来全球种植面积扩展最大、单位面积产量提高最快的大田作物。玉米是中国主要的粮食作物,2004 年总产量超过小麦,达到 1.30 亿 t,成为中国第二大粮食作物。2008 年种植面积达 2.99×10^7 hm²,超过水稻成为中国第一大粮食作物。近 10 年来,中国玉米种植面积增加了 6.67×10^6 hm²,单产提高了 970.15 kg/hm²,总产量提高了 0.6 亿 t,对保障国家粮食安全做出了突出的贡献(潘根兴,2010)

根据中国不同地区的气候、土壤、地理条件及耕作制度等因素,可将中国玉米种植划分为 6 个区:北方春播玉米区,常年玉米播种面积和总产量占中国的 35% 左右;黄淮海平原夏播玉米区,常年播种面积占中国玉米种植面积的 30% 以上,总产量占中国的 35%~40% 左右;西南山地丘陵玉米区,玉米播种面积占中国玉米面积的 20%;南方丘陵玉米区,玉米种植面积较小,占中国的 10.1% 左右;西北内陆玉米区,玉米种植面积占中国的 4.2%;青藏高原玉米区,栽培历史短,种植面积不大(佟屏亚,1992)。

1961—2010年玉米生育期内,平均气温在华北、华中、华东、华南、西南东部和新疆部分地区较高,而青藏高原地区偏低;平均气温气候倾向率总体呈升高趋势,西部、内蒙古和东北地区升温率高于其他地区(图2.19)。

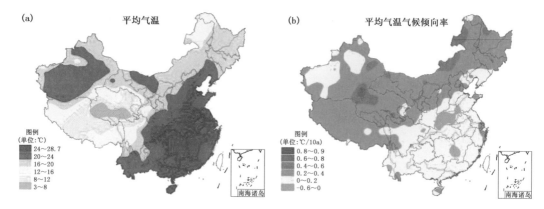

图2.19　1961—2010年玉米生育期内平均气温(a)及其气候倾向率(b)空间格局

平均最高气温在华北、华中、华东、华南、西南东部和新疆部分地区较高,而青藏高原地区偏低;平均最高气温气候倾向率总体呈升高趋势,在内蒙古和西北部分地区升温最高,仅在河北、河南、安徽、湖北、湖南和江西的部分地区以降温为主(图2.20)。

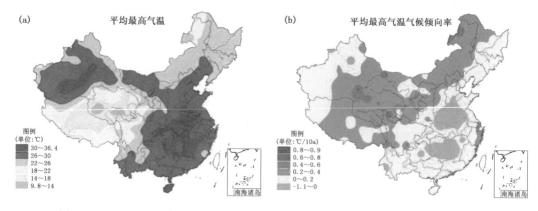

图2.20　1961—2010年玉米生育期内平均最高气温(a)及其气候倾向率(b)空间格局

平均最低气温在华北、华中、华东、华南、西南东部和新疆部分地区较高,而在青藏高原和内蒙古的北部地区偏低;平均最低气温气候倾向率总体呈升高趋势,在西部、内蒙古和东北地区升温率高于其他地区(图2.21)。

气温日较差呈现由西北向东南减小的趋势,在新疆、甘肃和内蒙古的部分地区最高;气温日较差气候倾向率总体呈降低趋势,大部分地区的气候倾向率在-0.26～0℃/10a之间(图2.22)。

降水量总体呈由东南向西北减少的趋势,最高值出现在福建、广东和广西地区;降水量气候倾向率在西部、内蒙古西部、华中、华南和华东的部分地区有所升高,而在其他地区以减少为主(图2.23)。

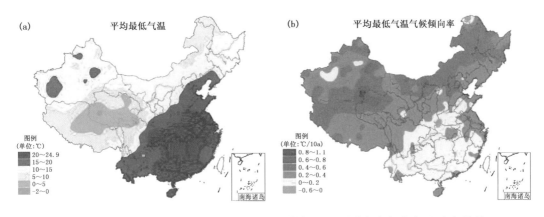

图 2.21 1961—2010 年玉米生育期内平均最低气温(a)及其气候倾向率(b)空间格局

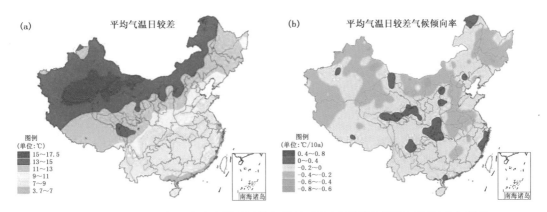

图 2.22 1961—2010 年玉米生育期内平均气温日较差(a)及其气候倾向率(b)空间格局

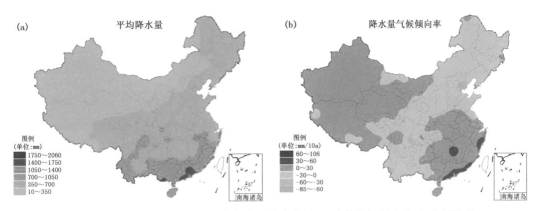

图 2.23 1961—2010 年玉米生育期内平均降水量(a)及其气候倾向率(b)空间格局

日照时数呈由西北向东南减少的趋势,在新疆、甘肃和内蒙古的部分地区最高;日照时数气候倾向率在西北、内蒙古和黑龙江北部的少数地区呈略微升高趋势,而在其他地区都呈减小趋势(图 2.24)。

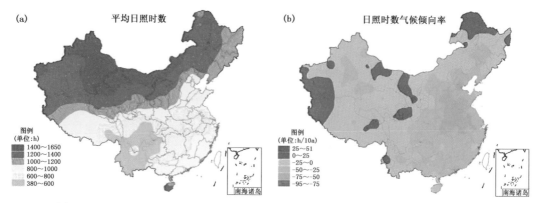

图 2.24 1961—2010 年玉米生育期内平均日照时数(a)及其气候倾向率(b)空间格局

第四节 农业气候资源变化对粮食生产的影响

一、粮食总产

1. 水稻

(1)单季稻

1961—2010 年,单季稻生育期内平均气温变化对各省单季稻总产的影响有正有负,而日较差和降水量对单季稻总产的影响以负效应为主。平均气温升高 1℃对单季稻总产的影响在 −20.5%～15%之间;气温日较差增加 1℃对单季稻总产的影响在 −12.6%～7.8%之间;降水量增加 100 mm 对单季稻总产的影响在 −12.6%～3.4%之间(图 2.25)。

(2)双季稻

1961—2010 年,双季稻生育期内平均气温、日较差和降水量变化对各省双季稻总产的影响以负效应为主。平均气温升高 1℃对双季稻总产的影响在 −15.9%～1.5%之间,大部分地区的减产程度超过 3%;气温日较差增加 1℃对双季稻总产的影响在 −24.4%～1.6%之间;降水量增加 100 mm 对双季稻总产的影响在 −10.3%～0%之间(图 2.26)。

2. 冬小麦

1961—2010 年,冬小麦生育期内平均气温变化对各省冬小麦总产的影响有正有负,而日较差和降水量变化对冬小麦总产的影响以正效应为主。平均气温升高 1℃对冬小麦总产的影响在 −7.2%～7.8%之间;气温日较差增加 1℃对冬小麦总产的影响在 −8.8%～13.9%之间;降水量增加 100 mm 对冬小麦总产的影响在 −4.8%～16.1%之间(图 2.27)。

3. 玉米

1961—2010 年,玉米生育期内平均气温和日较差变化对各省玉米总产的影响以负效应为主,即平均气温升高产量减少,气温日较差缩小产量增加;而降水量对玉米总产的影响则有正有负。平均气温升高 1℃对玉米总产的影响在 −18.6%～4.1%之间;气温日较差增加 1℃对玉米总产的影响在 −23.1%～6.8%之间;降水量增加 100 mm 对玉米总产的影响在 −7.8%～15.7%之间(图 2.28)。

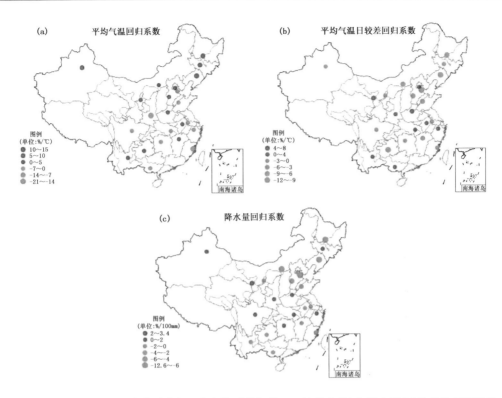

图 2.25　1961—2010 年单季稻总产和生育期平均气温(a)、日较差(b)和降水量(c)的线性回归系数

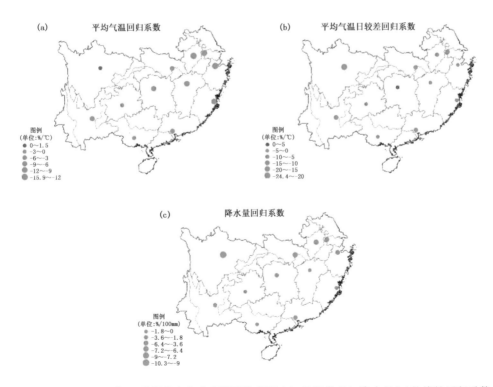

图 2.26　1961—2010 年双季稻总产和生育期平均气温(a)、日较差(b)、降水量(c)的线性回归系数

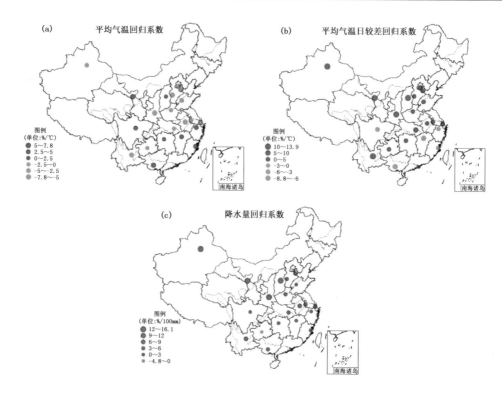

图 2.27　1961—2010 年冬小麦总产与生育期平均气温(a)、日较差(b)和降水量(c)的线性回归系数

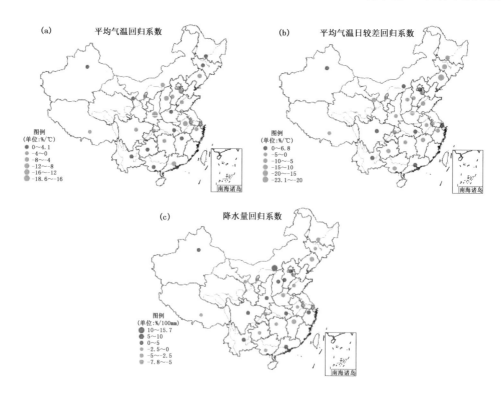

图 2.28　1961—2010 年玉米总产和生育期平均气温(a)、日较差(b)和降水量(c)的线性回归系数

二、粮食单产

1. 水稻

(1)单季稻

1961—2010 年，单季稻生育期内平均气温变化对各省单季稻单产的影响有正有负，而降水量和日较差变化对单季稻单产的影响以负效应为主。平均气温升高 1℃对单季稻单产的影响在−9.1％～17％之间；气温日较差增加 1℃对单季稻单产的影响在−14.8％～8.6％之间；降水量增加 100 mm 对单季稻单产的影响在−7.9％～10％之间(图 2.29)。

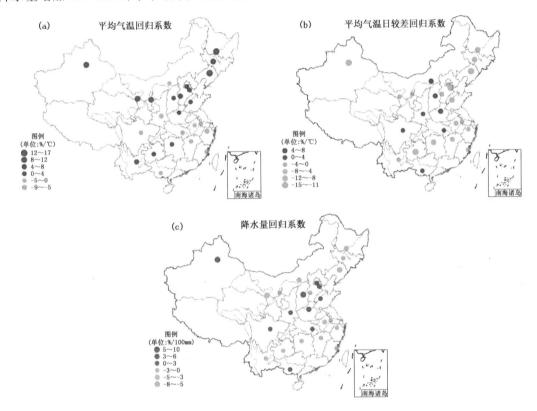

图 2.29　1961—2010 年单季稻单产与生育期平均气温(a)、日较差(b)和降水量(c)的线性回归系数

(2)双季稻

1961—2010 年，双季稻生育期内平均气温和降水量变化对各省双季稻单产的影响以负效应为主，日较差变化对双季稻单产的影响则有正有负。平均气温升高 1℃对双季稻单产的影响在−7.2％～3.7％之间；气温日较差增加 1℃对双季稻单产的影响在−11.5％～2.3％之间；降水量增加 100 mm 对双季稻单产的影响在−4.2％～1.9％之间(图 2.30)。

2. 冬小麦

1961—2010 年，冬小麦生育期内平均气温变化对各省冬小麦单产的影响有正有负，而日较差和降水量变化对冬小麦单产的影响以正效应为主。平均气温升高 1℃对冬小麦单产的影响在−7.6％～7.7％之间；气温日较差增加 1℃对冬小麦单产的影响在−3.6％～10％之间；

降水量增加 100 mm 对冬小麦单产的影响在 −8.9% ~ 13.6% 之间(图 2.31)。

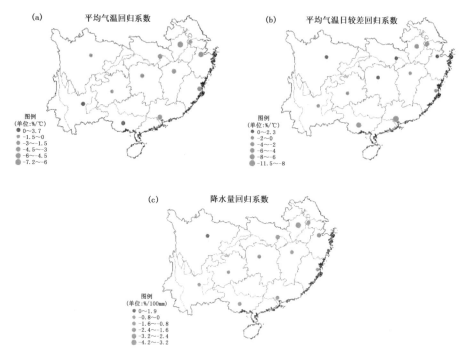

图 2.30　1961—2010 年双季稻单产和生育期平均气温(a)、日较差(b)和降水量(c)的线性回归系数

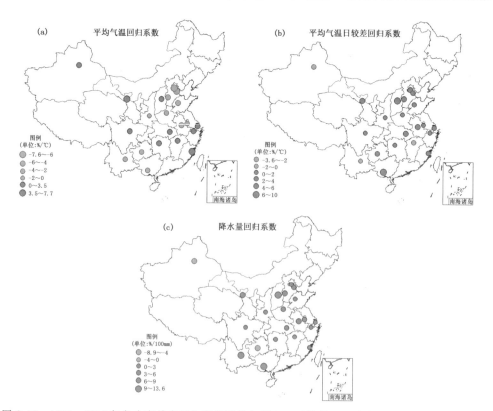

图 2.31　1961—2010 年冬小麦单产和生育期平均气温(a)、日较差(b)、降水量(c)的线性回归系数

3. 玉米

1961—2010 年,玉米生育期内平均气温变化对各省玉米单产的影响以负效应为主,而日较差和降水量变化对玉米单产的影响有正有负。平均气温升高 1℃ 对玉米单产的影响在 −17%~7.5% 之间;气温日较差增加 1℃ 对玉米单产的影响在 −22.4%~7% 之间;降水量增加 100 mm 对玉米单产的影响在 −7.3%~6.5% 之间(图 2.32)。

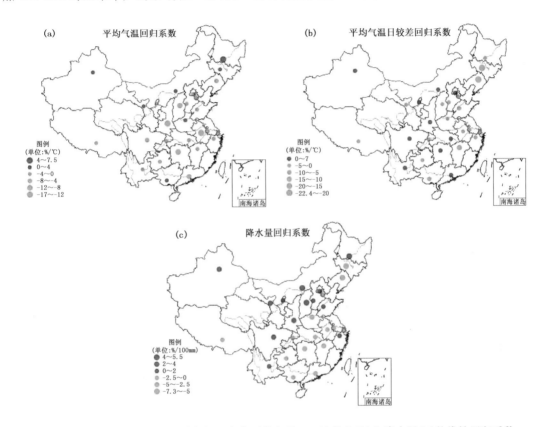

图 2.32 1961—2010 年玉米单产与生育期平均气温(a)、日较差(b)和降水量(c)的线性回归系数

第三章　农业气象灾害变化

气候变暖在改善和增加区域热量条件的同时,也增加了一些区域的水分条件,在一定意义上增加了粮食的生产潜力。但是,气候变化的不确定性使气象灾害加剧,导致高温、干旱、强降水等极端气候事件频发,而且来势早、强度大,并有加剧的趋势(IPCC,2007;Battisti et al.,2009),从而使农业生产的脆弱性增加(Easterling et al.,2007),粮食生产面临的风险增加,甚至给农业生产带来巨大的损失。

伴随着气候变暖和降水变异的加剧,中国区域的极端气候现象出现的频次和强度也在增加和加大(秦大河等,2005)。1950—2000年,极端气候事件导致的中国作物受灾、成灾面积呈增大趋势,粮食产量与经济损失呈指数增长(图3.1)。特别是进入20世纪90年代后,气候变率增大,致使中国重大农业气象灾害频发,损失巨大,1990—2006年期间的年均经济损失达1004亿元,而2008年初的低温雨雪冰冻灾害使得20个省(区、市)的直接经济损失达1111亿元,其中作物受灾面积达1.77亿亩[①](谷洪波等,2009)。

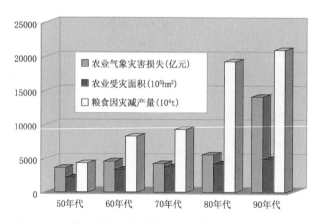

图3.1　1950—2000年中国农业气象灾害受灾损失、受灾面积和粮食减产动态
(改自周京平等,2009)

第一节　旱涝灾害

尽管全球气候变暖是总趋势,但气候变化背景下,极端气象事件发生频率亦相应增加,干旱和洪涝等农业气象灾害的发生频率增大。据统计,1950—2002年中国农业自然灾害导致的

---

①　1亩等于1/15 hm²,约等于667 m²。下同。

作物受灾面积平均每年为 3854.8 万 hm²,其中水旱受灾 3211.4 万 hm²,占播种作物总受灾面积的 83.3%(李茂松等,2005b)。

根据中国自然灾害损失统计,气象灾害损失占全部自然灾害损失的 61%,而旱灾损失占气象灾害损失的 55%,干旱已成为中国主要自然灾害之一(王浩,2010)。渍害是中国黄淮麦区南部地区和长江中下游麦区的主要灾害因子,近年来频繁发生并对小麦生产的影响越来越严重(谢家琦等,2008)。据江苏省气象资料统计表明,10 年中有 7 年是因渍害导致小麦严重减产。渍害也是湖北省和河南省小麦高产稳产的主要制约因子,其中河南省 34 年小麦生产中有 24 年因为渍害而减产(谢家琦等,2008)。

一、干旱

干旱指长时期降水偏少,造成空气干燥、土壤缺水,使农作物体内水分失去平衡而发生水分亏缺,影响农作物正常生长发育,进而导致减产甚至绝收的一种农业气象灾害(张养才等,1991)。中国季风气候显著,农业干旱在各地均有发生。在气象灾害造成的中国农业损失中以干旱最严重,每年因干旱损失的粮食占全部气象灾害损失的 60% 左右,其中在大旱的 2000 年和 2001 年均占到 70% 以上(霍治国等,2009)。

气候变化导致中国干旱灾害加重。近半个世纪以来,中国干旱地区和干旱强度都呈现增加趋势。中国北方主要农业区的干旱面积一直上升、夏秋两季干旱日益严重,华北、华东北部干旱面积扩大尤其迅速,形势尤其严峻(秦大河,2009)。近年来,中国西南地区干旱也呈加重态势。2009 年云南省遭遇了 60 年一遇的特大旱灾。2009 年 9 月中下旬至 2010 年 1 月 30日,云南全省作物受旱面积达 1755 万亩,其中重旱 667 万亩、干枯 207 万亩,致使部分地区颗粒无收,如云南玉溪就有 34.1 万亩小春作物绝收。据当地气象部门分析,降水量异常偏少,而气温明显偏高,蒸发量增加进一步加剧了旱情,造成了特大旱灾。

1. 干旱时空变化趋势

1961—2009 年中国呈现明显的干旱化趋势,其中滇黔及广西丘陵地区干旱化趋势最为明显,其次为河套—华北地区;而长江中下游、新疆北部和川西高原—青藏高原东部地区呈现变湿趋势,其中变湿趋势最显著的区域为新疆北部。同时,中国区域的干旱变化存在多时间尺度特征,其中 2～4 年左右的时间尺度周期振荡最显著(刘晓云等,2012)。中国北方地区干旱化加剧的同时,南部和东部地区干旱也在扩展(刘晓云等,2012;马柱国等,2005a,2005b)。西南地区干旱灾害发生频率明显加快,旱灾发生范围在逐年扩大,旱灾强度在不断增加。尤其最近10 年,特大干旱事件频发:2003 年西南部分地区发生严重伏秋连旱;2005 年云南发生严重初春旱;2007 年广西和贵州旱灾严重;2008 年云南持续将近 3 个月干旱以及 2009—2010 年西南遭遇的秋冬春连旱。

根据《中国农业统计资料汇编 1949—2004》和《中国统计年鉴》的数据,2001 年以来,中国农作物干旱成灾/受灾面积呈下降趋势,而云南、贵州和广西农作物干旱成灾/受灾面积呈现上升趋势(图 3.2)。以往针对中国北方干旱化进行的研究较为系统和深入,但关于西南地区干旱特征的研究相对较弱,严重制约着西南地区应对干旱的能力。

2. 农业干旱灾情变化趋势

农业干旱灾情变化通常采用成灾面积与成灾比率来反映。成灾面积指在遭受自然灾害影

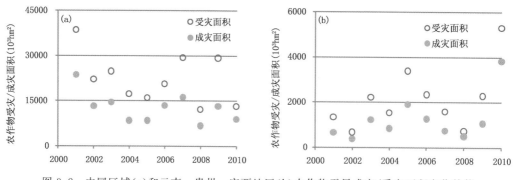

图 3.2　中国区域(a)和云南—贵州—广西地区(b)农作物干旱成灾/受灾面积变化趋势

响的受灾面积中,农作物实际收获量较正常年产量减少 3 成以上的农作物播种面积(房世波等,2011),成灾比率指农作物成灾面积占播种面积的比例(陈方藻等,2011)。1961—2010 年中国农作物旱灾成灾面积年均值为 11.1×10^6 hm²,成灾比率年均 7.4%(李茂松等,2003;陈方藻等,2011),中国农作物干旱成灾面积和成灾比率总体均呈上升趋势(图 3.3),但 2001 年后旱灾面积和成灾比率有所下降。近 50 年间,中国性的大旱年(受灾面积超过 3066.7 万hm²,成灾面积超过 1066.7 万 hm²)有 9 年(1961、1972、1978、1986、1988、1992、1997、2000 和 2001),其中 2000 年旱灾最为严重(孙荣强,1993)。

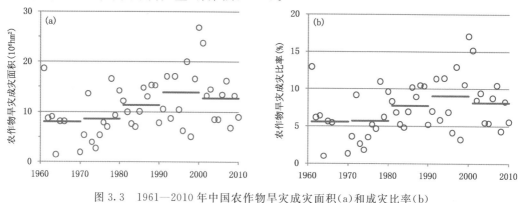

图 3.3　1961—2010 年中国农作物旱灾成灾面积(a)和成灾比率(b)

3. 干旱风险格局

He 等(2011)利用基于标准降雨指数(SPI)的干旱风险评估模型得出:中国干旱风险呈明显的东西分异(图 3.4);干旱低度、中度、较高和高度风险区面积分别占中国面积的 25.6%、31.3%、28.8%和 14.3%;小麦、玉米和水稻种植区分布在干旱较高和高度风险区的面积分别占各自总种植面积的 53%、54%和 49%,反映出干旱对中国农业生产影响的严重性。

中国干旱低度风险区主要包括新疆南部、青藏高原西北部、内蒙古高原西北部、长江中下游南部和东南沿海地区;干旱中度风险区主要包括新疆中部,内蒙古高原东部和西部,青藏高原西部、北部和东南部以及华北平原和长江中下游部分地区;干旱较高风险区主要包括东北平原东部、内蒙古高原中部、新疆北部、华北平原南部、黄土高原中部、长江中下游平原北部、云贵高原中部、岭南和武夷山区;干旱高度风险区主要包括内蒙古高原东部和中部、东北平原中部、新疆北部、青藏高原东南部、黄土高原中部和南部、华北平原和云贵高原南部。

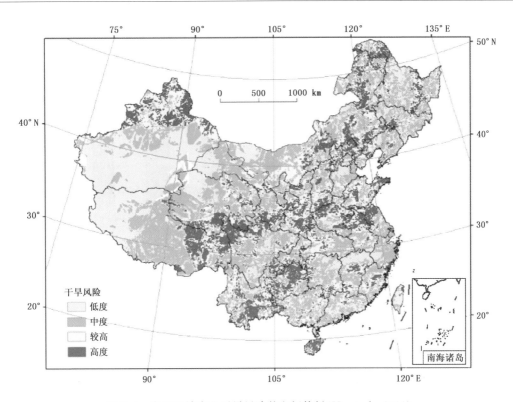

图 3.4　中国区域农业干旱风险的空间特征(He et al.,2011)

二、洪涝

洪涝指因大雨、暴雨或持续降雨使低洼地区淹没、渍水的现象,一般由长时间降水过多或区域性暴雨及局地性短时强降水引起。按照水分过多的程度,洪涝可分为洪水、涝灾和湿害(张养才等,1991)。洪水指由于大雨、暴雨引起山洪暴发、河水泛滥、淹没农田、毁坏农舍和农业设施等。沿海一些河流入海处,由于海啸、海潮、海水倒灌也会发生洪水。涝灾主要指雨量过大或过于集中造成农田积水,无法及时排出,使作物受淹,当受淹的持续时间超过作物的耐淹能力时造成的灾害(霍治国等,2009)。春季大量冰雪融化,土壤下层又未化通,水难以透入下层,也会发生涝灾。湿害指由于连阴雨时间过长,雨水过多,或洪水、涝灾之后排水不良,使土壤水分长期处于饱和状态,作物根系因缺氧而发生伤害,也称为渍害。

20 世纪以来,中国暴雨极端事件出现频率上升、强度增大,尤以华南和江南地区最为明显(刘九夫等,2008)。目前,中国的洪涝灾害主要集中发生在长江、淮河流域以及东南沿海等地区,中国 40% 的人口、35% 的耕地和 60% 的工农业产值长期受到洪水威胁(冷传明等,2004)。20 世纪 50 年代以来,中国洪涝灾害成灾面积呈逐年增加趋势(图 3.5),20 世纪 90 年代为 50余年中洪涝高发的 10 年。洪涝灾害对粮食生产的危害仅次于旱灾,每年因洪涝灾害造成的粮食平均损失占总量的 25%。

中国洪涝灾害多发生在夏季(王春乙等,2007),基于 1950—2003 年国家统计局《农业统计年报》资料,中国历年平均受灾面积约 9.4×10^6 hm²,最严重的灾年为 1991 年、1998 年和 1954年,主要洪涝区发生在长江中下游、华北南部和北部、东北地区中南部。1960—2010 年,中国

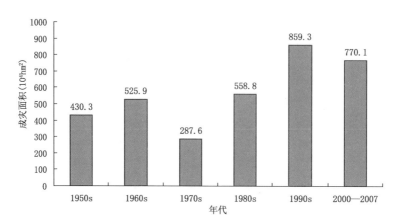

图 3.5　近 60 年来中国农作物洪涝灾害成灾面积动态

洪涝发生的阶段性显著,大体为 20 世纪 50 年代至 60 年代中前期洪涝面积较大,60 年代中期至 80 年代初期洪涝面积较小,80 年代中前期以来洪涝面积又呈增加趋势。特别是,1991—1998 年增加显著,其中 1991 年、1998 年和 2003 年中国洪涝面积最大。洪涝面积与时间的相关系数达 0.48,通过 1% 的信度检验,洪涝面积增加趋势十分显著(王铮等,1994)。

洪涝灾害形成与地形、降水配置关系极为密切,中国范围内可呈现多涝区、次多涝区、少涝区和最少涝区分布。1950—2010 年,占中国播种面积 39.0% 的多涝区受灾和成灾面积均占中国的 47.0%,次多涝区和少涝区各占 25.0% 左右,最少涝区占中国播种面积 9.0%,洪灾发生比例只占中国 3.0%;次多涝区受灾面积比例与播种面积比例的比值较少涝区高 3%,而成灾面积比例与播种面积比例的比值较少涝区低 4%(李茂松等,2004)。

不同区域的洪涝灾害特征不同。华南地区 1960—2010 年期间有 19 年达到雨涝标准,4—9 月雨涝范围总体呈平缓减小趋势,其中 4 月、6 月、7 月和 8 月四个月的雨涝范围呈弱扩展趋势,7 月雨涝范围扩大趋势较明显;5 月和 9 月雨涝范围呈显著减少趋势,且 5 月减少趋势更明显(王志伟等,2005)。黄河和长江流域 1951—2006 年期间雨涝发生呈显著的阶段性变化,80 年代末以来增加趋势较为明显,雨涝受灾面积和成灾面积显著增加;进入 21 世纪后,雨涝灾害略有下降。黄河流域秦岭北麓春季雨涝发生频率超过 1.0%,夏季秦岭北麓及下游地区雨涝频率超过 15.0%。黄河流经省份雨涝灾害的受灾率从上游至下游逐渐增加,河南省受灾率最大,多年平均可达 7.1%,位于干旱半干旱区的宁夏地区受灾率最小,为 2.0%。长江流域夏季雨涝发生频率在四川盆地及其东北部地区以及长江中下游地区较大,为 5.0%~60.0%,四川盆地部分地区甚至超过 60.0%。长江流经省份雨涝灾害的受灾率从上游至下游逐渐增加,湖北至江苏地区受灾率较大,为 7.0%~9.7%,表明长江流域中下游地区受雨涝灾害影响较大(张勇等,2009)。1960—2007 年期间,四川盆地东部区特涝年出现的频率约 8.5%,大涝年和偏涝年出现频率约 17.0%,涝年(包含特涝、大涝和偏涝,下同)出现频率达 25.5%;四川盆地西部区特涝年出现频率为 4.3%,大涝年和偏涝年出现频率为 25.5%,涝年出现频率达 29.8%;川西南山地区特涝年出现频率为 6.4%,大涝年和偏涝年出现频率为 19.1%,涝年出现频率达 25.5%;川西高原区特涝年出现频率为 6.4%,大涝年和偏涝年出现频率为 25.5%,涝年出现频率达 31.9%。年代际变化明显,60 年代干旱频繁,洪涝少见,70—80 年代旱涝交替发生,整个 80 年代均遭遇洪涝,90 年代至今干涝交替出现;其中特涝 4 年,分别为 1987 年、1993 年、2000 年和 2007 年,特旱 2 年,分别为 1964 年和 2006 年(齐冬梅等,2011)。

第二节　低温灾害

尽管全球气候变暖是总趋势,但气候变化背景下极端气象事件发生频率亦相应增加,高温热害发生频率增大,而低温冷害等农业气象灾害总体减少,但区域性、阶段性低温冷害强度大、危害严重,不确定性增加。与极端高温危害不同,极端低温危害的发生较为普遍,在中国各地的水稻生产中都很常见。以黑龙江省为例,由于年际间温度波动幅度较大,哈尔滨市和佳木斯市 5—9 月水稻生育期间积温尽管呈上升趋势,但不同年际间的积温波动幅度并未减小,从而增加了水稻延迟型低温冷害发生风险(矫江等,2008)。2002 年黑龙江省各地≥10℃活动积温超出常年 227℃·d,属于特别高温年份,全省初霜期平均较常年延后 7 d 左右,但各地不同时期日平均温度波动幅度很大,造成了三江平原大面积障碍型低温冷害,导致三江平原东部地区减产达 30%~40%,西部地区减产达 10%~20%(矫江等,2004)。吉林省各地总的年均气温呈上升趋势,但农作物主要生长期的夏、秋季气温变幅不大,甚至出现不利于农作物正常生长的阶段性超低温现象,导致水稻冷害的发生(于秀晶等,2003)。2006 年是典型的障碍型冷害年,这次冷害也是 1949 年以来发生的最为严重的极端性气候事件,涉及四平、长春中西部地区。以磐石、梅河口为例,受冷害较轻的水稻减产 20%~30%,重的减产达 50%~60%(田奉俊等,2008)。2003 年山东省鱼台县水稻生育期内出现了降水偏多、光照不足、气温偏低极端天气,导致水稻生产期延长、成熟变慢、成熟度差,特别是水稻生长的三个关键期(分蘖期、抽穗开花期、成熟期)均出现低温阴雨天气,导致水稻产量明显下降(葛奇等,2004)。新疆维吾尔自治区的米泉市是有百余年种稻历史的老稻作区。1983 年和 1988 年春季发生较严重的延迟型冷害,导致大量秧苗死亡,除大面积秧田重播外,还导致部分水稻孕穗、抽穗期延迟。2003 年春季再次遭极端低温冷害天气,水稻育苗、插秧推迟,发生延迟型冷害,水稻生长后期又遇异常低温,发生严重障碍型冷害,水稻平均结实率仅 70%,空秕率达 30%,是常年的 4 倍以上,靠近乌鲁木齐的长山子镇结实率仅 50%~60%,甚至绝收(梁乃亭等,2004)。

气候变暖背景下,南方水稻发生低温冷害也较为普遍。2004 年广东江门市新会区早、晚水稻均遭气象低温影响,早稻受 3 月中下旬至 4 月中旬约 20 d 低温阴雨影响,造成抛植后零星死秧 915 亩;晚稻受 10 月 2—4 日连续 3 d 日平均温度低于 23℃的寒露风影响,导致 2827 亩抽穗扬花水稻受害(陈振鑫等,2006)。四川凉山州盛夏低温冷害出现重害频率平均为 1 次/10a,水稻产量的损失率平均为 3%~5%,严重达 30%~50%,甚至颗粒无收(彭国照等,2006)。湖北江汉平原也于近期连续 4 年在盛夏 8 月出现日均气温连续 3 d 或以上低于 23℃的极端低温天气,给中稻孕穗、抽穗扬花带来冷害,导致中稻结实率明显下降(周守华等,2009)。这种频繁出现的"夏凉"气候事件已经对水稻生产造成严重影响,成为湖北水稻生产的重要农业气象灾害(杨爱萍等,2009)。尤其是,7 月下旬至 8 月底正值湖北省中、迟熟型中稻抽穗、扬花、乳熟期,低温冷害将使得花药不能正常裂药授粉,导致空壳率升高和结实率下降,甚至阻碍水稻灌浆充实,导致千粒重下降。

在玉米生长季内,低温冷害是中国北方地区主要农业气象灾害之一,尤其在东北三省较为严重和频繁。在严重低温冷害年,东北玉米减产可达20%以上,品质也随之下降。20世纪60年代,严重冷害发生频率最大、受害范围较广,70年代次之,80年代以后明显减少。气候变暖背景下,虽然各地区春玉米在不同年代严重冷害总体表现为减少趋势,但由于不同区域的温度波动幅度差异较大,区域性的严重低温冷害发生频率也随之加大,使得春玉米延迟型低温冷害在不同时期、不同区域仍有可能发生(赵俊芳等,2009)。

一、低温冷害

低温冷害指作物在生长期间因温度偏低影响正常生产或者使作物的生殖生产过程发生障碍,导致减产的农业气象灾害,多发生在春、夏和秋季。由于不同地区的作物种类差异,在某个生育期对温度条件要求不同,冷害具有显著的地域性,亦有不同灾害名称,如"倒春寒"、"夏季低温"及"秋季低温"等。春季,发生在长江流域的低温烂秧天气称为春季低温冷害,亦称倒春寒;秋季,长江流域晚稻抽穗扬花阶段遭受的低温冷害称秋季低温冷害,而两广地区在晚稻开花期遇到的低温冷害称为寒露风;东北地区在6—8月出现的低温称为东北低温冷害或夏季低温冷害(张养才等,1991)。

依据低温对作物的危害特点及作物受害症状,冷害可分为延迟型冷害、障碍型冷害和混合型冷害。作物生育期间,特别在营养生长阶段(生殖阶段也可能)遭遇低温,极易引起作物生育期显著延迟,称为延迟型冷害,其特点是使作物在较长时间内处于较低温度条件,导致作物的出苗、分蘖、拔节、抽穗开花等发育期延迟,甚至在开花后遭遇持续低温导致不能充分灌浆和成熟,出现谷粒不饱满或半粒、秕粒,使千粒重下降。东北地区的玉米和高粱遭遇的冷害一般多为延迟型冷害,水稻遭遇的冷害多为障碍型冷害;长江流域的双季稻苗期和移栽返青期也常遭遇延迟型冷害。作物在生殖生长阶段若遇低温,可使生殖器官的生理机制受到破坏导致发育不健全,如引起开花器官障碍妨碍授粉、受精,造成不育或部分不育,产生空壳和秕谷,称为障碍型冷害,其特点为低温时间较短(数小时至数日),主要发生在作物对低温较敏感的孕穗期和抽穗开花期。长江流域种植的晚稻在抽穗开花阶段常遭遇此类短时低温危害;两广地区山区、半山区农业生产中常出现障碍型冷害;东北地区水稻抽穗开花多在8月,若温度过早急剧降低,亦可遭遇障碍型冷害。混合型冷害指延迟型冷害与障碍型冷害同年度发生,亦称兼发型冷害,较单一性冷害危害更严重,一般因作物营养生长阶段遇低温天气而延迟抽穗开花,进而抽穗开花期又遇低温,形成大幅减产(张养才等,1991)。中国对低温冷害的研究主要集中在东北的玉米、水稻和新疆的棉花。

夏季低温冷害是东北地区最严重的气象灾害之一。1993年、1998年、2001年和2003年东北地区东部7月出现的阶段性严重低温天气使多数县市减产40%左右,部分乡镇绝产。通常,当日均气温低于18℃时,农作物生长发育就会受到一定的不利影响。7月,东北大部地区一季稻处于孕穗期,当日均气温低于17℃时,会发生障碍型冷害;8月,东北大部地区一季稻处于抽穗开花期,当日均气温低于19℃时,会发生障碍型冷害(《中华人民共和国气象行业标准,水稻、玉米冷害等级》)。在此,分析6月日均气温低于18℃的低温日数、7月日均气温低于17℃的低温日数和8月日均气温低于19℃的低温日数。

6月日均气温低于18℃的低温日数:1961—2010年东北三省低温日数呈减少趋势(图3.6)。黑龙江省、吉林省和辽宁省常年日均气温低于18℃的日数为13.3、11.3和5 d,2001—2010年低温日数分别为10.3、9.2和4.1 d,较常年分别减少3、2.1和0.9 d。1961—2010年

6月低温日数变化趋势为黑龙江省、吉林省和辽宁省分别减少 3.9、4.4 和 3.4 d。

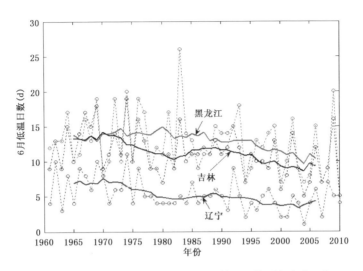

图 3.6 1961—2010 年东北地区 6 月低温日数历年变化(天)

7 月日均气温低于 17℃的低温日数:1961—2010 年东北三省低温日数变化趋势不明显(图 3.7)。黑龙江省、吉林省和辽宁省常年日均气温低于 17℃的日数分别为 4.3、7.1 和 0.1 d,2001—2010 年低温日数分别为 4.1、6.1 和 0.1 d,较常年分别减少 0.2、1.0 和 0 d。

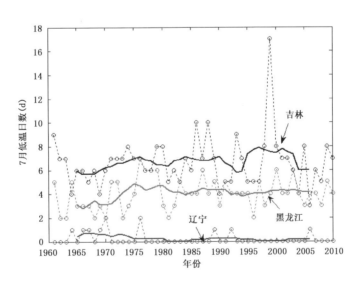

图 3.7 1961—2010 年东北地区 7 月低温日数历年变化(天)

8 月日均气温低于 19℃的低温日数:1961—2010 年东北三省低温日数变化趋势呈明显减少趋势(图 3.8)。黑龙江省、吉林省和辽宁省 1971—1980 年日均气温低于 19℃的日数分别为 15.2、10.6 和 3.5 d,2001—2010 年的低温日数分别为 11.4、7.9 和 2.4 d,分别减少 3.8、2.7 和 1.1 d。总体而言,8 月黑龙江省低温日数较多、吉林省次之,吉林省和黑龙江省的低温日数减少幅度都较大。

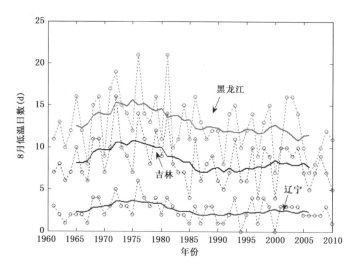

图 3.8　1961—2010 年东北地区 8 月低温日数历年变化(天)

随着气候变暖,东北地区夏季低温日数呈减少趋势,特别是 20 世纪 90 年代以来低温日数减少趋势非常明显,其中 6 月和 8 月的减少幅度较大,低温日数持续减少对农业生产有利。

二、霜冻

霜冻指在冬—春、秋—冬转换季节土壤表面和植物表面温度下降到(0℃以下)足以使植物遭受伤害甚至死亡的一种农业气象灾害(冯秀藻等,1991)。霜冻指标可分为两类(郑维,1980):一是按不同作物在不同生育期的致冻临界温度确定;二是确定出某一区域内多种作物的综合性霜冻指标。由于霜冻是植物组织的温度降到 0℃以下发生的冻害,故以植物组织温度为霜冻指标最佳,但气象台站业务因不进行相关观测,仅间接采用相关温度(如最低草温、最低地面温度或最低气温)作为霜冻害指标(张养才等,1991)。

每年入秋后第一次出现的霜冻,称为初霜冻。初霜冻出现的早晚对东北和内蒙古地区秋收的水稻和玉米产量影响极大,一般在东北地区初霜冻日期异常年份里,平均偏早 1 d 可造成水稻减产 1 亿斤;内蒙古玉米秋收地区,9 月 10 日前出现初霜冻将使玉米单产减产 20%,9 月 15 日前出现初霜冻将使玉米单产减产 10%;若初霜冻日期较常年偏晚 1 天将使玉米单产增产 10%。在新疆、甘肃和宁夏等地,初霜冻较常年异常偏早将严重威胁到玉米、马铃薯和棉花等秋收作物的产量。

1961—2010 年中国平均初霜日期呈推迟趋势,终霜日呈提早趋势,无霜期呈延长趋势;其中初霜日推迟趋势为 2.4 d/10a(图 3.9)。20 世纪 60—80 年代中国平均初霜日变化不大,但 90 年代之后初霜日明显推迟;其中 21 世纪以来中国平均初霜日较 20 世纪 80 年代推迟 5 d 左右。60—70 年代中国平均终霜日变化不大,但从 80 年代起中国平均终霜日呈明显提早趋势,其中 21 世纪以来中国平均终霜日较 20 世纪 70 年代提早 9 d 左右。

1961—2010 年,无论从整个东北地区还是分省区来看,初霜日均呈现较明显的偏晚趋势,整体偏晚趋势为 1.6 d/10a,平均初霜日延后 7~9 d,无霜期延长了 14~21 d。黑龙江省初霜日偏晚的趋势为 1.3 d/10a,平均推迟 7.2 d;吉林省初霜日偏晚的趋势为 1.9 d/10a,平均推迟 8.7 d,辽宁省初霜日偏晚的趋势为 2.1 d/10a,内蒙古东北部为 1.2 d/10a。

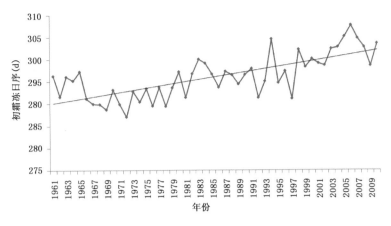

图 3.9　1961—2010 年中国平均初霜冻日序

北方冬麦区终霜日呈提前趋势,其气候倾向率为 2.3 d/10a;终霜日自 90 年代初期以后明显提前,特别是在 21 世纪初期这种提前趋势更加显著。终霜日变化的突变点为 1991 年,突变前终霜日较多年平均偏晚约 2 d;突变后终霜日较多年平均偏早 3.8 d,90 年代后终霜日提前的气候倾向率为 4.9 d/10a。

三、寒害

寒害指温度不低于 0℃,因气温降低引起植物生理机能上的障碍,从而使植物遭受损伤的农业气象灾害。寒害一般发生在华南热带、亚热带地区,通常又称为华南寒害(霍治国等,2009)。

华南地区是中国热带、亚热带作物的主要生产基地,该地区冬暖气候优势明显,最冷月平均气温在 10℃以上,11—3 月的热量资源约占全年的 1/3 以上。为充分利用冬季气候资源,近年来各地迅速发展了冬季农业。但是,由于冬季低温寒害的袭击,导致农业生产损失重大。据统计,华南寒害导致的经济损失已超过台风、洪涝,成为华南地区冬季农业生产的第一大灾害,仅 20 世纪 90 年代的 4 次寒害就给广东农业造成高达 213 亿元的经济损失,1999 年的寒害给广西和福建造成的经济损失分别超过 150 亿和 20 亿元(杜尧东等,2003;柏秦凤,2008;霍治国等,2009;李娜,2010)。

1.华南寒害变化趋势

根据寒害气象行业标准(QX/T 80—2007)(中国气象局,2007),当日最低气温≤某临界值(如 5℃)时,表示寒害过程开始,当日最低气温＞某临界值(如 5℃)时,表示寒害过程结束,持续低于此临界值的过程为一个寒害过程。1961—2010 年,华南地区出现的寒害天气过程数总体呈现下降趋势(图 3.10),从 20 世纪 60 年代到 90 年代依次递减,至 2000 年后又有所回升。

致灾因子指可能导致灾害的因素。寒害主要是由寒潮或强冷空气入侵引起的剧烈降温,以及夜间辐射降温引起的低温所致,中弱冷空气多次补充也能造成寒害。因此,寒害的致灾因子包括降温幅度、低温强度、低温持续日数和有害积寒(杜尧东等,2008)。华南寒害各致灾因子呈显著纬向分布(图 3.11)(柏秦凤,2008),年度寒害过程最大降温幅度从南向北逐步增大,极端最低气温由南向北逐渐降低,低温持续日数和有害积寒从南向北逐渐增加。以广西的融

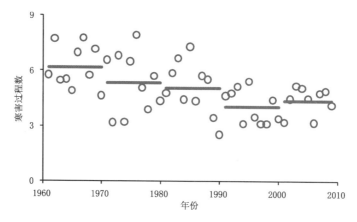

图 3.10　1961—2010 年华南地区寒害过程数的年际和年代际变化

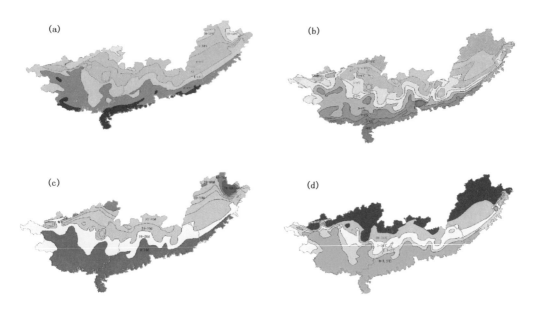

图 3.11　华南寒害各致灾因子空间分布(柏秦凤,2008)
(a)最大降温幅度;(b)极端最低气温;(c)持续日数;(d)有害积寒

安、荔浦、恭城、贺县至广东的阳山、乳源、翁源、和平至福建的连成、沙县、闽清、宁德一线为界,该线以南地区寒害过程多年平均最大降温幅度小于 8℃、极端最低气温高于 1℃、寒害低温持续日数小于 30 d、有害积寒小于 20℃・d,该线也是香蕉种植北界和荔枝适宜种植区北界。随着气候变化,寒害致灾因子的空间分布格局在不同的年代际间存在差异。以不同年代有害积寒的空间分布为例(图 3.12),20 世纪 60—70 年代有害积寒 10～20℃・d 的区域(香蕉、荔枝种植北界)南扩,80 年代和 90 年代该区域北移,2000—2010 年期间又略南扩,这一年代际间的变化可能导致香蕉、荔枝等作物种植界限的北扩和南移。寒害综合指数动态表明,1961 年以来华南寒害综合指数保持基本平衡,其中广东寒害发生总体呈上升趋势,广西寒害发生总体呈下降趋势。华南寒害存在明显年际变化,70 年代波动最强,80 年代波动最弱。

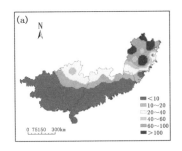 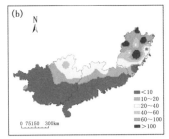 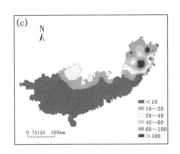

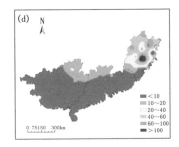 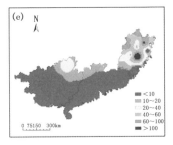

图 3.12　年度寒害过程有害积寒空间分布的年代间比较(单位:℃·d)

(a)1961—1970 年;(b)1971—1980 年;(c)1981—1990 年;(d)1991—2000 年;(e)2000—2010 年

20 世纪 60 年代以来,广东经历的严重冬季寒害有:70 年代 1 次(1975 年)、90 年代 4 次
(1991 年、1993 年、1996 年、1999 年)。全球变暖背景下,广东冬季寒害的发生次数显著增加,
经济损失不断递增。1975 年 12 月的寒害给广东越冬作物和热带经济作物带来严重损失,湛
江地区大面积冬薯冻死,损失超过 3 亿 kg。1991 年、1993 年、1996 年、1999 年相继出现的 4
次寒害,给广东农业造成的损失分别为 18 亿、41 亿、46 亿、108 亿元(杜尧东等,2008)。随着
华南地区高产、高效、高附加值冬季农业的快速发展,冬季农业产值占整个农业经济的比重在
不断加大,耐寒性较差的热带、亚热带果树和蔬菜等的比例明显增加,寒害将成为影响华南地
区冬季"三高"农业发展的关键制约因素。

二、寒害气候风险区划

基于日最低气温≤5℃、持续日数≥3 d 的寒害过程有害积寒和表征香蕉、荔枝年度寒害
的气候致灾风险信息编制的华南寒害气候风险区划如图 3.13 所示(李娜等,2010)。寒害综合
气候风险指数被划为高(≥0.20)、中(0.02~0.20)、低(0~0.02)3 个等级,其值越高寒害发
生可能性越大。总体而言,华南地区香蕉、荔枝寒害综合气候风险指数值呈北高南低。寒害综
合气候风险指数的高值区主要包括广西西北部的东兰、河池、忻城、上林、宾阳、来宾等地,广西
东北部的梧州、岑溪、北流等地,广东的封开、广宁、龙门、紫金、五华、梅县等地,以及福建的九
仙山、德化以北的大部分区域,该区域不宜大面积种植香蕉和荔枝;寒害综合气候风险指数的
低值区包括广西的百色、田林、平果、天等、大新、龙州、邕宁、扶绥、上思、合浦等地,粤西南大部
和信宜、云浮、高要、天河、增城、惠阳、海丰、揭西、丰顺、潮州一线以南的大部分区域,以及福建
的南靖、平和、漳浦、云霄等地,低值区发生香蕉、荔枝寒害的可能性较小,寒害也较轻。

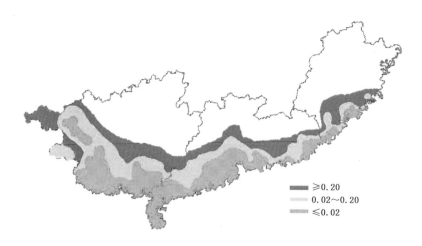

≥0.20
0.02~0.20
≤0.02

图 3.13　华南寒害综合气候风险区划

第三节　高温热害与干热风

　　热害主要包括高温热害和干热风灾害,高温热害主要影响水稻、玉米等作物,而干热风主要危害小麦,对其他作物也有影响,但危害较轻。高温直接危害水稻的敏感器官稻穗,进而影响穗中的敏感器官颖花以及颖花的敏感器官雄蕊。特别是抽穗开花期和灌浆期的高温将严重影响水稻结实,造成水稻空秕率增加和大面积减产(上海植物生理研究所人工气候室,1977)。1971—2000 年高温危害(日最高气温≥35℃)在南方稻区出现频率很高,而东北地区只在 6—7 月才偶尔出现高温天气,黑龙江省水稻生产史上还未出现过高温危害,即使在东北地区南部的沈阳水稻生产也还没有出现过高温障碍(矫江等,2008)。

　　高温胁迫对中国小麦的危害主要表现为干热风和高温逼熟,导致灌浆期缩短、粒重降低,产量严重下降(杨国华等,2009)。

　　气候变暖造成北方变干、变热。降水变率的不确定性,是未来影响玉米生长的主要因素(陈海新等,2009)。未来气候变化会降低雨养和灌溉玉米单产,增加低产出现的概率,加大稳产风险,不利于玉米生产。温度升高,土壤蒸发加快,作物蒸腾加速,特别是在雨养玉米生产区,水分条件更恶劣,产量将受到更大影响。严重水分胁迫影响玉米产量形成的关键时期是孕穗期,此期间干旱导致雄穗严重败育(鲍巨松,1990)。

一、高温热害

　　气温超过作物生长发育适宜温度上限,对作物的生长发育特别是作物开花和结实产生不利影响,并最终导致作物产量下降的危害,统称高温热害。

　　进入 21 世纪,中国夏季高温日数明显增多,2001—2010 年是 20 世纪 60 年代以来最多的10 年,中国平均高温日数较气候平均值(常年)偏多 32%。高温热害对农作物的影响和危害,一般以水稻危害较为明显,危害敏感期是水稻的开花至乳熟期。长江流域稻作区是中国最大的稻作带,总播种面积约占中国稻作面积的 70%,其中近 40% 的稻作面积是一季稻。据统计,长江流域在 1966 年、1967 年、1978 年、1994 年和 2003 年均发生了严重的高温热害,其中 2003 年是该地区史上最严重的热害发生年,长江流域受害面积达 3×10^7 hm²,损失稻谷达 5.18×10^7 t,经济损失近百亿元。

从高温热害发生的区域来看,1961—2010 年长江以南单季稻区孕穗至灌浆期间的高温热害发生频次大于以北地区,其中江西省、湖南东南部、浙江西南部发生频次最多,平均每年发生 4~6 次;江苏、湖北北部和湖南西部平均每年发生 1~2 次。从年代际变化来看,20 世纪 90 年代与 80 年代相比,长江以北单季稻开花期高温热害发生的频率增大,但强度减小;长江以南大部分早稻开花期高温热害频率和强度均呈增大趋势;华南大部分早稻生长关键期高温热害频率和强度减小的幅度相对较大;四川平原大部分一季稻生长关键期高温热害频率和强度无明显变化。相比 20 世纪 80 年代和 90 年代,21 世纪以来高温热害发生的频次明显增多、强度有所增加,其中浙江、安徽和江西的部分地区强度增幅较大。

二、干热风

干热风是一种高温、低湿,并伴有一定风力,由干、热、风三个气象要素共同作用的农业气象灾害。中国干热风主要危害对象是北方地区的冬、春小麦,一般又称为小麦干热风。由于高温引起的热害、低湿和风引起的旱害,使植物大量蒸腾失水,强烈破坏小麦的水分平衡和光合作用等生理功能。小麦开花期遇干热风,将使小麦花药破裂,不能进行正常授粉,造成不实小穗数增多;灌浆乳熟期遇干热风,将使小麦灌浆速度减慢,甚至停止灌浆,严重影响淀粉粒形成,造成籽粒瘦秕,产量下降;黄熟期遇干热风,将使小麦出现"早熟"现象。据调查,干热风危害轻的年份小麦减产 5%~10%,严重年份减产 20%~30%(邓振镛等,2009)。

中国小麦干热风主要可分为三种类型(霍治国等,2009)。(1)高温低湿型,其特征是高温低湿,温度猛升,空气湿度剧降,并伴有较大风速。干热风发生时最高气温可达 30~36℃,甚至更高,相对湿度可降至 25%~30% 以下,风力在 2~4 m/s 以上。是北方麦区干热风的主要类型,可造成小麦大面积干枯逼熟死亡,产量显著下降。(2)雨后热枯型,其特征是雨后猛晴出现高温低湿天气,温度骤升,湿度剧降。一般雨后日最高气温升至 30℃ 以上,14 时相对湿度下降 40%,可致小麦青枯死亡。(3)旱风型,其特征是大风与一定的高温低湿组合。发生时,14 时风速在 14~15 m/s 或其以上,14 时相对湿度在 25%~30% 或其以下,最高气温在 25~30℃ 或其以上。主要发生在新疆和西北黄土高原的多风地区,干旱年份出现较多,可造成小麦大面积干枯逼熟死亡。同时,大风加剧农田蒸散,可使麦叶蜷缩成绳状,叶片撕裂破碎,进一步加剧产量的下降。

干热风天气 4—8 月均可能出现,但小麦受干热风危害的敏感期在开花后第 16~20 天直至籽粒成熟。因此,可以当地小麦收获前 1 个月作为干热风发生时期。由于各地小麦生育期不同,小麦开花、灌浆、乳熟期自东向西、自南向北逐渐推迟,加之地形、山脉等影响,干热风发生时期一般东、南部早于西、北部。中国干热风的发生地域,主要在黄、淮、海河流域和新疆一带,大致可分为黄淮海冬麦区、蒙甘宁春麦区和新疆冬春麦区(邓振镛等,2009;成林等,2011)。

1961—2010 年,黄淮海地区冬小麦干热风总体呈减少趋势,其中 1961—1980 年和 2001—2010 年均为缓慢减少时期,1981—2000 年变化不明显(图 3.14)(赵俊芳等,2012)。该区干热风在 60 年代危害最严重,平均每年出现轻干热风和重干热风的日数分别为 4.1 天和 1.7 天,平均每年出现轻、重干热风过程次数分别为 1 次和 0.4 次;其次,70 年代和最近 10 年干热风

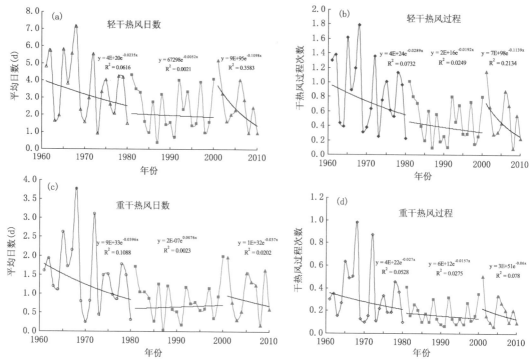

图 3.14　1961—2010 年黄淮海区冬小麦干热风的年际变化(赵俊芳等,2012)

(a)轻干热风日数;(b)轻干热风过程;(c)重干热风日数;(d)重干热风过程

危害也较严重。轻干热风在 80 年代危害最轻,为 2.3 天,而重干热风在 90 年代危害最轻,为 0.8 天。河北的干热风在 2000 年开始明显增加,由于高温和少雨,使得 2001 年成为自 1971 年以来河北小麦干热风最严重年份(尤凤春等,2007)。黄淮海地区轻、重干热风年平均发生日数和干热风过程次数分布在空间平均分布上具有一致性,总体呈中间高、两头低的趋势,且地区间差异都很显著,同纬度地区的内陆高于沿海(图 3.15)(赵俊芳等,2012)。河北北部和西北部、河南东南部等地干热风危害最轻,河北南部、河南西北部等地干热风危害最重,轻、重干热风出现的平均日数最多,分别超过 8 天和 4 天,干热风过程次数出现也最多,分别超过 2 次和 1 次,这些地区作物产量可能受到干热风灾害导致的损失很大,生产相对更脆弱。

甘肃也是中国小麦干热风危害比较严重的地区之一。甘肃干热风主要危害河西走廊、陇中和陇东的北部,陇中南部和陇南也有发生;干热风次数和危害程度自东南向西北增加(刘德祥等,2008)。1961 年以来,甘肃的小麦干热风次数总体呈增加趋势,尤其是 1990 年开始迅速增多,显示出甘肃和河西干热风次数随时间变化存在 6a 准周期演变。同时,干热风气象灾害对气候变化的响应十分敏感,在气候暖干时期干热风气象灾害发生次数多、强度大,而在气候凉湿时期干热风次数少且强度小。

宁夏小麦干热风发生次数较多的地区有大武口和同心,年平均干热风日数达 3 日次,吴忠、永宁一线小麦干热风灾害较轻,年平均干热风日数为 0.9 日次,而中卫地区年平均干热风日数仅 0.2 日次。60—80 年代,宁夏小麦干热风发生呈减少趋势,但在 90 年代开始回升,至今呈增多趋势,这可能与宁夏从 90 年代开始处于气温显著上升的偏暖时期有关(武万里等,2007)。

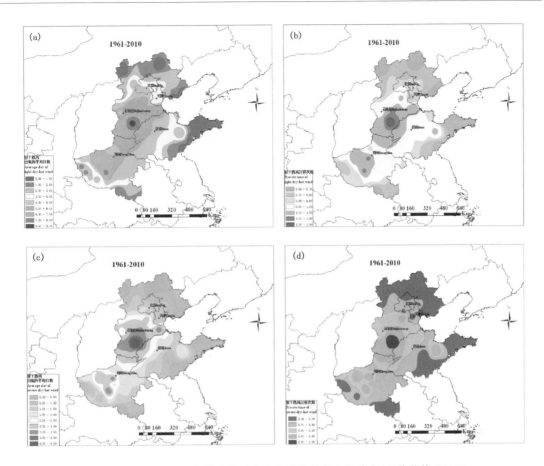

图 3.15　1961—2010 年黄淮海区冬小麦干热风的空间分布(赵俊芳等,2012)
(a)轻干热风日数;(b)轻干热风过程;(c)重干热风日数;(d)重干热风过程

第四章　未来农业气象灾害演变趋势

第一节　未来气候情景数据订正

利用 RegCM3 气候模式关于 A1B 气候情景下模拟的日最高气温、日最低气温、日降水量等气候要素来分析未来农业气象灾害的时空变化及其对农业生产的影响。由于目前气候模式模拟能力有限,模拟的现代气候都与实际观测值相差甚远,给未来气候情景数据的应用带来较大困难。例如,农作物生长要求一定的温度范围,即最适温度,当模拟的气温低于这个范围或高于这个范围时都会对作物的生长产生不利影响。当模拟的当代气温偏低时,将对农作物产生一定的不利影响,但在全球气候变暖背景下,未来气候变化很可能对作物产生有利影响,因为气温升高很可能使得温度处于农作物生长的最适范围。但当模拟的当代气温偏高,在气候变暖背景下,未来气温很可能超过了最适温度范围,这时的气候变化将对农作物产生不利影响。因此,为使模拟的气候要素接近观测值,在应用这些数据之前需要进行订正。

日最高气温和日最低气温的订正:$Correction(cf) = M_{bin,n}^{GCM scenario} + (\overline{M_{bin,n}^{obs}} - \overline{M_{bin,n}^{GCM baseline}})$

其他气候要素的订正:$Correction(cf) = M_{bin,n}^{GCM scenario} \times \left(\dfrac{\overline{M_{bin,n}^{obs}}}{\overline{M_{bin,n}^{GCM baseline}}}\right)$

式中,$Correction(cf)$ 表示气候模式模拟的未来气候情景订正后的结果,$M_{bin,n}^{GCM scenario}$ 表示在一个区间(bin)内气候模式模拟的未来气候情景数据,$\overline{M_{bin,n}^{obs}}$ 表示在一个 bin 内历史观测值的平均值,$\overline{M_{bin,n}^{GCM baseline}}$ 表示在一个 bin 内气候模式模拟的基准日值的平均。通常,bin 取值为 $35 \sim 50$ d。日最高气温和日最低气温采用在一个 bin 内加上观测值与模拟值差值的方法,其他要素采用在一个 bin 内乘以观测值与模拟值比值的方法。具体步骤为:

(1)首先,将所有观测样本进行排序,找出最大值和最小值,然后计算每个 bin 的大小,即最大值与最小值之差除以要划分的区间数 $b=(\max-\min)/num$,再确定每个 bin 的最大值和最小值,即 $\min, x_1=\min+b, x_2=\min+b\times2, x_3=\min+b\times3, x_4=\min+b\times4, \cdots, \max$。

(2)确定每个区间的样本数 n,并且求出平均值 $\overline{M_{bin,n}^{obs}}$,将模拟的基准样本排序,根据 n 确定区间数,计算 $\overline{M_{bin,n}^{GCM baseline}}$,同样根据 n 确定模拟的未来情景数据区间数,计算 $M_{bin,n}^{GCM scenario}$。

(3)最后根据以上公式计算 $Correction(cf)$。

图 4.1 为北京 54511 站 1981—1990 年平均气温观测值和 RegCM3 模拟值。模拟的平均气温与观测值存在很大差异,最明显的差异是夏季北京实际平均气温一般在 $25 \sim 30$℃之间,但 RegCM3 模拟值达到 $30 \sim 40$℃,与实际情况严重不符。日最高气温模拟值更是如此,夏季实际最高气温低于 38℃,但模拟值可以达到 47℃。因此,未来气候情景数据在农业上应用时

必须进行订正。订正后的气候情景数据比较接近实际情况(图4.2~图4.4)。

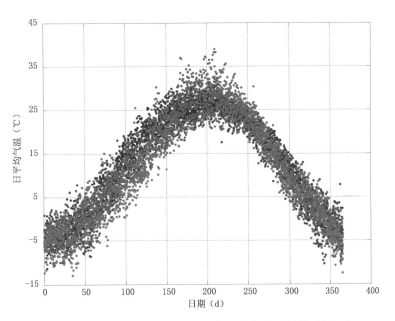

图4.1　北京54511站1981—1990年日均气温观测值(蓝色)与
RegCM3模拟的日平均气温(红色)比较

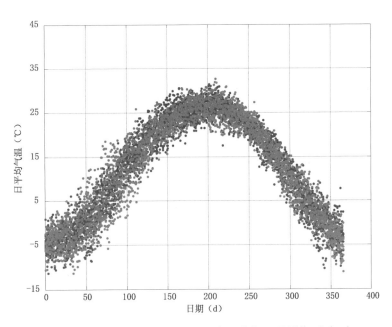

图4.2　北京54511站1981—1990年日均气温观测值(蓝色)与
订正后的RegCM3模拟日平均气温(红色)比较

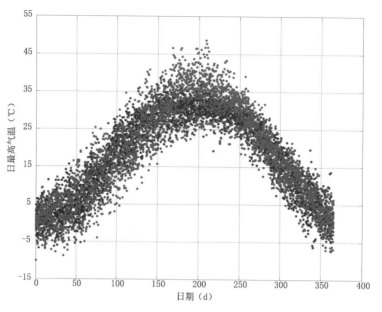

图 4.3 北京 54511 站 1981—1990 年日最高气温观测值（蓝色）与
RegCM3 模拟的日最高气温（红色）比较

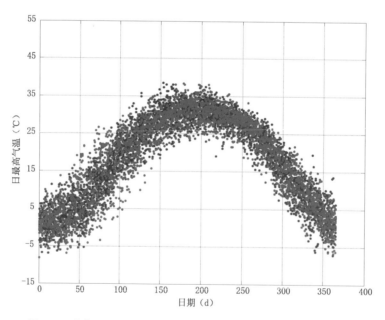

图 4.4 北京 54511 站 1981—1990 年日最高气温观测值（蓝色）与
订正后的 RegCM3 模拟日最高气温（红色）比较

第二节 未来农业气象灾害演变趋势

一、未来气温及降水演变趋势

RegCM3 模拟显示,与 1961—1990 年相比,A1B 气候情景下 2011—2040 年中国大部分地区升温幅度在 1～2.8℃之间。其中,南方地区升温幅度较小,一般为 1～2℃,北部和西部地区升温幅度较大,一般为 2～2.8℃(图 4.5)。

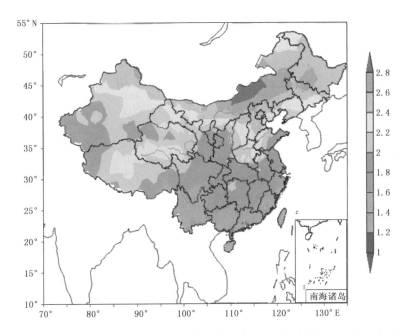

图 4.5 RegCM3 模拟的 2011—2040 年中国年平均气温变化趋势(单位:℃/30a)

RegCM3 模拟显示,与 1961—1990 年相比,2011—2040 年中国年降水量空间分布差异大。降水量减少的地区主要在西南东部、江南东部等地。西北大部、西南西部及山东、辽宁等地降水量呈增多趋势。2009 年以来,西南地区连续四年大旱,对当地农业生产及生态环境带来严重影响,模拟显示未来 30 年上述地区降水量仍呈减少趋势,需引起有关部门高度重视(图 4.6)。

二、未来干旱演变趋势

利用 RegCM3 未来气候情景数据,结合国家标准 GB/T20481—2006《气象干旱等级》中的综合气象干旱指数,给出了未来 30 年 A1B 气候情景下中国的干旱趋势。在空间分布上,未来 30 年中国东北西部、华北、黄淮、江淮、江汉、江南、华南及云南南部干旱呈加重趋势,而西北大部地区由于降水量偏多,干旱趋势变化不明显(图 4.7)。

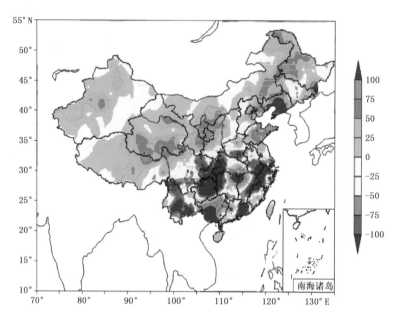

图 4.6　RegCM3 模拟的 2011—2040 年中国降水量变化趋势（单位：mm/30a）

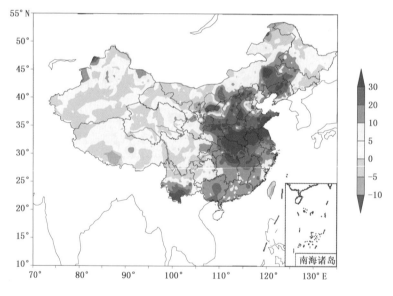

图 4.7　RegCM3 模拟的 2011—2040 年中国干旱日数变化趋势（单位：d/30a）

三、未来高温演变趋势

RegCM3 模拟显示，与 1961—1990 年相比，未来 30 年（2011—2040 年）A1B 气候情景下，中国除青藏高原、东北地区及内蒙古北部高温日数变化不大外，中国其余大部地区高温日数呈增多趋势，特别是江南和华南水稻区。未来 30 年江南、华南稻区高温日数将增多 10～30 天（图 4.8）。南方稻区高温日数增多不利于水稻生长发育，可能导致水稻空秕率不同程度的增加，影响水稻的产量和质量。

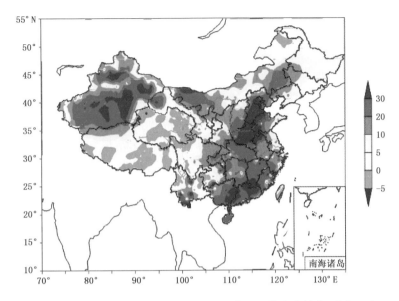

图 4.8　RegCM3 模拟的 2010—2040 年中国高温日数变化趋势(单位:d/30a)

四、未来东北低温演变趋势

根据《中华人民共和国气象行业标准 水稻、玉米冷害等级》,6 月当日平均气温低于 18℃ 时,定义为低温日;7 月,东北大部地区一季稻处于孕穗期,当日平均气温低于 17℃ 时,定为低 温日;8 月,东北大部地区一季稻处于抽穗开花期,当日平均气温低于 19℃ 时,定义为低温日。

RegCM3 模拟显示,与 1961—1990 年相比,未来 30 年(2011—2040 年)A1B 气候情景下, 东北地区 6 月和 8 月低温日数呈明显减少趋势。由于气候变暖,6 月东北地区低温日数将减 少 4 天,8 月减少 2 天,但 7 月低温日数将略有增加,增多 3 天(图 4.9)。

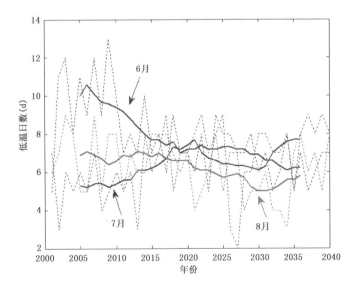

图 4.9　RegCM3 模拟的 2011—2040 年东北夏季低温日数历年变化

五、未来南方早稻低温演变趋势

RegCM3 模拟显示,与 1961—1990 年相比,未来 30 年(2011—2040 年)A1B 气候情景下,江南地区早稻春播期(3 月下旬至 4 月上旬)低温日数大部分年份低于平均值,2011—2020 年平均低温日数为 7.8 d,少于常年值 1 d;2021—2030 年低温日数为 8.8 d,接近常年值,而且 2026 年低温日数多达 16 d;2031—2040 年低温日数 6.1 d,较常年偏少 3 天(图 4.10)。这说明,江南地区未来 30 年早稻春播期虽然低温日数呈减少趋势,但有些年份低温日数仍然较多。

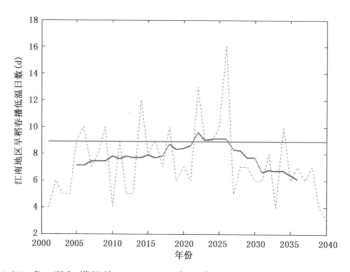

图 4.10　RegCM3 模拟的 2011—2040 年江南地区早稻春播期低温日数变化

RegCM3 模拟显示,与 1961—1990 年相比,未来 30 年(2011—2040 年)A1B 气候情景下,华南地区早稻春播期(2 月下旬至 3 月上旬)低温日数将明显减少,平均低温日数仅为 5 d,较常年值减少 2.3 d,仅个别年份多于常年值(图 4.11)。低温日数减少有利于华南地区的早稻春播。

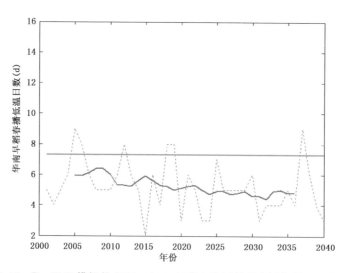

图 4.11　RegCM3 模拟的 2011—2040 年华南地区早稻春播期低温日数变化

六、未来北方冬麦区霜冻演变趋势

RegCM3 模拟显示,与 1961—1990 年相比,未来 30 年(2011—2040 年)A1B 气候情景下,北方冬麦区初霜冻出现日期将进一步后延,较常年值明显偏晚。2011—2020 年模拟的初霜冻出现日期一般在 10 月初,2011—2020 年平均初霜冻出现日期变化不大,2021—2030 年平均初霜冻出现日期较常年值推迟 1 周,2031—2040 年平均初霜冻出现日期较常年值推迟 10 d(图4.12)。北方冬麦区初霜冻日期明显后延是全球变暖的结果,将使冬小麦越冬开始日期推迟,农业生产需要采取相应的措施。

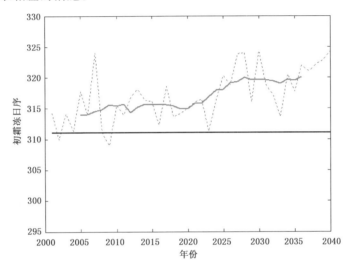

图 4.12　RegCM3 模拟的 2011—2040 年北方冬麦区初霜冻日序变化

第五章 农业气象灾害变化对粮食生产的影响

伴随着气候变暖和降水变异的加剧,自 1950 年以来,中国的旱灾、洪涝、高温热害、低温冷害和冻害等极端气候事件加剧(林而达等,2005),导致中国作物的受灾面积和成灾面积日益扩大,农业粮食产量与经济损失呈指数增长。据统计,1950—2002 年中国农业自然灾害作物受灾面积平均每年为 3854.8 万 hm²,受灾率为 26%。在灾害造成的总损失中,水旱受灾 3211.4 万 hm²,占播种作物总受灾面积的 83.3%(翟盘茂等,2003)。特别是进入 20 世纪 90 年代以来,气候变率增大,致使中国重大农业气象灾害频发,损失巨大,1990—2006 年期间的年均经济损失达 1004 亿元,而 2008 年初的低温雨雪冰冻灾害使得 20 个省(区、市)的直接经济损失达 1111 亿元,其中作物受灾面积达 1180 万 hm²(谷洪波等,2009)。

第一节 农业干旱

农业干旱指因长时间降水偏少、空气干燥、土壤缺水,造成农作物体内水分发生亏缺,影响正常生长发育甚至减产的一种农业气象灾害。1960—2010 年中国干旱灾害发展具有面积增大和频率加快的趋势。据 1960—2010 年中国旱灾受灾面积和成灾面积统计资料[①]显示(图 5.1),中国年平均受灾面积约 2323.0 万 hm²,约占中国农作物播种总面积[②]的 15.6%;成灾面积约 1095.3 万 hm²,约占中国播种总面积的 7.3%。1960—2010 年中国受旱面积最大的 5 年依次为 2000 年、2001 年、1960 年、1961 年和 1997 年;受旱成灾面积最大的 5 年依次为 2000 年、2001 年、1997 年、1961 年和 1994 年。1960—2010 年各年代中国平均受旱面积依次为 1765.0 万 hm²、2536.9 万 hm²、2414.1 万 hm²、2491.0 万 hm² 和 2507.9 万 hm²;受旱成灾面积依次为 883.9 万 hm²、735.7 万 hm²、1193.0 万 hm²、1194.5 万 hm² 和 1446.6 万 hm²。

中国干旱受灾面积自 20 世纪 70 年代至今居高不下,各年代中国平均受旱面积均在 2400 万 hm² 以上,而成灾面积在 2000—2009 年 10 年间达到最高。1960—2010 年中国各年代平均受旱率(农业受旱面积与农作物播种面积之比),除 60 年代略低外,70 年代以来基本维持在 16%～17% 之间,但是各年代旱灾成灾率(因旱成灾面积与农业受旱面积之比)则呈上升趋势(图 5.2)。特别是 21 世纪以后,干旱成灾率平均达 56%,反映出中国气候干旱化趋势严重。

黄淮海、长江中下游、东北、华南、西南和西北 6 个主要农业区旱灾平均受灾面积所占比重

---

① 资料来源于《新中国 60 年统计资料汇编》、《中国农业统计资料汇编 1949—2004》和《中国统计年鉴》。

② 农作物播种面积指实际播种或移植有农作物(主要包括粮食、棉花、油料、糖料、麻类、烟叶、蔬菜和瓜类、药材和其他农作物九大类)的面积。凡是实际种植有农作物的面积,不论种植在耕地上还是种植在非耕地上,均包括在农作物播种面积中。在播种季节基本结束后,因遭灾而重新改种和补种的农作物面积,也包括在内。

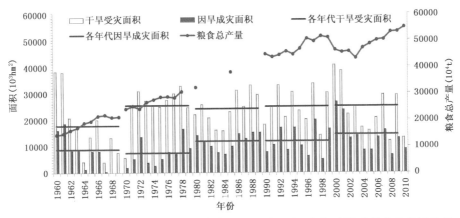

图 5.1　1960—2010 年中国农业干旱发生面积(受灾面积、成灾面积)和粮食总产量动态

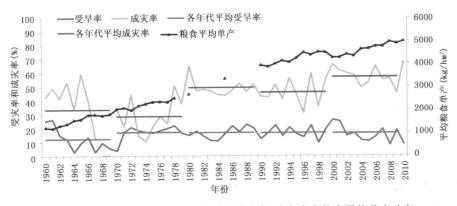

图 5.2　1960—2010 年中国农业干旱受灾率、成灾率和粮食平均单产动态

分别为 28%、20%、19%、12%、5% 和 16%，旱灾成灾面积所占比重分别为 23%、17%、25%、14%、4% 和 17%(图 5.3)。其中，黄淮海地区受灾面积、成灾面积、绝收面积均处于 6 大农区首位。东北地区的干旱受灾面积占中国的 19%，但绝收面积却达到了 25%;同时，西南地区受灾面积、成灾面积占中国的比例并不大，但绝收面积所占比例大于受灾面积、成灾面积所占比例，显然东北地区和西南地区对干旱灾害的承灾能力均较弱，受旱后造成农业损失较严重。

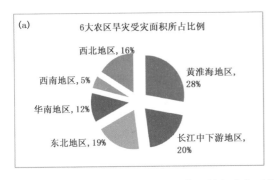

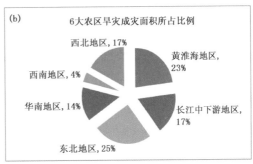

图 5.3　主要农区旱灾受灾面积(a)和成灾面积(b)占中国比例

从各区域受旱面积的变化趋势来看，黄淮海地区、长江中下游地区呈现降低趋势，华南地

区呈弱降低趋势,黄淮海地区 21 世纪以来平均受旱面积较 20 世纪 80 年代减少了 40％左右；但是东北地区、西南地区和西北地区受旱面积呈增长趋势,东北地区 21 世纪以来平均受旱面积较 20 世纪 80 年代增加了 9 成左右(图 5.4a)。黄淮海地区、长江中下游地区旱灾成灾面积呈降低趋势,而华南地区、东北地区、西南地区和西北地区受旱成灾面积均呈增长趋势。黄淮海地区因旱受灾面积占中国的比重从 20 世纪 80 年代的 38％左右下降到 90 年代的 32％,到 21 世纪黄淮海地区因旱受灾面积占中国的比重约为 22％左右；而东北地区因旱受灾面积占中国的比重从 20 世纪 80 年代的 21.7％上升到 21 世纪以来的 35％左右(图 5.4b)。研究表明,东北地区近年来气候变暖变干、严重干燥事件频发很可能是造成东北地区干旱灾情严重的一个重要原因。

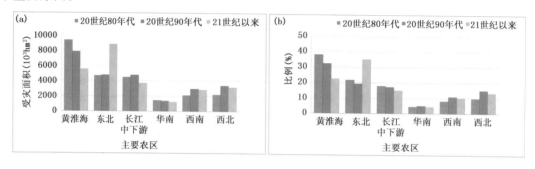

图 5.4　主要农区各年代因旱受灾面积(a)以及旱灾成灾面积占中国的比例变化(b)

从中国粮食总产量和平均单产(即粮食总产量与农作物播种面积之比)来看,20 世纪 60 年代至 90 年代末粮食总产和单产基本呈逐年增加趋势。1999—2003 年受连年干旱的影响,中国粮食总产呈明显下降趋势,但是粮食单产没有出现明显的降低；2004 年以后中国粮食总产和单产均呈明显的增长趋势。1960—2010 年中国粮食总产和单产基本上保持稳步增长的趋势主要受益于作物品种改良、社会经济调整、气象防灾减灾等方面。1999—2003 年中国粮食总产下降主要是由于连年干旱导致粮食作物绝收面积较大,5 年平均绝收面积达 480 万 hm²,其中 2000 年因旱绝收面积达 800.6 万 hm²。2004 年以来,虽然干旱也时有发生,但国家加大了抗旱减灾力度,同时中国粮食空间分布格局的多样性提高了对气候变化的适应能力,粮食主产区产量增加、部分地区产量下降,总体表现为粮食增加,导致 2012 年中国粮食产量实现了九连增。

1991—2010 年黄淮海、长江中下游、东北、华南、西南和西北 6 个主要农区粮食总产量占中国粮食总产的比重分别达 25％、28.8％、17.3％、8.4％、14.1％和 6.4％。黄淮海、东北、西南和西北地区粮食总产量呈增长趋势,东北地区粮食总产量所占比重由 90 年代的 15.9％增长到 21 世纪初的 18.5％；而长江中下游和华南地区粮食总产量呈现下降趋势,长江中下游地区粮食总产量所占比重由 90 年代的 30.3％下降到 21 世纪初的 27.4％。黄淮海、长江中下游、东北和西北农区粮食单产在近 20 年呈现逐渐增加趋势,西南和华南地区单位面积粮食产量呈下降趋势。

研究表明,气候变暖对东北地区粮食增加有明显的促进作用,这可能与 CO₂ 浓度和温度升高单一因子或二者共同作用所产生的光温潜力超过气候变暖对降水格局变化的影响有关。气候变暖对华北、西北和西南地区粮食总产量增加具有一定抑制作用,但抑制作用不明显；对华东和中南地区粮食产量影响不明显。

第二节　洪　涝

据统计,1960—2010 年中国农业水灾受灾面积多年平均为 982.1 万 hm²,约占中国播种总面积的 6.6%,成灾面积约 549.3 万 hm²,约占中国播种总面积的 3.7%。1960—2010 年中国农业因水灾受灾面积最大的 5 年依次为 1991 年、1998 年、2003 年、1996 年和 2010 年,成灾面积最大的 5 年依次为 1991 年、1998 年、2003 年、1996 年和 1994 年。1960—2010 年中国各年代平均受灾面积依次为 759.3 万 hm²、538.1 万 hm²、1047.8 万 hm²、1531.5 万 hm² 和 956.6 万 hm²,成灾面积依次为 516.2 万 hm²、235.1 万 hm²、562.8 万 hm²、871.8 万 hm² 和 238.9 万 hm²。20 世纪 90 年代农业因水灾受灾面积和成灾面积均达最高,受灾面积在 1600 万 hm² 以上的有 5 年(1991 年、1998 年、1996 年、1994 年和 1993 年),成灾面积在 1000 万 hm² 以上的有 4 年。从 1960—2010 年中国各年代农业因水灾受灾率(即农业水灾面积与农作物播种面积之比)来看,20 世纪 90 年代洪涝受灾率突破了 10%;在 20 世纪 80 年代、90 年代和 21 世纪的前十年中,洪涝成灾率(即成灾面积与受灾面积之比)均在 53%~55% 左右(图 5.5)。因此,1960—2010 年中国的洪涝灾害发展具有面积增大和危害加重的趋势,这主要是由于洪涝灾害的突发性所带来的抗洪难度和长期以来中国防洪工程建设严重滞后于社会发展需要所致。

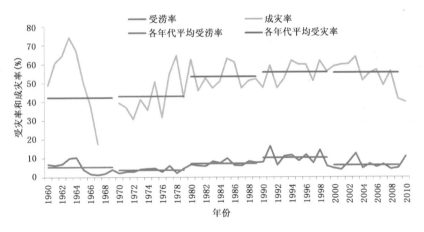

图 5.5　1960—2010 年中国农业水灾受灾率和成灾率

黄淮海、长江中下游、东北、华南、西南和西北 6 个主要农区水灾平均受灾面积占中国的比重分别为 14%、38%、18%、11%、14% 和 5%(图 5.6a)。从各区域水灾受灾面积和成灾面积的年代际变化趋势来看,黄淮海地区、长江中下游和西南地区均呈加重趋势,而东北地区则呈明显减弱趋势,其农业因水灾成灾面积占中国的比重从 20 世纪 80 年代的 29% 下降到 90 年代的 17% 左右,到 21 世纪占中国的比重下降至 12% 左右(图 5.6b);长江中下游地区降水有非常明显的年代际变化,转折期为 70 年代末,90 年代的多发性洪涝与 60 年代的持续干旱形成鲜明对比。

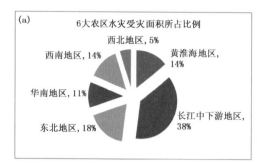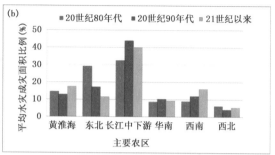

图 5.6　主要农区平均水灾受灾面积占中国的比例(a)和各年代成灾面积占中国的比例(b)

　　粮食总产和单产与水灾受灾面积、成灾面积的相关性不显著。例如,1998 年农业因水灾成灾面积为 1378.5 万 hm²,为历史第 2 高,占农作物播种面积的 8.9%,但粮食总产为 1960—2010 年第 4 高位,平均单产为同期第 8 高位。究其原因,1998 年中国 44% 的水灾受灾面积位于长江流域,但同时黄淮海、东北西部以及西北等农区降水较为充沛,极大地提高了水热资源利用率和区域粮食产量。

第三节　低温冷害

　　低温冷害主要包括东北地区夏季低温冷害和江南、华南晚稻抽穗扬花期间的寒露风(秋季低温)。东北夏季低温冷害是东北地区农业生产的主要灾害性天气。东北地区热量资源相对不足,喜温作物比例又较大,因而遭受冷害的风险相对较大,但地域差别明显。黑龙江北部、吉林东南部为冷害高发区;黑龙江东部、中部及吉林东部的低温冷害发生频率次之;辽宁大部、吉林西部、黑龙江西南部为冷害发生相对较少的地区。玉米一般性延迟型低温冷害频率高值多出现在黑龙江、吉林西北部和东南部、辽宁西北部;严重低温冷害频率高值区位于黑龙江。1993—2005 年间,东北地区的东部每隔两三年就发生一次严重的水稻障碍性冷害。

　　1960—2010 年东北地区气候变暖趋势较为明显,东北三省≥10℃的积温和夏季气温呈显著上升趋势,≥10℃积温的气候倾向率为 6.5℃·d/10a,黑龙江≥10℃积温的增加幅度最大,气候倾向率为 6.9℃·d/10a;夏季气温的气候倾向率为 0.3℃/10a。同时,东北地区低温冷害发生呈减少趋势,20 世纪 60 年代和 70 年代为低温冷害高发期,1976 年东北地区发生了全区性夏季低温冷害(图 5.7),一季稻、大豆和玉米单产分别较前一年减产 36.9%、32.7% 和 7.6%;80 年代为转折时期,低温冷害呈减少趋势,90 年代以后为低温冷害低发期;进入 21 世纪,东北地区基本上没有发生大范围的延迟性低温冷害。但是,由于极端气候事件发生频繁,年内温度波动幅度加大;加上种植区域的不断向北推进,区域性和阶段性的低温冷害仍时有发生。2009 年东北地区中北部 6 月 1 日至 7 月 26 日的持续低温阴雨导致冷害发生,水稻、玉米、大豆生长前期光热条件明显偏差,为近年少见,最终导致水稻成穗数不足、空壳率增加。

　　江南、华南的水稻在抽穗开花期遇到连续 3 天或 3 天以上日平均气温低于 20℃,粳稻就易受害;日平均气温连续 3 天或 3 天以上低于 22℃,则籼稻和杂交稻就易受害。气温越低,持续时间愈长,危害愈重。若伴有阴雨、大风或空气干燥等,还会加重危害。寒露风危害导致双季晚稻空壳率达 20%～30%,严重年份可达 40%～70%,甚至绝收。江南、华南出现重度或中

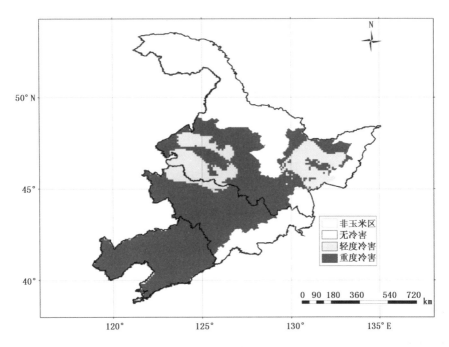

图 5.7　1976 年东北地区全区性夏季低温冷害分布图

度寒露风灾害的概率约为 3~4 年一遇。各年代寒露风出现的情况变化很大。华南地区 20 世纪 60—70 年代出现频率较高、危害较重,其中 70 年代有 6 个年份寒露风危害均较重。江南地区 60 年代寒露风日数最少,70 年代明显增加达到最多,随后逐渐减少。

第四节　霜冻

根据百叶箱日最低气温降到 2℃或以下作为霜冻的指标,1960—2010 年中国平均初霜冻日期呈推迟趋势,终霜冻日期呈提早趋势,无霜冻期呈延长趋势;初霜冻推迟趋势为 2.4 d/10a (图 5.8)。20 世纪 60—80 年代中国平均初霜冻日期变化不大,但 20 世纪 90 年代之后初霜冻日期明显推迟,21 世纪以来中国平均初霜冻日期较 20 世纪 80 年代推迟 5 d 左右。20 世纪 60—70 年代中国平均终霜冻出现日期变化不大,但从 20 世纪 80 年代起中国平均终霜冻日期出现明显提早趋势,21 世纪以来中国平均终霜冻日较 20 世纪 70 年代提早 9 d 左右。总体而言,20 世纪 60—70 年代中国平均无霜冻期变化不大,80 年代至今无霜冻期呈显著增加趋势。

东北地区的初霜冻出现时间早于水稻、玉米和大豆等作物完全成熟时期,将造成作物灌浆不充分,导致减产。农业部种植部门的多年经验认为,东北地区初霜冻日期平均偏早 1 d 可以造成水稻减产 5×10^7 kg。1960—2010 年,无论从整个东北地区还是分省区来看,初霜冻日期均呈现较明显的偏晚趋势,整体偏晚趋势为 1.6 d/10a,平均初霜日延后 7~9 d,无霜期延长了 14~21 d。黑龙江初霜冻出现日期偏晚的趋势为 1.3 d/10a,50 年来平均推迟 7.2 d;吉林初霜冻出现日期偏晚的趋势为 1.9 d/10a,50 年来平均推迟 8.7 d;辽宁初霜冻出现日期偏晚的趋势为 2.1 d/10a,内蒙古东北部为 1.2 d/10a。

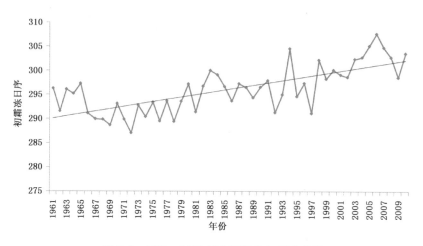

图 5.8　1961—2010 年中国平均初霜冻日序

　　北方冬麦区终霜冻出现偏晚且正值冬小麦拔节、孕穗期,将对小麦穗发育造成较重影响,并可能最终影响产量。研究表明,北方冬麦区终霜冻日期呈提前趋势,其气候倾向率为 2.3 d/10a;终霜冻日期自 90 年代初期以后明显提前,特别是在 21 世纪初期这种提前趋势更加显著。终霜冻日期变化的突变点为 1991 年,突变前终霜冻日期较多年平均偏晚约 2 d;突变后终霜冻日期较多年平均偏早 3.8 d,90 年代后终霜冻日期提前的气候倾向率为 4.9 d/10a。

第五节　寒害

　　寒害指热带、亚热带作物受 0℃ 或 0℃ 以上低温侵袭造成的一种农业气象灾害。近年来,随着高产、高效、高附加值冬季农业的快速发展,华南地区冬季农业占整个农业经济的比例不断增大,耐寒性较差的热带、亚热带果树、蔬菜和作物的比例明显增加,对寒害的敏感性加大,寒害造成的损失也不断增加。1975 年、1991 年、1993 年和 1999 年华南地区相继发生大范围的严重寒害。20 世纪 60—70 年代广东冬季寒害逐渐增强,80 年代迅速减弱,90 年代有所回升;90 年代广东发生的 4 次冬季寒害(1991 年、1993 年、1996 年和 1999 年)给广东农业造成多达 213 亿元的损失。21 世纪以来,寒害虽然较 90 年代有所减弱,但局地性寒害年际间常有发生。研究表明,广东冬季寒害年代际变化与气候变暖(特别是冬季变暖)有关。值得注意的是,20 世纪 90 年代在继续保持变暖趋势的同时,寒害也有回升趋势,并给冬季林果带来严重损失,反映出在气候变暖背景下有其复杂性一面以及该地区农业对极端气候事件的脆弱性。

第六节　高温热害

　　进入 21 世纪,中国夏季高温日数明显增多,是 20 世纪 60 年代以来最多的 10 年,中国平均高温日数较常年偏多 32%,高温日数、连续高温日数和极端最高气温等不断突破历史极值。2010 年,中国夏季高温日数为 1961 年以来历史最多,分别有 184 个县的高温日数和 185 个县的日最高气温突破历史极值。高温热害对农作物的影响和危害,一般以水稻危害较为明显,危害敏感期是水稻的开花至乳熟期。长江流域稻作区是中国最大的稻作带,总播种面积约占中国稻作面积的 70%,其中近 40% 的稻作面积是一季稻。由于其生殖生长与开花期处于该地区一年中温度最高的 7—8 月,随着全球气候变暖和极端天气的增多,部分年份发生的持续高温天气常造成该地区水稻结实不良和严重减产,从而严重影响中国粮食的安全生产。据统计,长江流域在 1966 年、1967 年、1978 年、1994 年和 2003 年均发生了严重的高温热害,其中 2003 年是该地区史上最严重的热害发生年,长江流域受害面积达 $3×10^7 hm^2$,损失稻谷达 $5.18×10^7 t$,经济损失近百亿元。

从高温热害发生的区域来看,1960—2010 年长江以南单季稻区孕穗至灌浆期间的高温热害发生频次大于长江以北地区,其中江西、湖南东南部、浙江西南部发生频次最多,平均每年发生 4~6 次;江苏、湖北北部和湖南西部平均每年发生 1~2 次。从年代际变化来看,20 世纪 90 年代与 80 年代相比,长江以北单季稻开花期高温热害发生的频率增大,但强度减小;长江以南大部分早稻开花期高温热害频率和强度均呈增大趋势;华南大部分早稻生长关键期高温热害频率和强度减小的幅度相对较大;四川平原大部分一季稻生长关键期高温热害频率和强度无明显变化。相比 20 世纪 80 年代和 90 年代,21 世纪以来高温热害发生的频次明显增多、强度有所增加,其中浙江、安徽和江西的部分地区强度增幅较大。

第七节　干热风

干热风可影响小麦授粉、灌浆过程,导致小麦减产 10%~20%。1979 年是干热风较强年份,中国北方 9 个小麦主产省(区)小麦普遍受害,河南 5 月 24—30 日干热风天气使小麦灌浆时间缩短5 d,千粒重较 1977 年降低 15.1 g;山东 6 月 12—13 日干热风天气使菏泽、泰安的小麦千粒重下降 2~6 g,减产 15% 左右。

研究表明,气候变暖使宁夏灌区小麦发育期有所提早,干热风影响时段也相应提前,小麦干热风次数呈增加趋势,干热风发生区域呈扩大趋势。甘肃近 50 年来 6—7 月干热风次数随时间变化呈显著增加趋势,1961—1975 年为相对较多时期,1976—1989 年为相对较少时期,1990—2006 年为迅速增多时期。近 50 年来,河南冬小麦干热风灾害发生范围和天数整体趋于减弱,主要是因为虽然伴随气候变化,平均气温也显著升高,但在河南冬小麦生长后期,日最高气温并没有伴随平均气温显著升高;同时,河南冬小麦灌浆期内 14 时相对湿度呈略增趋势,风速呈显著减小趋势,这些气候要素的共同变化决定了河南冬小麦干热风灾害整体减弱,其中风速显著减小对干热风灾害整体减弱的影响最大。

第六章　农业病虫害变化

第一节　气候变化对农业病虫害影响事实

病虫害是农作物生产过程中的主要胁迫因素之一。据统计,中国农作物病虫害近 1600 种,其中可造成严重危害的在 100 种以上,重大流行性、迁飞性病虫害有 20 多种。农作物病虫害的消长与成灾除受自身生物学特性影响外,还受农作物品种、耕作栽培制度、施肥与灌溉水平等制约,特别是受气候条件影响显著。几乎所有大范围流行性、暴发性、毁灭性的农作物重大病虫害发生、发展和流行都与气象条件密切相关,或与气象灾害相伴发生,一旦遇到灾变气候就会大面积发生、流行、成灾。因此,科学评估气候变化对农业病虫害的影响已经成为中国农业生产应对气候变化的一项重要任务。

一、农业病虫害变化

气候变化导致的农业有害生物致灾的生态与环境条件变化,尤其是地表温度增加、区域降水变化及农业结构、种植制度和种植界线变化等,已对中国农业病虫害的发生与灾变、地理分布、危害程度等产生重大影响,总体朝有利于病虫害暴发灾变的方向发展;农业病虫害频发重发,危害损失日益严重(霍治国等,2009)。在全球气候变化背景下,1961—2010 年中国农作物病虫害发生面积扩大 6 倍以上,病虫害导致的中国粮食产量损失增加 9 倍以上,防治后每年导致粮食总产损失仍超过 150 亿 kg,在病虫害暴发年份产量损失更为巨大。20 世纪 50—70 年代,造成中国每年病虫害发生面积 333.3 万 hm² 以上的农业有害生物种类只有 10 余种,80 年代为 14 种,90 年代为 18 种,2000—2004 年平均每年 30 多种。据统计,1949—2006 年中国重大农业生物灾害发生面积由 0.12 亿公顷次上升到 4.60 亿公顷次,近 5 年年均发生面积超过 4.2 亿 hm²。无论是水稻、小麦、玉米、大豆等主要粮食作物,还是蔬菜、果树等园艺作物的生物灾害都呈加重态势(夏敬源,2008)。

严重危害中国农作物的病害,水稻主要有纹枯病、稻瘟病、白叶枯病、细菌性条斑病、稻曲病等,小麦主要有锈病、赤霉病、白粉病、纹枯病等,玉米主要有大斑病、小斑病、病毒病、粗缩病、丝黑穗病等,均与气象条件密切相关。随着气候变化,其发生发展、危害范围、侵染途径等均发生不同程度的变化(夏敬源,2008)。农作物病害的潜育期一般在发病温度范围内随温度升高而缩短,如西瓜蔓枯病潜育期在 15℃时,需要 10～11 d,而在 28℃时只需 3.5 d。气候变暖,尤其是冬季温度增高,有利于条锈菌越冬,使菌源基数增大,春季气候条件适宜,将促使小麦条锈病的发生、流行。中国北方小麦条锈病已经连续 5 年(2001—2005 年)大流行,最高年份发病面积 560 万 hm²(夏敬源,2008)。低温和寒露风对穗颈稻瘟病的流行十分有利,双季稻种植区北移后,易造成稻瘟病北上,有利于稻瘟病的发生和加重等。中国南方的稻瘟病曾连续4年(2004—2007年)大流行,最高年发病面积580万 hm² (夏敬源,2008)。

害虫属于变温动物,其生长发育的完成依赖于从外界获得的热量,且只有达到一定的温度累计值(即有效积温)时才能完成特定阶段的发育。因此,害虫的分布、存活、繁殖等都与温度密切相关,其中温度变化对害虫的直接影响最大且最重要(Bale et al.,2002)。气候变暖促进了中国农作物虫害的发生、发展和流行,显著加重了虫害的影响。通常,在适宜温度范围内大多数害虫的各虫态发育速率与温度呈正相关,温度升高害虫各生育期缩短;反之,则延长。温度升高,害虫就会提前发育,一年中的繁殖代数增加,数量呈指数增加,造成农田多次受害的概率增大。同时,病虫越冬状况受温度影响将更加明显,冬季变暖,有利于多种病虫越冬,可造成主要农作物病虫越冬基数增加、越冬死亡率降低、次年病虫发生期提前、危害加重,而作物害虫迁入期提前、危害期延长,可能导致农药施用量增加20%以上,甚至加倍。

气候变化也使得危害各种农作物的蝗虫、水稻螟虫、黏虫、稻飞虱、稻纵卷叶螟、小麦吸浆虫、蚜虫、红蜘蛛类、草地螟、棉铃虫等的发生频率和强度发生变化(李一平,2004)。安徽省安庆市多年(1958年、1971年、1972年、1978年、1994年、2000年)棉花棉铃虫大暴发(肖满开等,2007)。中国北方农区的飞蝗1995—2004年连续10年暴发,草地螟1998—2004年连续7年大发生,年最高发生3800万亩次(王爱娥,2006)。2005—2007年,当中国北方农区的飞蝗、草地螟暴发态势有所趋缓时,南方的稻飞虱、稻纵卷叶螟连续大发生,年均发生面积分别达到2666.7万公顷次和2000万公顷次(夏敬源,2008)。

受气候变化、耕作制度变化等因素的影响,中国农作物病虫害呈现出新的态势(霍治国等,2012a):

(1)发生面积逐年增长。由1949年的0.12亿公顷次上升到2006年的4.60亿公顷次,且近5年年均发生面积超过4.20亿公顷次。

(2)暴发种类逐年增加。20世纪50—70年代每年约有10种有害生物暴发,80—90年代每年约有15种有害生物暴发,21世纪以来每年暴发的有害生物增加到30种左右。

(3)灾害损失逐年扩大。1949—2009年,虽经大力防治,生物灾害导致的中国粮食作物产量损失仍增加了4倍左右。其中,2000—2006年,仅水稻、小麦、玉米、大豆4种主要粮食作物的实际产量损失就由105.39亿 kg增加到127.08亿 kg,损失率增加了20.58%。一般年景下,生物灾害造成粮食减产10%～15%、棉花减产20%以上。在某些病虫害暴发年份,损失更为惊人,如1990—1991年中国小麦白粉病大流行,导致1990年小麦损失14.38亿 kg,1991年虽经大力防治,实际损失仍达7.7亿 kg,局部严重地区减产30%～50%,有些高感品种甚至绝收。迄今,无论是水稻、小麦、玉米、大豆等主要粮食作物的生物灾害,还是蔬菜、果树等园艺作物的生物灾害,都呈加重态势。

温度、降水、日照等气象因子可直接影响病虫害的生长发育及其危害能力,是影响病虫害发生与灾变的主要环境因子。气候变化导致的季节性变暖、生长季变暖、降水变异、农业气象灾害、极端天气气候事件及耕作栽培制度变化等,在一定程度上改变了农田有害生物的生存条件,致使病虫害的适生区域、发生时段、发生与流行程度、种群结构等发生变化,总体朝有利于病虫害暴发灾变的方向发展。

季节性变暖对中国农作物病虫害影响事实的检测表明(霍治国等,2012b),暖冬可使病虫进入越冬阶段推迟,延长病菌冬前侵染、冬中繁殖时间,降低害虫越冬死亡率,增加冬后菌源和虫源基数;病虫害发生期、迁入期、为害期提前;越冬北界北移、海拔上限高度升高;持续暖冬可使冬后虫源基数显著增加。与常年相比,中国性暖冬年冬中病菌繁殖侵染率可较冬前增加50%以上、冬中害虫存活率可达常年的1~2倍,冬后菌源、虫源基数增加1倍以上;持续暖冬冬后虫源基数可达常年的5倍以上;病害始见期、虫害发生期提前5 d以上,最早可分别提前20 d和30 d以上;稻飞虱越冬北界北移2~4个纬度,小麦条锈病越冬海拔上限高度升高100~300 m。暖春有利于病虫害危害期提前、扩展速度加快、发生程度加重。炎夏可使一些病菌越夏的海拔下限高度增加、面积和菌量减少,一些害虫发育历期延长、死亡率增加。暖秋有利于害虫滞留危害,发生代数可比常年增加1个代次。

生长季变暖对中国农作物病虫害影响事实的检测表明(霍治国等,2012a),生长季变暖可使大部病虫害发育历期缩短、危害期延长,害虫种群增长力增加、繁殖代数可较常年增加1个代次,发生界限北移、海拔界限高度增加,危害地理范围扩大,危害程度呈明显加重趋势。但也使一些对高温敏感的病虫害呈减弱趋势,致使小麦条锈病、蚜虫等病虫害由低海拔地区向高海拔地区迁移。

区域降水异常对中国农作物病虫害影响的事实检测表明(霍治国等,2012c),一定区域、时段的降水偏少、高温干旱有利于部分害虫的繁殖加快、种群数量增长,降水、雨日偏多有利于部分病害发生程度和害虫迁入数量的明显增加,病虫害损失加重;暴雨洪涝可使部分病害发生突增、危害显著加重;暴雨可使部分迁入成虫数量突增、田间幼虫数量锐减;降水强度大,可使部分田间害虫的死亡率明显增加、虫口密度显著降低。高温干旱年可使部分病虫害大发生、飞蝗可较常年多发生1代,持续多雨年可使部分病虫害发生界限北移。梅雨期长且梅雨量多的年份有利于江淮地区稻飞虱、稻纵卷叶螟的迁入危害,稻纵卷叶螟迁入早的年份可较常年多繁殖1代。西太平洋副热带高压偏强年份有利于害虫迁入始见期提早、数量增加、范围扩大、为害加重。台风暴雨可使部分病害突发流行、田间虫害密度显著降低,台风多雨有利于害虫的迁入危害。厄尔尼诺年的当年、次年易暴发农作物病虫害。

农业病虫害与气象灾害具有相伴发生的群发性。例如,历史上蝗虫成灾往往与大旱、洪水等相伴发生。1999—2003年,中国北方地区连续发生大面积的严重干旱,同时出现新中国成立以来极少见的大面积蝗灾。1991年中国气候异常,部分地区遭受了特大洪涝灾害,当年农作物各种病虫害发生严重,造成中国粮食损失160亿kg,其中小麦病虫害(以条锈病、白粉病、穗期蚜虫为主)发生7300多万公顷次,损失小麦38亿kg;水稻(以稻飞虱为主)损失48.6亿kg,稻飞虱共发生2300多万公顷次,超过历史上发生最重的1987年,仅天津、河北就有超过1.3万hm²稻田绝收,历史上从未有过;棉花(以棉铃虫为主)损失2.3亿kg(霍治国等,2002a,b)。

极端天气气候事件导致病虫害严重发生。2002年受中国强暖冬事件、4—5月持续低温阴雨寡照的影响,小麦条锈病中国大流行,发生面积超过700万hm²,损失小麦约10亿kg;受暴雨频繁、范围广的影响,中国稻飞虱严重发生,发生面积超过1346万hm²。1998年中国长江发生了1954年以来又一次全流域性的大洪水,嫩江、松花江发生超历史记录的特大洪水,珠江流域的西江和闽江流域也发生特大洪水,由此造成蝗虫、稻飞虱、草地螟、黏虫等病虫害严重发生,直接导致1998年的夏粮减产。

二、主要粮食作物病虫害变化

1. 小麦

影响中国小麦生产的病害主要有赤霉病、白粉病、锈病、黑穗病、叶枯病、纹枯病、根腐病等；主要虫害有蚜虫、吸浆虫、麦蜘蛛、蝼蛄、金针虫等。在此，重点介绍赤霉病、白粉病、蚜虫和吸浆虫随气象条件的变化。

（1）小麦赤霉病

小麦赤霉病是危害小麦生产的主要病害之一，也是一种典型的气候型病害。该病流行程度在地区间、年际间的差异，主要取决于气象条件（赵圣菊等，1991）。温度、湿度是影响小麦赤霉病发生早晚和轻重的决定性因素，在菌源存在条件下，温度25～30℃、相对湿度80%以上时，子囊壳形成最快。小麦抽穗扬花期间，阴雨、潮湿大气持续时间愈长，病害发生就愈重（李进永等，2008）。同时，越冬的菌源是发病基础，而冬季温度是影响菌源数量的主要气象因子之一（商鸿生，2003），气候变暖有助于来年发病率的增加。前一年降水也是影响来年菌源的重要因素。厄尔尼诺事件与次年长江流域小麦赤霉病大流行有较高的相关性，可作为长江流域小麦赤霉病大流行的前兆性指标（赵圣菊等，1988）。因此，气候变化带来的降水时空分布不均和暖冬可能增加赤霉病发生的频率和强度。

（2）小麦白粉病

中国小麦白粉病的发生流行经历了由点片发生到局部重发、逐步加重、全面重发的过程，现已发展成为小麦生产中发病面积大、危害损失重的常发性病害（霍治国等，2009），严重危害到小麦的生产。气候条件是影响小麦白粉病发生流行程度的决定因素（刘万才等，1998），适宜发病的湿度时间加长、雨日雨量加大及田间高密度群体和高湿度生境给病菌提供了良好的增殖条件（邱光，1999）。气候异常与中国小麦白粉病灾害流行关系密切（霍治国等，2002a、b），在厄尔尼诺出现的起始年，冬小麦白粉病发病面积相对较小；厄尔尼诺起始年至下一个厄尔尼诺起始年的前一年，冬小麦白粉病发病面积逐年增大，并在下一个厄尔尼诺起始年的前一年达到最大值；连续出现厄尔尼诺的年份，冬小麦白粉病发生面积逐年降低。

（3）小麦蚜虫和吸浆虫

蚜虫是小麦产区的主要害虫，特别是由其传播的小麦黄矮病和黄叶病，在流行年份引起的产量损失更为严重。气候因子是麦蚜发生消长的主导因子，包括温度、湿度、光照时数、降雨量等。随着气候变暖，蚜虫种群为适应气候变化，由低海拔山区向高海拔山区迁飞的时间提前，且高峰期蚜量呈增加趋势（刘明春等，2009a）。同时，小麦吸浆虫也严重影响小麦生产，受吸浆虫危害的小麦一般减产10%～20%，严重的减产40%～80%，甚至绝收。吸浆虫也具很强的气候适应性，温、湿度是影响吸浆虫发生早晚和发生量大小的综合制约因素，在适宜的温、湿度范围内，吸浆虫发育速度随温度的升高而加速；降水量的多少和时空分布是影响吸浆虫发生程度的关键因素（苏向阳等，2009）。因此，气候变化引发的局部降水量增加可能增加吸浆虫的发生频率和强度。

2. 玉米

影响中国玉米生产的病害主要有小斑病、大斑病、灰斑病、弯孢菌叶斑病、丝黑穗病、穗粒腐病、褐斑病、茎腐病、南方锈病、细菌性茎腐病、粗缩病等；主要虫害有玉米螟、桃蛀螟、玉米蚜、玉米蓟马、玉米叶螨、玉米旋心虫等。在此,重点介绍影响玉米生产的玉米粗缩病、玉米螟、玉米褐斑病随气象条件的变化。

(1)玉米粗缩病

玉米粗缩病是由灰飞虱传播的玉米粗缩病病毒引起的,1949 年首次发现于意大利,在中国首见于 1954 年的新疆和甘肃。20 世纪 70 年代粗缩病在河北省流行,1999 年在中国玉米种植区造成较大面积的危害,其中华北地区、江苏沿海地区危害最重;近年来在黄淮海地区普遍发生,蔓延较快,对产量影响较大。山东省自 2005 年以来已连续 5 年严重发生,主要发生在临沂、泰安、济宁等鲁南地区,发病率在 10%～70%,其中 2007 年济宁市的曲阜粗缩病发生面积达 8000 hm²,超过 1300 hm² 绝产。安徽宿州、河南东部、河北鹿泉市粗缩病也比较严重。

粗缩病病毒主要在冬小麦和灰飞虱体内越冬,初侵染源相对较少、传播途径单一。但随着气候变暖,温度升高,特别是秋季气温偏高,传毒昆虫危害时间长,致使越冬毒源增加。冬季气温偏高,灰飞虱等传毒昆虫越冬死亡率低,致使虫源基数较高,加重了来年病害的发生。由于玉米 4～5 叶期以前是对粗缩病最敏感的时期,最有效的防治措施是调节玉米播期,在河南、山东和河北,一代灰飞虱的迁飞高峰在 5 月下旬到 6 月初,要设法避开玉米幼苗的感病高峰期与传毒灰飞虱的迁飞高峰期相遇。

(2)玉米螟

玉米螟分布很广,除西藏、青海未见报道外,在中国其余各省(区、市)均有发生,且以北方春播玉米和黄淮平原春、夏玉米发生最重,西南山地丘陵玉米和南方丘陵玉米次之。在中国,玉米螟的发生代数随纬度有显著的差异:45°N 以北 1 代,45°～40°N 2 代,40°～30°N 3 代,30°～25°N 4 代,25°～20°N 5～6 代;海拔越高,发生代数越少。

影响玉米螟的主要气候条件是降水量和温度(霍治国等,2002a,b)。春季复苏的越冬幼虫必须嚼潮湿的秸秆或吸食雨水、露水,方可化蛹,降水量多对化蛹有利;反之,春季干旱少雨对越冬幼虫化蛹有一定的抑制作用。成虫羽化后也要吸水才能正常产卵,产卵时又要求有较高的相对湿度。温度 25～26℃、6—8 月降雨均匀且相对湿度 70% 以上常是玉米螟大发生年的征兆。干旱是抑制玉米螟大发生的重要因素。在干旱条件下,螟卵常因胚胎失水而死亡,或因卵壳变硬幼虫难以出卵壳而死亡。在春玉米、夏玉米混种区玉米螟发生重,夏玉米面积大于春玉米时会加重玉米螟的危害,反之则危害减轻。因此,随着温度升高、夏玉米播种面积的扩大,玉米螟将增加大范围或局部暴发的可能。

(3)玉米褐斑病

玉米褐斑病在中国各玉米产区均有发生,其中在河北、山东、河南、安徽、江苏等地危害较重,温暖潮湿区发生较多。一般玉米 8～10 片叶时感染褐斑病的概率较大,12 片叶以后感染的概率较小(郭海霞等,2012)。褐斑病病菌以休眠孢子(囊)形式在土地或病残体中越冬,第二年病菌靠气流传播到玉米植株上,遇到合适条件萌发产生大量的游动孢子,游动孢子在叶片表面水滴中游动,并形成侵染丝,侵害玉米的嫩组织。气候变暖使得玉米播种期推迟,苗期出现高温、高湿天气的可能性增大,从而增加了褐斑病发生的可能性。

除此之外,黏虫也是玉米的重要虫害,它的危害主要取决于江淮流域麦田一代黏虫的发生和 5—6 月气候与天气形势的变化。灌浆至乳熟期的大雨对青枯病的发生有重要影响,土壤含水量高是青枯病发生的重要条件,也是大、小斑病发生的重要前提。总体而言,气候变化可能加剧病虫害对玉米的危害。

3. 水稻

影响中国水稻生产的病害主要有稻瘟病、纹枯病、稻曲病、白叶枯病、细菌性条斑病等；主要虫害有稻飞虱、稻纵卷叶螟、三化螟、二化螟、稻瘿蚊、稻蝗等。在此，重点介绍影响水稻生产的稻瘟病、纹枯病、稻飞虱、水稻螟虫、稻纵卷叶螟随气象条件的变化。

（1）稻瘟病

稻瘟病发生程度与气象条件直接相关，降水日数、光照、湿度和温度等都将影响稻瘟病的发生。通常，稻瘟病流行的前期气象条件表现为温暖多雨，利于病菌的萌发繁殖侵染，为后期稻瘟病在田间的扩散蔓延提供足够的菌源；而稻瘟病从初始期到流行高峰期的气候特征则表现为低温、多雨和寡照（矫江等，2004；谢鲁承等，2007）。气象条件以温湿度影响最大，在20～30℃，相对湿度90%以上时，很易发病，若阴雨连绵，则会引起大流行。一般7月左右叶瘟易发生，8、9月则穗茎瘟多发生。

（2）水稻纹枯病

水稻纹枯病属高温高湿型病害。当田间气温达23℃以上、相对湿度90%以上时，纹枯病开始发生；当株棵间气温高达25～31℃、相对湿度达97%时，病害发展最为迅速；当温度在10℃以下或40℃以上时，病害停止发展。陕西省的高平均温度、短日照时间、多雨日、多雨量和高相对湿度不仅造成水稻纹枯病发病提早，而且发病明显加重（王军等，2010）。上海市奉贤区单季晚稻纹枯病发病突增期为7月底至8月上旬，此时适宜的气候条件有利于水稻纹枯病扩展蔓延。2009年7月22日至8月15日，平均气温27.8℃，降雨总量达433.1 mm，雨日达22 d，较常年同期增加347.5 mm，创历史同期最高记录，高温高湿的气候条件加剧了水稻纹枯病的发生危害。

（3）稻飞虱

稻飞虱各虫态适宜发育起点温度为15℃，全年繁殖气候带位于18°30′～22°40′N，是最适宜繁殖气候区。气候变暖将使稻飞虱年发生世代由9～11代增加到10～12代；21°～23°N地区将由常年越冬气候区变为适宜繁殖气候区，发生世代由7～8代增加为8～10代；冬季温度升高，使23°～24°N地区更有利于稻飞虱越冬，春季稻飞虱向北迁入的范围将更广泛，可达30°N附近地区（李淑华，1995）。暖冬使越南等境外或中国稻飞虱越冬区的稻飞虱迁入期提前，危害期延长；中国稻飞虱发生较重的年份大多出现在3—5月副热带高压较强的年份；厄尔尼诺年的次年中国稻飞虱有可能严重发生；气候变暖、海温异常等大尺度气象因子主要通过影响大范围的气候环境来间接影响稻飞虱的发生与消长（侯婷婷等，2003）。

（4）水稻螟虫

水稻螟虫俗称钻心虫，其中普遍发生较严重的主根是二化螟和三化螟，还有大螟等。水稻螟虫发生主要受温度、湿度、降雨量和光照时间的影响。以二化螟为例，二化螟发育的起点温度：卵为10℃，幼虫为15℃，成虫为16℃。气候变化背景下中国主要稻区出现的显著暖冬、秋热、秋长和春旱（气温高、降水少）使得稻螟虫的活动期延长，世代数增加，越冬成活率提高，有利于种群增长（盛承发等，2002）。据研究，日平均温度增加0.5℃，相应蛾峰提早2 d，各代发生期相应提早，在江苏沿江地区可促使二化螟二代转化为三代、三化螟三代转化为四代，种群数量激增（陆自强等，2005）。上海市由于秋冬季气温偏高，使本应在10月上、中旬进入休眠越冬的幼虫，在10月上、中旬继续转株为害，导致二化螟、大螟增加了约半代，三化螟发生了不完全的第四代（蒋耀培等，2003）。

(5)稻纵卷叶螟

稻纵卷叶螟世代发育起点为15.1℃,有效积温为342.8℃·d。气候变暖,温度升高,稻纵卷叶螟发育、繁殖速度加快,积温增加,促使其发生世代数增加,冬季增温幅度大,有利于越冬,越冬界限向北推移(李淑华,1995)。沿江稻区第四代稻纵卷叶螟水稻穗期的滞留危害产生原因除食料丰富和营养条件改善外,秋季持续高温也增加了第四代稻纵卷叶螟在当地的滞留量(胡荣利等,2005)。

第二节 气象条件对农业病虫害发生的影响

为定量揭示气候变化导致的温度、降水、日照变化对中国农作物病虫害变化的影响,采用1961—2010年中国农区527个气象站点逐日气象资料、中国病虫害资料及农作物种植面积资料,基于中国农作物病虫害发生面积率与气象因子的相关分析,筛选气候变化对病虫害变化的主要影响因子,进而分析气候变化对中国病虫害变化的影响,评估气候变化对农作物病虫害的影响。

气象因子主要有温度、降水、日照及其组合,包括年、季、关键时段、不同界限温度时段等气象因子或因子组合的平均值和距平值。在分析不同等级降水对病虫害影响时,考虑到中国东西部降水差异很大,针对不同年降水量的站点,采用日降水量定义的降水强度划分标准(表6.1)(陈晓燕等,2010),分别计算小雨、中雨、大雨、暴雨4个等级强度的降雨量、雨日数及其百分比。

表6.1 基于年降水量的降水等级划分(陈晓燕等,2010)

降水等级	基于年降水量的降水等级		
	≥500.0 mm 地区	45.0~499.9 mm 地区	<45.0 mm 地区
小雨	0.1~9.9		0.1~2.9
中雨	10.0~24.9	左边一列的标准乘以	3.0~7.4
大雨	25.0~49.9	$\sqrt{年降水量/500}$	7.5~14.9
暴雨	≥50.0		≥15.0

为消除农作物、小麦、玉米、水稻种植面积对病虫害发生面积的影响,将病虫害发生面积转换为病虫害发生面积率(即当年中国农作物病虫害发生面积与当年中国农作物种植面积之比),并构建历年农作物、小麦、玉米、水稻病虫害发生面积率距平序列。同时,分析中国病虫害发生面积率距平与年、季、关键时段、不同界限温度时段等气象因子或因子组合距平,以及中国病虫害发生面积率距平与不同等级降水量距平及其雨日数距平的相关关系。

一、气象条件对农业病虫害发生的影响

1961—2010年,气候变化导致的农区温度、降水、日照等气象因子变化总体有利于中国农业病虫害发生面积扩大,危害程度加剧。中国病虫害发生面积由1961年的0.58亿公顷次增加到2010年的3.70亿公顷次,增加到原来的6.38倍。

1961—2010年,中国农区年平均温度、年平均降水强度分别以0.27℃/10a和0.24(mm/d)/

10a 的速率增加,年平均日照时数以 47.40 h/10a 的速率减少;年降水量呈微弱增加趋势,增加速率为 0.14 mm/10a;病虫害发生面积率以 0.43/10a 的速率增加(表 6.2)。农区年平均温度每升高 1℃,病虫害发生面积率在 1.28 基础上增加 1.05,发生面积在 1.91 亿公顷次基础上增加 1.57 亿公顷次;年平均日照时数每减少 100 h,病虫害发生面积率将增加 0.63,发生面积将增加 0.94 亿公顷次;年平均降水强度每增加 1 mm/d,病虫害发生面积率将增加 1.15,发生面积将增加 1.72 亿公顷次(表 6.3,图 6.1)。降水年际间波动较大,极端降水事件趋多趋强,但病虫害发生与年降水量的关系不显著;不同等级雨量及其雨日数变化对病虫害影响不同。

表 6.2　1961—2010 年中国农区气候变化与病虫害变化的统计事实

统计项目	50 年平均值	增减速率(/10a)
年平均温度(℃)	11.4	0.27
年平均降水量(mm)	816.6	0.24
年平均降水日数(d)	159.4	−7.54
年平均降水强度(mm/d)	6.58	0.14
年平均日照时数(h)	2287.3	−47.40
年病虫害发生面积率	1.28	0.43
年病害发生面积率	0.38	0.15
年虫害发生面积率	0.90	0.27

表 6.3　1961—2010 年气候变化对病虫害发生的影响

气象因子增减量	统计项目	病虫害发生	
		面积率(%)	面积(亿公顷次)
	基数	1.28	1.91
年平均温度增加 1℃	增加值	1.05	1.57
	合计	2.33	3.48
年平均降水强度增加 1 mm/d	增加值	1.15	1.72
	合计	2.43	3.63
年平均日照时数减少 100 h	增加值	0.63	0.94
	合计	1.91	2.85

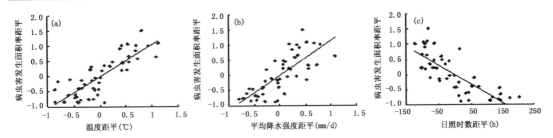

图 6.1　中国病虫害发生面积率距平与农区温度距平(a)、平均降水强度距平(b)、日照时数距平(c)的相关关系

二、气象条件对农业病害发生的影响

1961—2010 年,气候变化导致的农区温度、降水、日照等气象因子变化总体有利于中国农业病害发生面积扩大,危害程度加剧(王丽等,2012)。中国病害发生面积由 0.15 亿公顷次增至 1.24 亿公顷次,增加到原来的 8.27 倍。

　　1961—2010 年,中国农区年平均温度每升高 1℃,病害发生面积率在 0.38 基础上增加 0.41,发生面积在 5648.5 万公顷次基础上增加 6094.4 万公顷次。年平均降水强度每增加 1 mm/d,病害发生面积率将增加 0.44,发生面积将增加 6540.4 万公顷次。年平均日照时数每减少 100 h,病害发生面积率将增加 0.23,发生面积将增加 3418.8 万公顷次(表 6.4,图 6.2)。

表 6.4　1961—2010 年气候变化对病害发生的影响

气象因子增减量	统计项目	病害发生	
		面积率(%)	面积(万公顷次)
	基数	0.38	5648.5
年平均温度增加 1℃	增加值	0.41	6094.4
	合计	0.79	11742.9
年平均降水强度增加 1 mm/d	增加值	0.44	6540.4
	合计	0.82	12188.9
年平均日照时数减少 100 h	增加值	0.23	3418.8
	合计	0.61	9067.3

图 6.2　中国病害发生面积率距平与农区温度距平(a)、降水强度距平(b)、日照时数距平(c)的相关关系

三、气象条件对农业虫害发生的影响

　　1961—2010 年,气候变化导致的农区温度、降水、日照等气象因子变化总体有利于中国农业虫害发生面积扩大,危害程度加剧(张蕾等,2012)。中国虫害发生面积由 0.43 亿公顷次增至 2.46 亿公顷次,增加到原来的 5.72 倍。

　　1961—2010 年,中国农区年平均温度每升高 1℃,虫害发生面积率在 0.90 基础上增加 0.65,发生面积在 1.34 亿公顷次基础上增加 0.96 亿公顷次。年平均降水强度每增加 1 mm/d,虫害发生面积率将增加 0.71,发生面积将增加 1.06 亿公顷次。年平均日照时数每减少 100 h,虫害发生面积率将增加 0.40,发生面积将增加 0.59 亿公顷次(表 6.5,图 6.3)。

表 6.5　1961—2010 年气候变化对虫害发生的影响

气象因子增减量	统计项目	虫害发生	
		面积率(%)	面积(亿公顷次)
	基数	0.90	1.34
年平均温度增加 1℃	增加值	0.65	0.96
	合计	1.55	2.30
年平均降水强度增加 1 mm/d	增加值	0.71	1.06
	合计	1.61	2.40
年平均日照时数减少 100 h	增加值	0.40	0.59
	合计	1.30	1.93

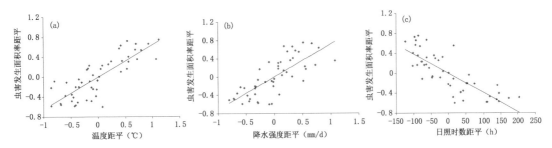

图 6.3　中国虫害发生面积率距平与农区温度距平(a)、降水强度距平(b)、日照时数距平(c)的相关关系

第三节　气象条件对主要粮食作物病虫害发生的影响

一、小麦

1961—2010 年,气候变化导致的麦区温度、降水、日照等气象因子变化总体有利于中国小麦病虫害发生面积扩大。中国小麦病虫害发生面积由 0.198 亿公顷次增加到 0.694 亿公顷次,增加到原来的 3.51 倍;病害由 0.086 亿公顷次增至 0.313 亿公顷次,增加到原来的 3.64 倍;虫害由 0.112 亿公顷次增至 0.381 亿公顷次,增加到原来的 3.40 倍。

1. 小麦全生育期气象条件变化的影响

小麦全生育期平均温度为 11.0℃,从 20 世纪 60 年代开始呈逐年代增加,增加速率为 0.29℃/10a,2001—2010 年较 60 年代增加了 1.13℃。平均降水强度为 5.0 mm/d,从 60 年代开始呈逐年代增加,增加速率为 0.21(mm/d)/10a,2001—2010 年较 60 年代增加了 0.79 mm/d。平均日照时数为 1214.0 h,从 60 年代开始呈逐年代减少,减少速率为 21.80 h/10a, 2001—2010 年较 60 年代减少了 84.16 h(表 6.6)。

小麦全生育期平均温度每增加 1℃,将导致小麦病虫害、病害和虫害发生面积分别增加 0.285 亿、0.153 亿和 0.132 亿公顷次。平均降水强度每增加 1 mm/d,将使小麦病虫害、病害和虫害发生面积分别增加 0.353 亿、0.189 亿和 0.164 亿公顷次。平均日照时数每减少 100 h,将使小麦病虫害、病害和虫害发生面积分别增加 0.275 亿、0.153 亿和 0.124 亿公顷次 (表 6.7,图 6.4~6.6)。

表 6.6　1961—2010 年中国麦区气候变化与小麦病虫害变化的关系

	全生育期		3—5 月	
	平均值	增减速率(/10a)	平均值	增减速率(/10a)
平均温度(℃)	11.0	+0.29	12.1	0.25
平均降水量(mm)	291.3	+0.17	201.6	
平均降水日数(d)	55.8	-2.07	29.3	-0.53
平均降水强度(mm/d)	5.0	+0.21	5.6	+0.16
平均日照时数(h)	1214.0	-21.80	600.4	-7.66
病虫害发生面积率	1.70	+0.49		
病害发生面积率	0.70	+0.24		
虫害发生面积率	1.00	+0.25		

表 6.7　1961—2010 年气候变化对小麦病虫害发生的影响

气象因子增减量	生育时段	统计项目	病虫害发生 面积率（%）	病虫害发生 面积（亿公顷次）	病害发生 面积率（%）	病害发生 面积（亿公顷次）	虫害发生 面积率（%）	虫害发生 面积（亿公顷次）
		基数	1.70	0.456	0.70	0.187	1.00	0.269
平均温度增加 1℃	全生育期	增加值	1.06	0.285	0.57	0.153	0.49	0.132
		合计		0.741		0.340		0.401
	3—5 月	增加值	0.78	0.210	0.43	0.116	0.35	0.094
		合计		0.666		0.303		0.363
平均降水强度增加 1 mm/d	全生育期	增加值	1.31	0.353	0.70	0.189	0.61	0.164
		合计		0.809		0.376		0.433
	3—5 月	增加值	0.93	0.250	0.55	0.147	0.38	0.103
		合计		0.706		0.334		0.372
平均日照时数减少 100 h	全生育期	增加值	1.02	0.275	0.57	0.153	0.46	0.124
		合计		0.731		0.340		0.393
	3—5 月	增加值	1.47	0.396	0.80	0.215	0.67	0.181
		合计		0.852		0.402		0.450

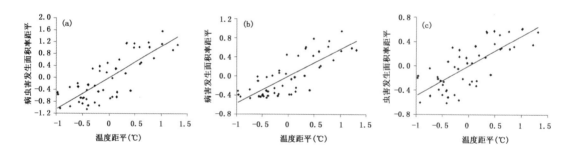

图 6.4　小麦病虫害（a）、病害（b）和虫害（c）发生面积率距平与全生育期平均温度距平关系

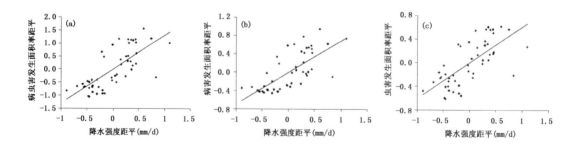

图 6.5　小麦病虫害（a）、病害（b）和虫害（c）发生面积率距平与全生育期降水强度距平关系

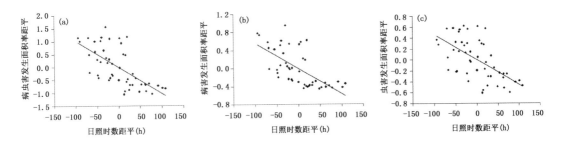

图6.6 小麦病虫害(a)、病害(b)和虫害(c)发生面积率距平与全生育期日照时数距平关系

2.3—5月气象条件变化的影响

3—5月平均温度每升高1℃,将使小麦病虫害、病害和虫害发生面积分别增加0.210亿、0.116亿和0.094亿公顷次。平均降水强度每增加1 mm/d,将使小麦病虫害、病害和虫害发生面积分别增加0.250亿、0.147亿和0.103亿公顷次。平均日照时数每减少100 h,将使小麦病虫害、病害和虫害发生面积将分别增加0.396亿、0.215亿和0.181亿公顷次(表6.7,图6.7~6.9)。

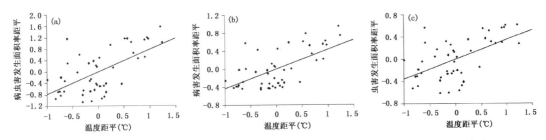

图6.7 小麦病虫害(a)、病害(b)和虫害(c)发生面积率距平与3—5月温度距平关系

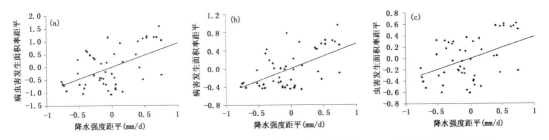

图6.8 小麦病虫害(a)、病害(b)和虫害(c)发生面积率距平与3—5月降水强度距平关系

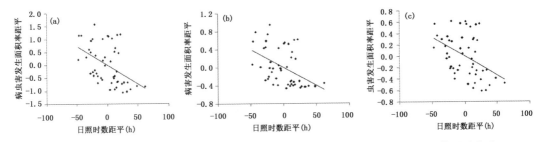

图6.9 小麦病虫害(a)、病害(b)和虫害(c)发生面积率距平与3—5月日照时数距平关系

二、玉米

1961—2010 年,气候变化导致的玉米区温度、降水、日照等气象因子变化总体有利于中国玉米病虫害发生面积扩大。中国玉米病虫害发生面积由 0.063 亿公顷次增加到 0.679 亿公顷次,增加到原来的 10.78 倍;病害由 0.006 亿公顷次增至 0.203 亿公顷次,增加到原来的 33.83 倍;虫害由 0.057 亿公顷次增至 0.476 亿公顷次,增加到原来的 8.35 倍。

1. 玉米全生育期气象条件变化的影响

1961—2010 年玉米全生育期平均温度为 20.5℃,从 20 世纪 70 年代开始呈逐年代增加,增加速率为 0.18℃/10a,2001—2010 年较 70 年代增加了 0.82℃。平均降水强度为 8.5 mm/d,从 60 年代开始呈逐年代增加,增加速率为 0.23(mm/d)/10a,2001—2010 年较 60 年代增加了 0.81 mm/d。平均日照时数为 1044.9 h,从 60 年代开始呈逐年代减少,减少速率为 25.18 h/10a,2001—2010 年较 60 年代减少了 97.04 h(表 6.8)。

表 6.8　1961—2010 年中国玉米区气候变化与玉米病虫害变化的关系

	全生育期		5—8 月	
	平均值	增减速率(/10a)	平均值	增减速率(/10a)
平均温度(℃)	20.50	+0.18	21.62	+0.16
平均降水量(mm)	579.61		498.4	
平均降水日数(d)	62.53	−1.66	51.07	−1.10
平均降水强度(mm/d)	8.51	+0.23	9.12	+0.25
平均日照时数(h)	1044.91	−25.18	883.11	−23.28
平均极端最高温度(℃)	34.87	+0.14		
平均最热月平均温度(℃)	23.36	+0.13		
平均小雨雨量(mm)	120.16	−1.84		
平均中雨雨量(mm)	165.03	−2.07		
平均小雨雨日数(d)	45.89	−1.56		
平均中雨雨日数(d)	10.41	−0.13		
病虫害发生面积率	1.13	+0.32		
病害发生面积率	0.25	+0.09		
虫害发生面积率	0.88	+0.23		

1961—2010 年玉米全生育期平均温度每增加 1℃,将使玉米病虫害、病害、虫害发生面积分别增加 0.176 亿、0.054 亿、0.122 亿公顷次。平均降水强度每增加 1 mm/d,将使玉米病虫害、病害、虫害发生面积分别增加 0.151 亿、0.045 亿、0.106 亿公顷次。平均日照时数每减少 100 h,将使玉米病虫害、病害、虫害发生面积分别增加 0.174 亿、0.050 亿、0.124 亿公顷次。极端最高温度每升高 1℃,将使玉米病虫害、病害、虫害发生面积分别增加 0.087 亿、0.027 亿、0.060 亿公顷次。最热月平均温度每升高 1℃,将使玉米病虫害、病害、虫害发生面积分别增加 0.128 亿、0.041 亿、0.087 亿公顷次。平均小雨雨量每减少 1 mm,将使玉米病虫害、病害、虫害发生面积分别增加 0.010 亿、0.002 亿、0.008 亿公顷次。平均小雨雨日数每减少 1 d,将使玉米病虫害、病害、虫害发生面积分别增加 0.029 亿、0.008 亿、0.021 亿公顷次。平均中雨雨量每减少 1 mm,将使玉米病虫害、病害、虫害发生面积分别增加 0.006 亿、0.002 亿、0.004 亿公顷次。平均中雨雨日数每减少 1 d,将使玉米病虫害、病害、虫害发生面积分别增加 0.075 亿、0.021 亿、0.054 亿公顷次(表 6.9,图 6.10~6.18)。

表 6.9　1961—2010 年气候变化对玉米病虫害发生的影响

气象因子增减量	生育时段	统计项目	病虫害发生 面积率（%）	病虫害发生 面积（亿公顷次）	病害发生 面积率（%）	病害发生 面积（亿公顷次）	虫害发生 面积率（%）	虫害发生 面积（亿公顷次）
		基数	1.13	0.256	0.25	0.058	0.88	0.198
平均温度 增加 1℃	全生育期	增加值	0.85	0.176	0.26	0.054	0.59	0.122
		合计		0.432		0.112		0.320
	5—8 月	增加值	0.78	0.162	0.25	0.052	0.53	0.110
		合计		0.422		0.110		0.308
平均降水强度 增加 1 mm/d	全生育期	增加值	0.73	0.151	0.22	0.045	0.51	0.106
		合计		0.407		0.103		0.433
	5—8 月	增加值	0.69	0.143	0.21	0.044	0.48	0.099
		合计		0.399		0.102		0.297
平均日照时数 减少 100 h	全生育期	增加值	0.84	0.174	0.24	0.050	0.60	0.124
		合计		0.430		0.108		0.322
	5—8 月	增加值	0.95	0.198	0.27	0.056	0.68	0.141
		合计		0.454		0.114		0.339
平均极端最高 温度增加 1℃	全生育期	增加值	0.42	0.087	0.13	0.027	0.29	0.060
		合计		0.343		0.085		0.258
平均最热月 平均温度增加 1℃	全生育期	增加值	0.62	0.128	0.20	0.041	0.42	0.087
		合计		0.384		0.099		0.285
平均小雨 雨量减少 1 mm	全生育期	增加值	0.05	0.010	0.01	0.002	0.04	0.008
		合计		0.266		0.060		0.206
平均小雨 雨日数减少 1 d	全生育期	增加值	0.14	0.029	0.04	0.008	0.10	0.021
		合计		0.285		0.066		0.219
平均中雨 雨量减少 1 mm	全生育期	增加值	0.03	0.006	0.01	0.002	0.02	0.004
		合计		0.262		0.060		0.202
平均中雨 雨日数减少 1 d	全生育期	增加值	0.36	0.075	0.10	0.021	0.26	0.054
		合计		0.331		0.077		0.252

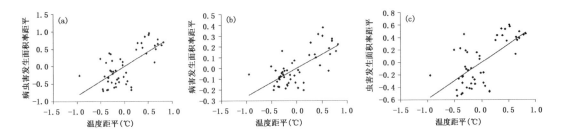

图 6.10　玉米病虫害(a)、病害(b)、虫害(c)发生面积率距平与全生育期温度距平关系

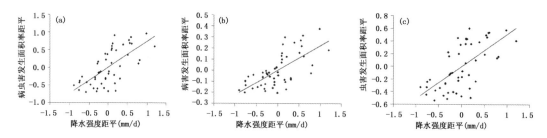

图 6.11 玉米病虫害(a)、病害(b)、虫害(c)发生面积率距平与全生育期降水强度距平关系

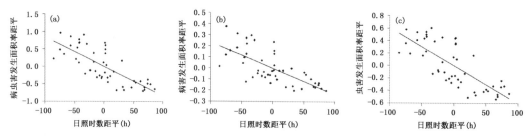

图 6.12 玉米病虫害(a)、病害(b)、虫害(c)发生面积率距平与全生育期日照时数距平关系

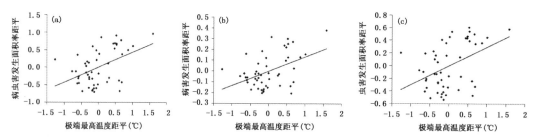

图 6.13 玉米病虫害(a)、病害(b)、虫害(c)发生面积率距平与全生育期极端最高温度距平的关系

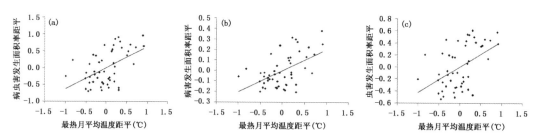

图 6.14 玉米病虫害(a)、病害(b)、虫害(c)发生面积率距平与全生育期最热月平均温度距平关系

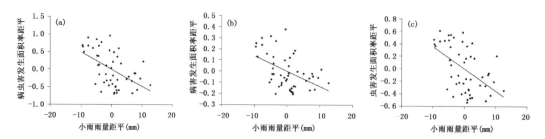

图 6.15 玉米病虫害(a)、病害(b)、虫害(c)发生面积率距平与全生育期小雨雨量距平关系

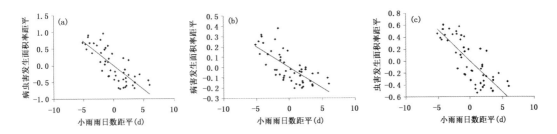

图 6.16　玉米病虫害(a)、病害(b)、虫害(c)发生面积率距平与全生育期小雨雨日数距平关系

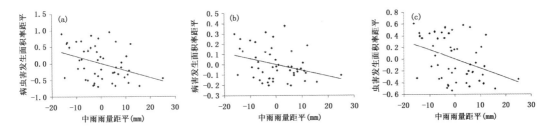

图 6.17　玉米病虫害(a)、病害(b)、虫害(c)发生面积率距平与全生育期中雨雨量距平关系

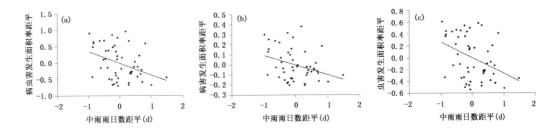

图 6.18　玉米病虫害(a)、病害(b)、虫害(c)发生面积率距平与全生育期中雨雨日数距平关系

2.5—8 月气象条件变化的影响

1961—2010 年 5—8 月平均温度每升高 1℃,将使玉米病虫害、病害、虫害发生面积分别增加 0.162 亿、0.052 亿、0.110 亿公顷次。平均降水强度每增加 1 mm/d,将使玉米病虫害、病害、虫害发生面积分别增加 0.143 亿、0.044 亿、0.099 亿公顷次。平均日照时数每减少 100 h,将使玉米病虫害、病害、虫害发生面积将分别增加 0.198 亿、0.056 亿、0.141 亿公顷次(表6.9,图 6.19~6.21)。

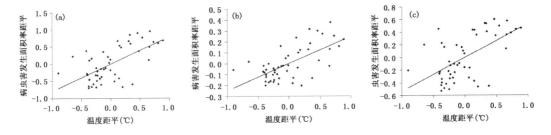

图 6.19　玉米病虫害(a)、病害(b)、虫害(c)发生面积率距平与 5—8 月温度距平关系

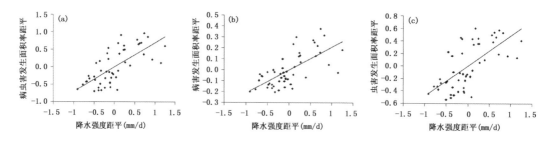

图 6.20 玉米病虫害(a)、病害(b)、虫害(c)发生面积率距平与 5—8 月降水强度距平关系

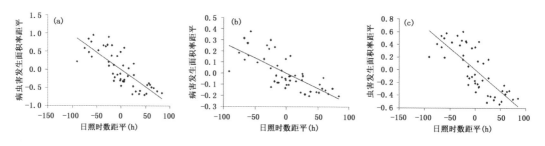

图 6.21 玉米病虫害(a)、病害(b)、虫害(c)发生面积率距平与 5—8 月日照时数距平关系

三、水稻

1961—2010 年,气候变化导致的稻区温度、降水、日照等气象因子变化总体有利于中国水稻病虫害发生面积扩大。中国水稻病虫害发生面积由 0.117 亿公顷次增加到 1.130 亿公顷次,增加到原来的 9.66 倍;病害由 0.018 亿公顷次增至 0.328 亿公顷次,增加到原来的 18.22 倍;虫害由 0.099 亿公顷次增至 0.802 亿公顷次,增加到原来的 8.10 倍。

1. 水稻全生育期气象条件变化的影响

1961—2010 年水稻全生育期平均温度为 21.1℃,从 20 世纪 70 年代开始呈逐年代增加,增加速率为 0.18℃/10a,2001—2010 年较 70 年代增加了 0.80℃。平均降水强度为 8.8 mm/d,从 60 年代开始呈逐年代增加,增加速率为 0.26(mm/d)/10a,2001—2010 年较 60 年代增加了 0.94 mm/d。平均日照时数为 1157.9 h,从 60 年代开始呈逐年代减少,减少速率为 29.73h/10a,2001—2010 年较 60 年代减少了 115.68 h(表 6.10)。

1961—2010 年水稻全生育期平均温度每增加 1℃,将使水稻病虫害、病害、虫害发生面积分别增加 0.594 亿、0.176 亿、0.418 亿公顷次。平均降水强度每增加 1 mm/d,将使水稻病虫害、病害、虫害发生面积分别增加 0.499 亿、0.163 亿、0.336 亿公顷次。平均日照时数每减少 100 h,将使水稻病虫害、病害、虫害发生面积分别增加 0.534 亿、0.176 亿、0.358 亿公顷次。平均极端最高温度每升高 1℃,将使水稻病虫害、病害、虫害发生面积分别增加 0.242 亿、0.063 亿、0.179 亿公顷次。最热月平均温度每升高 1℃,将使水稻病虫害、病害、虫害发生面积分别增加 0.402 亿、0.116 亿、0.286 亿公顷次。平均风速每减小 1m/s,将使水稻病虫害、病害、虫害发生面积分别增加 1.746 亿、0.578 亿、1.168 亿公顷次。平均小雨雨量每减少 1 mm,将使水稻病虫害、病害、虫害发生面积分别增加 0.031 亿、0.009 亿、0.022 亿公顷次。平均小雨雨日数每减少 1 d,将使水稻病虫害、病害、虫害发生面积分别增加 0.079 亿、0.025 亿、

0.054 亿公顷次。平均中雨雨量每减少 1 mm,将使水稻病虫害、病害、虫害发生面积分别增加 0.013 亿、0.003 亿、0.010 亿公顷次。平均中雨雨日数每减少 1 d,将使水稻病虫害、病害、虫害发生面积分别增加 0.223 亿、0.066 亿、0.157 亿公顷次(表 6.11,图 6.22~6.31)。

表 6.10　1961—2010 年中国稻区气候变化与水稻病虫害变化的关系

	全生育期		6—8 月	
	平均值	增减速率(/10a)	平均值	增减速率(/10a)
平均温度(℃)	21.13	+0.18	23.53	+0.15
平均降水量(mm)	706.39	−1.74	422.36	+3.49
平均降水日数(d)	73.26	−2.46	39.78	−0.99
平均降水强度(mm/d)	8.78	+0.26	10.08	+0.31
平均日照时数(h)	1157.87	−29.73	652.69	−20.79
平均极端最高温度(℃)	35.44	+0.13		
平均最热月平均温度(℃)	24.07	+0.12		
平均风速(m/s)	2.36	−0.10		
平均小雨雨量(mm)	138.53	−2.95		
平均中雨雨量(mm)	198.78	−3.19		
平均小雨雨日数(d)	53.01	−2.29		
平均中雨雨日数(d)	12.48	−0.20		
病虫害发生面积率	2.01	+0.73		
病害发生面积率	0.56	+0.23		
虫害发生面积率	1.45	+0.50		

表 6.11　1961—2010 年气候变化对水稻病虫害发生的影响

气象因子增减量	生育时段	统计项目	病虫害发生		病害发生		虫害发生	
			面积率(%)	面积(亿公顷次)	面积率(%)	面积(亿公顷次)	面积率(%)	面积(亿公顷次)
		基数	2.01	0.622	0.56	0.174	1.45	0.448
平均温度增加 1℃	全生育期	增加值	1.89	0.594	0.56	0.176	1.33	0.418
		合计		1.216		0.350		0.866
	6—8 月	增加值	1.57	0.493	0.46	0.144	1.11	0.349
		合计		1.115		0.318		0.797
平均降水强度增加 1 mm/d	全生育期	增加值	1.59	0.499	0.52	0.163	1.07	0.336
		合计		1.121		0.337		0.784
	6—8 月	增加值	1.15	0.361	0.38	0.119	0.77	0.242
		合计		0.983		0.293		0.690
平均日照时数减少 100 h	全生育期	增加值	1.70	0.534	0.56	0.176	1.14	0.358
		合计		1.156		0.350		0.806
	6—8 月	增加值	2.45	0.769	0.80	0.251	1.65	0.518
		合计		1.391		0.425		0.966

气象因子 增减量	生育时段	统计 项目	病虫害发生		病害发生		虫害发生	
			面积率 （%）	面积 （亿公顷次）	面积率 （%）	面积 （亿公顷次）	面积率 （%）	面积 （亿公顷次）
		基数	2.01	0.622	0.56	0.174	1.45	0.448
平均极端最高 温度增加1℃	全生育期	增加值	0.77	0.242	0.20	0.063	0.57	0.179
		合计		0.864		0.237		0.627
平均最热月 平均温度增加1℃	全生育期	增加值	1.28	0.402	0.37	0.116	0.91	0.286
		合计		1.024		0.290		0.734
平均风速 减小1 m/s	全生育期	增加值	5.56	1.746	1.84	0.578	3.72	1.168
		合计		2.368		0.752		1.656
平均小雨雨量 减少1 mm	全生育期	增加值	0.10	0.031	0.03	0.009	0.07	0.022
		合计		0.653		0.183		0.470
平均小雨 雨日数减少1 d	全生育期	增加值	0.25	0.079	0.08	0.025	0.17	0.054
		合计		0.701		0.199		0.502
平均中雨 雨量减少1 mm	全生育期	增加值	0.04	0.013	0.01	0.003	0.03	0.010
		合计		0.635		0.177		0.458
平均中雨 雨日数减少1 d	全生育期	增加值	0.71	0.223	0.21	0.066	0.50	0.157
		合计		0.845		0.250		0.605

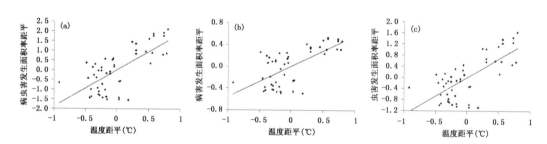

图 6.22 水稻病虫害（a）、病害（b）、虫害（c）发生面积率距平与全生育期温度距平关系

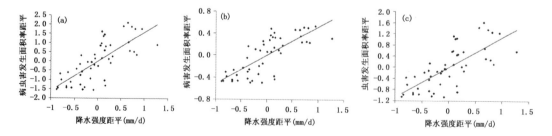

图 6.23 水稻病虫害（a）、病害（b）、虫害（c）发生面积率距平与全生育期降水强度距平关系

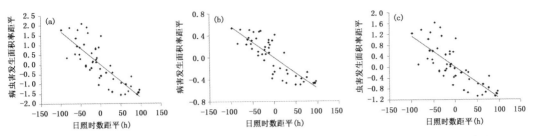

图 6.24　水稻病虫害(a)、病害(b)、虫害(c)发生面积率距平与全生育期日照时数距平关系

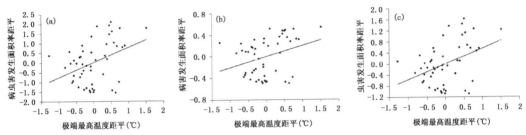

图 6.25　水稻病虫害(a)、病害(b)、虫害(c)发生面积率距平与全生育期极端最高温度距平关系

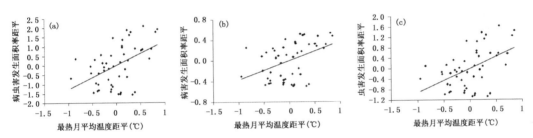

图 6.26　水稻病虫害(a)、病害(b)、虫害(c)发生面积率距平与全生育期最热月平均温度距平关系

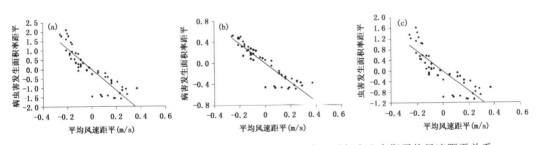

图 6.27　水稻病虫害(a)、病害(b)、虫害(c)发生面积率距平与全生育期平均风速距平关系

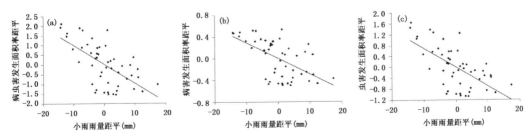

图 6.28　水稻病虫害(a)、病害(b)、虫害(c)发生面积率距平与全生育期小雨雨量距平关系

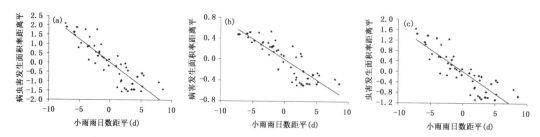

图 6.29　水稻病虫害(a)、病害(b)、虫害(c)发生面积率距平与全生育期小雨雨日数距平关系

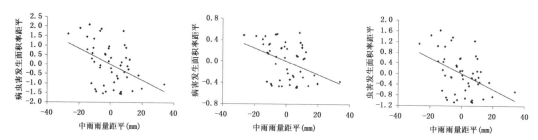

图 6.30　水稻病虫害(a)、病害(b)、虫害(c)发生面积率距平与全生育期中雨雨量距平关系

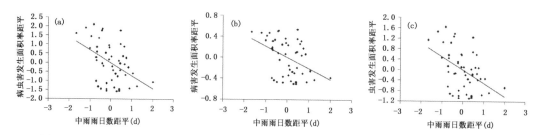

图 6.31　水稻病虫害(a)、病害(b)、虫害(c)发生面积率距平与全生育期中雨雨日数距平关系

2.6—8月气象条件变化的影响

1961—2010 年 6—8 月平均温度每升高 1℃，将使水稻病虫害、病害、虫害发生面积分别增加 0.493 亿、0.144 亿、0.349 亿公顷次。平均降水强度每增加 1 mm/d，将使水稻病虫害、病害、虫害发生面积分别增加 0.361 亿、0.119 亿、0.242 亿公顷次。平均日照时数每减少 100 h，将使水稻病虫害、病害、虫害发生面积将分别增加 0.769 亿、0.251 亿、0.518 亿公顷次(表 6.11，图 6.32～6.34)。

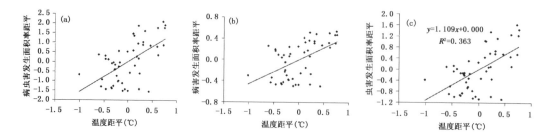

图 6.32　水稻病虫害(a)、病害(b)、虫害(c)发生面积率距平与 6—8 月温度距平关系

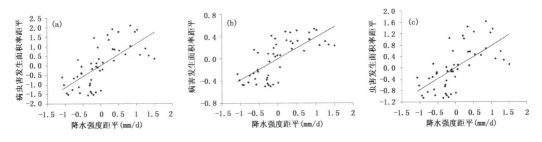

图 6.33　水稻病虫害(a)、病害(b)、虫害(c)发生面积率距平与 6—8 月降水强度距平关系

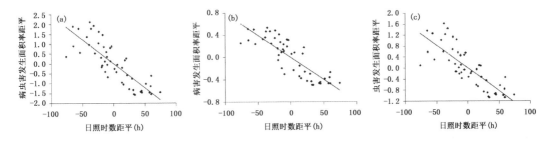

图 6.34　水稻病虫害(a)、病害(b)、虫害(c)发生面积率距平与 6—8 月日照时数距平关系

第四节　农业病虫害对粮食作物生产的影响

一、农业病虫害对粮食作物总产的影响

1. 水稻

1961—2010 年,中国水稻总产从 1961 年的 536.4 亿 kg 增加到 2010 年的 1957.6 亿 kg,增加到原来 3.65 倍。防治后,病虫害导致的中国水稻产量实际损失由 1961 年的 7.56 亿 kg 增加到 2010 年的 51.74 亿 kg,增加到原来的 6.84 倍。其中,病害导致的水稻产量实际损失由 1961 年的 0.79 亿 kg 增至 2010 年的 24.66 亿 kg,增加到原来的 31.22 倍;虫害导致的水稻产量实际损失由 1961 年的 6.77 亿 kg 增至 2010 年的 27.09 亿 kg,增加到原来的 4.00 倍(表 6.12)。

表 6.12　1961—2010 年防治后病虫害导致的中国水稻总产量实际损失(单位:10^8 kg)

	1961 年	2010 年	增加倍数	1961—2010 年	
				平均值	最大值
中国水稻总产	536.4	1957.6	2.65	1508.71	2007.36
防治后,病虫害导致的水稻产量实际损失	7.56	51.74	5.84	33.28	63.04
防治后,病害导致的水稻产量实际损失	0.79	24.66	30.22	13.93	27.23
防治后,虫害导致的水稻产量实际损失	6.77	27.09	3.00	19.35	39.11

1961—2010 年,防治后病虫害导致的中国水稻总产实际损失平均为 33.28 亿 kg,实际损

失超过平均值的年份有 25 年，占总年份的 50%；实际损失超过 40 亿 kg 的年份有 15 年，占 30%；实际损失超过 50 亿 kg 的年份有 8 年，占 16%；实际损失超过 60 亿 kg 的年份有 2 年，占 4%。病虫害导致的中国水稻产量实际损失最大值出现在 2005 年，达到 63.04 亿 kg。

1961—2010 年，防治后病害导致的中国水稻总产实际损失平均为 13.93 亿 kg，实际损失超过平均值的年份有 30 年，占总年份的 60%；实际损失超过 15 亿 kg 的年份有 28 年，占 56%；实际损失超过 20 亿 kg 的年份有 12 年，占 24%；实际损失超过 25 亿 kg 的年份有 3 年，占 6%。病害导致的中国水稻产量实际损失最大值出现在 1990 年，达到 27.23 亿 kg。

1961—2010 年，防治后虫害导致的中国水稻总产实际损失平均为 19.35 亿 kg，实际损失超过平均值的年份有 20 年，占总年份的 40%；实际损失超过 25 亿 kg 的年份有 10 年，占 20%；实际损失超过 30 亿 kg 的年份有 7 年，占 14%；实际损失超过 35 亿 kg 的年份有 4 年，占 8%。虫害导致的中国水稻产量实际损失最大值出现在 2005 年，达到 39.11 亿 kg。

2. 小麦

1961—2010 年，中国小麦总产从 1961 年的 142.5 亿 kg 增加到 2010 年的 1151.8 亿 kg，增加到原来的 8.08 倍。防治后，病虫害导致的中国小麦产量实际损失由 1961 年的 4.88 亿 kg 增加到 2010 年的 42.70 亿 kg，增加到原来的 8.75 倍。其中，病害导致的小麦产量实际损失由 1961 年的 2.48 亿 kg 增至 2010 年的 25.12 亿 kg，增加到原来的 10.13 倍；虫害导致的小麦产量实际损失由 1961 年的 2.40 亿 kg 增至 2010 年的 17.58 亿 kg，增加到原来的 7.33 倍（表 6.13）。

表 6.13　1961—2010 年防治后病虫害导致的中国小麦总产量实际损失（单位：10^8 kg）

	1961 年	2010 年	增加倍数	1961—2010 年	
				平均值	最大值
中国小麦总产	142.5	1151.8	7.08	720.96	1232.87
防治后，病虫害导致的小麦产量实际损失	4.88	42.70	7.75	22.22	70.35
防治后，病害导致的小麦产量实际损失	2.48	25.12	9.13	12.61	57.01
防治后，虫害导致的小麦产量实际损失	2.40	17.58	6.33	9.61	26.63

1961—2010 年，防治后病虫害导致的中国小麦总产实际损失平均为 22.22 亿 kg，实际损失超过平均值的年份有 23 年，占总年份的 46%；实际损失超过 30 亿 kg 的年份有 15 年，占 30%；实际损失超过 40 亿 kg 的年份有 5 年，占 10%；实际损失超过 50 亿 kg 的年份有 2 年，占 4%；实际损失超过 60 亿 kg 的年份有 1 年，占 2%。病虫害导致的中国小麦产量实际损失最大值出现在 1990 年，达到 70.35 亿 kg。

1961—2010 年，防治后病害导致的中国小麦总产实际损失平均为 12.61 亿 kg，实际损失超过平均值的年份有 20 年，占总年份的 40%；实际损失超过 20 亿 kg 的年份有 10 年，占 20%；实际损失超过 30 亿 kg 的年份有 3 年，占 6%；实际损失超过 40 亿 kg 的年份有 1 年，占 2%。病害导致的中国小麦产量实际损失最大值出现在 1990 年，达到 57.01 亿 kg。

1961—2010 年，防治后虫害导致的中国小麦总产实际损失平均为 9.61 亿 kg，实际损失超过平均值的年份有 24 年，占总年份的 48%；实际损失超过 15 亿 kg 的年份有 12 年，占 24%；实际损失超过 20 亿 kg 的年份有 2 年，占 4%；实际损失超过 25 亿 kg 的年份有 1 年，占 2%。虫害导致的中国小麦产量实际损失最大值出现在 2009 年，达到 26.63 亿 kg。

3. 玉米

1961—2010 年,中国玉米总产从 1961 年的 154.9 亿 kg 增加到 2010 年的 1772.5 亿 kg,增加到原来的约 11.44 倍。防治后,病虫害导致的中国玉米产量实际损失由 1961 年的 3.16 亿 kg 增加到 2010 年的 53.73 亿 kg,增加到原来的约 17.00 倍。其中,病害导致的玉米产量实际损失由 1961 年的 0.43 亿 kg 增至 2010 年的 12.87 亿 kg,增加到原来的约 29.93 倍;虫害导致的玉米产量实际损失由 1961 年的 2.72 亿 kg 增至 2010 年的 40.86 亿 kg,增加到原来的 15.02 倍(表 6.14)。

表 6.14　1961—2010 年防治后病虫害导致的中国玉米总产量实际损失(单位:10^8 kg)

	1961 年	2010 年	增加倍数	1961—2010 年	
				平均值	最大值
中国玉米总产	154.9	1772.5	10.44	795.63	1772.45
防治后,病虫害导致的玉米产量实际损失	3.16	53.73	16.00	17.04	53.73
防治后,病害导致的玉米产量实际损失	0.43	12.87	28.93	4.23	13.19
防治后,虫害导致的玉米产量实际损失	2.72	40.86	14.02	12.82	40.86

1961—2010 年,防治后病虫害导致的中国玉米总产实际损失平均为 17.04 亿 kg,实际损失超过平均值的年份有 22 年,占总年份的 44%;实际损失超过 20 亿 kg 的年份有 20 年,占 40%;实际损失超过 30 亿 kg 的年份有 12 年,占 24%;实际损失超过 40 亿 kg 的年份有 3 年,占 6%。病虫害导致的中国玉米产量实际损失最大值出现在 2010 年,达到 53.73 亿 kg。

1961—2010 年,防治后病害导致的中国玉米总产实际损失平均为 4.23 亿 kg,实际损失超过平均值的年份有 18 年,占总年份的 36%;实际损失超过 5 亿 kg 的年份有 17 年,占 34%;实际损失超过 10 亿 kg 的年份有 8 年,占 16%。病害导致的中国玉米产量实际损失最大值出现在 1996 年,达到 13.19 亿 kg。

1961—2010 年,防治后虫害导致的中国玉米总产实际损失平均为 12.82 亿 kg,实际损失超过平均值的年份有 23 年,占总年份的 46%;实际损失超过 20 亿 kg 的年份有 13 年,占 26%;实际损失超过 30 亿 kg 的年份有 2 年,占 4%;实际损失超过 40 亿 kg 的年份有 1 年,占 2%。虫害导致的中国玉米产量实际损失最大值出现在 2010 年,达到 40.86 亿 kg。

二、农业病虫害对粮食作物单产的影响

1. 水稻

1961—2010 年,中国水稻平均单产为 321.85 kg/亩,从 1961 年的 136.10 kg/亩增加到 2010 年的 436.87 kg/亩,增加到原来的 3.21 倍。防治后,病虫害导致的中国水稻单产实际损失仍由 1961 年的 1.92 kg/亩增至 2010 年的 11.55 kg/亩,增加到原来的 6.02 倍;其中,病害导致的中国水稻单产实际损失由 1961 年的 0.20 kg/亩增至 2010 年的 5.50 kg/亩,增加到原来的 27.50 倍;虫害导致的中国水稻单产实际损失由 1961 年的 1.72 kg/亩增至 2010 年的 6.04 kg/亩,增加到原来的 3.51 倍(表 6.15)。

1961—2010 年,防治后病虫害导致的中国水稻单产实际损失平均为 7.14 kg/亩,实际损失超过平均值的年份有 24 年,占总年份的 48%;实际损失超过 10 kg/亩的年份有 9 年,占

表 6.15　1961—2010 年防治后病虫害导致的中国水稻单产实际损失(单位:kg/亩)

	1961 年	2010 年	增加倍数	1961—2010 年	
				平均值	最大值
中国水稻单产	136.10	436.87	2.21	321.85	439.02
防治后,病虫害导致的水稻单产实际损失	1.92	11.55	5.02	7.14	14.57
防治后,病害导致的水稻单产实际损失	0.20	5.50	26.50	2.99	6.30
防治后,虫害导致的水稻单产实际损失	1.72	6.04	2.51	4.16	9.04

18%;实际损失超过 12 kg/亩的年份有 6 年,占 12%;实际损失超过 14 kg/亩的年份有 1 年,占 2%。病虫害导致的水稻单产实际损失最大值出现在 2005 年,达到 14.57 kg/亩。

1961—2010 年,防治后病害导致的中国水稻单产实际损失平均为 2.99 kg/亩,实际损失超过平均值的年份有 28 年,占总年份的 56%;实际损失超过 4 kg/亩的年份有 18 年,占 36%;实际损失超过 5 kg/亩的年份有 7 年,占 14%;实际损失超过 6 kg/亩的年份有 1 年,占 2%。病害导致的水稻单产实际损失最大值出现在 2004 年,达 6.30 kg/亩。

1961—2010 年,防治后虫害导致的中国水稻单产实际损失平均为 4.16 kg/亩,实际损失超过平均值的年份有 19 年,占总年份的 38%;实际损失超过 5 kg/亩的年份有 13 年,占 26%;实际损失超过 7 kg/亩的年份有 6 年,占 12%;实际损失超过 9 kg/亩的年份有 1 年,占 2%。虫害导致的水稻单产实际损失最大值出现在 2005 年,达 9.04 kg/亩。

据 2005 年在江西省余干县农科所试验田进行的水稻主要病虫不防治对产量影响的试验(黄敏等,2006),与常规防治比较,早稻纹枯病不防治、一代二化螟不防治、完全不防治的产量损失率分别为 3.68%、27.37%、30.26%;与常规防治比较,晚稻螟虫不防治、稻飞虱不防治、纹枯病不防治、稻纵卷叶螟不防治、完全不防治的产量损失率分别为 38.56%、47.03%、15.68%、41.53%、48.73%。据 2005—2008 年在江西省泰和县冠朝镇冠朝村二组进行的早稻、晚稻生长期间病虫害防治与不防治对比试验(徐海莲等,2010),4 年全程不防治区平均稻谷产量 3179.74 kg/hm²,平均损失率 51.26%,晚稻平均损失率比早稻多约 4 个百分点;损失最少的也达到 35.88%(2008 年早稻);病虫发生重时,不防治区产量低,损失大,如 2006 年早稻病虫发生最重,不防治区产量最低(1921.5 kg/hm²),较防治区(5803.95 kg/hm²)减少 66.89%。据 2009 年在上海市金山区廊下镇单季稻田进行的水稻病虫草综合危害损失评估试验(吴育英等,2010),2009 年非防区病虫损失率为 96.84%,较农民自防区远远高出 83.45%,较杂草防除区高出 39.83%。

2. 小麦

1961—2010 年,中国小麦平均单产为 178.39 kg/亩,从 1961 年的 37.15 kg/亩增加到 2010 年的 316.56 kg/亩,增加到原来的 8.52 倍。防治后,病虫害导致的中国小麦单产实际损失由 1961 年的 1.27 kg/亩增至 2010 年的 11.74 kg/亩,增加到原来的 9.24 倍;其中,病害导致的中国小麦单产实际损失由 1961 年的 0.65 kg/亩增至 2010 年的 6.90 kg/亩,增加到原来的 10.62 倍;虫害导致的中国小麦单产实际损失由 1961 年的 0.62 kg/亩增至 2010 年的 4.83 kg/亩,增加到原来的 7.79 倍(表 6.16)。

1961—2010 年,防治后病虫害导致的中国小麦单产实际损失平均为 5.51 kg/亩,实际损失超过平均值的年份有 23 年,占总年份的 46%;实际损失超过 10 kg/亩的年份有 6 年,占

表 6.16　1961—2010 年防治后病虫害导致的中国小麦单产实际损失(单位:kg/亩)

	1961 年	2010 年	增加倍数	1961—2010 年	
				平均值	最大值
中国小麦单产	37.15	316.56	7.52	178.39	317.47
防治后,病虫害导致的小麦单产实际损失	1.27	11.74	8.24	5.51	15.25
防治后,病害导致的小麦单产实际损失	0.65	6.90	9.62	3.13	12.36
防治后,虫害导致的小麦单产实际损失	0.62	4.83	6.79	2.39	7.31

12%;实际损失超过 15 kg/亩的年份有 1 年,占 2%。病虫害导致的小麦单产实际损失最大值出现在 1990 年,达到 15.25 kg/亩。

1961—2010 年,防治后病害导致的中国小麦单产实际损失平均为 3.13 kg/亩,实际损失超过平均值的年份有 18 年,占总年份的 36%;实际损失超过 5 kg/亩的年份有 11 年,占 22%;实际损失超过 10 kg/亩的年份有 1 年,占 2%。病害导致的小麦单产实际损失最大值出现在 1990 年,达到 12.36 kg/亩。

1961—2010 年,防治后虫害导致的中国小麦单产实际损失平均为 2.39 kg/亩,实际损失超过平均值的年份有 23 年,占总年份的 46%;实际损失超过 5 kg/亩的年份有 2 年,占 4%。虫害导致的小麦单产实际损失最大值出现在 2009 年,达到 7.31 kg/亩。

据 2007—2008 年在江苏省海安县曲塘镇刘圩村进行的小麦病虫害自然损失率估计试验(刘宝发等,2009),与综防区相比,不采取病虫草防治措施,小麦单产减产率可达 39.16%。

3. 玉米

1961—2010 年,中国玉米平均单产为 237.78 kg/亩,从 1961 年的 75.91 kg/亩增加到 2010 年的 363.58 kg/亩,增加到原来的 4.79 倍。防治后,病虫害导致的中国玉米单产实际损失仍由 1961 年的 1.55 kg/亩增至 2010 年的 11.02 kg/亩,增加到原来的 7.11 倍;其中,病害导致的中国玉米单产实际损失由 1961 年的 0.21 kg/亩增至 2010 年的 2.64 kg/亩,增加到原来的 12.57 倍;虫害导致的中国玉米单产实际损失由 1961 年的 1.34 kg/亩增至 2010 年的 8.38 kg/亩,增加到原来的 6.25 倍(表 6.17)。

表 6.17　1961—2010 年防治后病虫害导致的中国玉米单产实际损失(单位:kg/亩)

	1961 年	2010 年	增加倍数	1961—2010 年	
				平均值	最大值
中国玉米单产	75.91	363.58	3.79	237.78	370.38
防治后,病虫害导致的玉米单产实际损失	1.55	11.02	6.11	4.87	11.02
防治后,病害导致的玉米单产实际损失	0.21	2.64	11.57	1.17	3.59
防治后,虫害导致的玉米单产实际损失	1.34	8.38	5.25	3.70	8.38

1961—2010 年,防治后病虫害导致的中国玉米单产实际损失平均为 4.87 kg/亩,实际损失超过平均值的年份有 23 年,占总年份的 46%;实际损失超过 5 kg/亩的年份有 23 年,占 46%;实际损失超过 10 kg/亩的年份有 1 年,占 2%。病虫害导致的玉米单产实际损失最大值出现在 2010 年,达到 11.02 kg/亩。

1961—2010 年,防治后病害导致的中国玉米单产实际损失平均为 1.17 kg/亩,实际损超过平均值的年份有 18 年,占总份的 36%;实际损失超过 2 kg/亩的年份有 14 年,占 28%;实际损失超过 3 kg/亩的年份有 3 年,占 6%。病害导致的玉米单产实际损失最大值出现在1996 年,达到 3.59 kg/亩。

1961—2010 年,防治后虫害导致的中国玉米单产实际损失平均为 3.70 kg/亩,实际损失超过平均值的年份有 24 年,占总年份的 48%;实际损失超过 5 kg/亩的年份有 20 年,占 40%;实际损失超过 7 kg/亩的年份有 2 年,占 4%。虫害导致的玉米单产实际损失最大值出现在2010 年,达到 8.38 kg。

据 2004—2005 年在沈阳农业大学植物保护学院实验田进行的春玉米主要病虫害损失试验(刘亚臣等,2006),玉米丝黑穗病导致的最高损失率达到 84.31%,弯孢叶斑病导致的最高损失率达到 38.24%,大斑病导致的最高损失率达到 40.78%,玉米螟导致的最高损失率达到57.56%。病虫之间存在复合危害关系,复合产量损失率占四者单独造成产量损失率之和的 41.48%。

第五节　未来农业病虫害演变趋势

据国家气候中心分析预测,中国未来气候变暖趋势将进一步加剧。与 2000 年相比,2020年中国年平均地表气温将升高 0.5~0.7℃,2050 年将升高 1.2~2.0℃,2070 年将升高 2.2~3.0℃。与此同时,未来 100 年中国极端天气气候事件发生的概率增大,中国将面临更明显的大旱、大涝、大冷、大暖的气候变化,旱涝等气象灾害和与天气气候密切相关的农业病虫害的出现频率、影响范围、危害程度将会增加。

未来气候变暖可使中国农业害虫的越冬界限北移 1~4 个纬度,繁殖代数增加 1~2 个世代;害虫春季北迁时间提前,秋季南迁时间推迟,迁飞范围扩大;虫害发生趋势加重。气候变暖有利于农作物病害的越冬、繁殖和侵染,发生流行的地理范围扩大,并使原危害不严重的温凉气候区危害加重。气候变暖将导致中国主要粮棉作物病虫害(水稻稻飞虱、稻纵卷叶螟,小麦蚜虫、吸浆虫、红蜘蛛,玉米螟,棉花蚜虫、红蜘蛛、棉铃虫,水稻纹枯病、白叶枯病、稻瘟病,小麦条锈病、白粉病、赤霉病、纹枯病等)发生趋势加重,将有中国大发生或区域大发生的可能。如不进行防治,病虫害导致的产量损失将达 70%以上。

气候变化背景下,年平均温度每升高 1℃,病虫害发生面积将增加 1.57 亿公顷次;年平均降水强度每增加 1 mm/d,病虫害发生面积将增加 1.72 亿公顷次;年平均日照时数每减少100 h,病虫害发生面积将增加 0.94 亿公顷次。

气候变化背景下,小麦全生育期平均温度增加 1℃将导致小麦病虫害发生面积增加 0.285亿公顷次;平均降水强度增加 1 mm/d 将使小麦病虫害发生面积增加 0.353 亿公顷次;平均日照时数减少 100 h 将使小麦病虫害发生面积增加 0.275 亿公顷次。玉米全生育期平均温度增加 1℃将使玉米病虫害发生面积增加 0.176 亿公顷次;平均降水强度增加 1 mm/d 将使玉米病虫害发生面积增加 0.151 亿公顷次;平均日照时数减少 100 h 将使玉米病虫害发生面积增加0.174 亿公顷次。水稻全生育期平均温度增加 1℃将使水稻病虫害发生面积增加 0.594 亿公顷次;平均降水强度增加 1 mm/d 将使水稻病虫害发生面积增加 0.499 亿公顷次;平均日照时数减少 100 h,将使水稻病虫害发生面积增加 0.534 亿公顷次。

第七章 主要粮食作物种植制度变化

种植制度指某地区或生产单位在一定历史时期内为适应当地自然社会经济条件与科学技术水平而形成的作物组成及其种植方式的技术体系,包括作物结构与布局、熟制与种植方式。中国幅员辽阔,各地的气候、土壤、作物及经济条件差异显著。一个地区的种植制度体现了该地区农作物生产的战略部署,涉及气候、土壤、地貌、人口、作物种类、水肥条件及社会经济等多种因素,其中热、水、光等气候因素在很大程度上起着决定性作用(韩湘玲等,1986)。伴随气候变化,热量资源增加,中国主要粮食作物的种植界限将北移、复种指数提高;作物品种由早熟向中晚熟发展,作物单产有所增加(张厚瑄,2000;王馥棠,2002)。

第一节 种植制度区域分异

中国地跨温带、亚热带和热带,属季风气候,各地温度和降水差异明显。中国种植制度当前主要有一年一熟、一年二熟、一年三熟、二年三熟、间作套种等,土地利用率高,2008年的复种指数达128.4%。气候条件的不同使得中国各地区的种植制度也不同。

东北平原地区。土地平坦、肥沃,气候温和湿润,无霜期140～170 d,≥10℃积温达1300～3700 ℃·d,年降水量500～800 mm。以种植玉米、大豆、水稻、高粱、粟和春小麦为主,实行玉米—大豆—小麦等形式的轮作,一年一熟。

黄淮海平原地区。中国最大的平原。有耕地2.6亿亩,气候温暖,无霜期177～220 d,≥10℃积温3400～4700 ℃·d,年降水量500～950 mm,盛行灌溉,有效灌溉面积约占耕地面积的50%,是小麦、棉花、玉米和大豆的主要产地。黄河以北旱地因水分限制以一年一熟为主,水浇地普遍实行一年二熟制,并广泛采用麦田套种玉米方式;黄河以南淮河以北,无论是旱地还是水浇地均以一年二熟为主。棉花则以一熟制为主,麦棉套种多在南部地区发展。

长江中下游平原丘陵地区。土地肥沃,具有典型的亚热带季风气候,温暖湿润,无霜期210～280 d,≥10℃积温4500～5600 ℃·d,年降水量800～1600 mm。以种植水稻为主,兼产棉、麻、油菜、蚕丝和茶等。长江以北江淮之间多实行稻麦两熟制,长江以南则多双季稻,盛行绿肥—稻—稻、油菜—稻—稻,或麦—稻—稻等三熟制,是世界上集约化种植水平最高的地区之一。

华南地区。属于南亚热带和热带范畴。气候暖热,无霜期330～360 d,≥10℃积温6500～9300 ℃·d,年降水量1200～2500 mm,水热资源十分丰富。土壤多为砖红壤和红壤,沿海多冲积土。以种植双季稻为主,冬季除小麦外,南部还可种植水稻、甘薯或玉米,多一年三熟,并有种植甘蔗、橡胶树、油棕、咖啡、剑麻等热带经济作物和热带水果等的独特条件。

西南高原盆地地区。海拔200～3000 m,大部分为山地和高原,其间穿插着丘陵盆地和平坝,具有"立体农业"的特点。气候属亚热带类型,无霜期 210～340 d,≥10℃积温 3500～6500 ℃·d,年降水量 800～1600 mm。种植制度十分复杂,在同一局部地区位于底部的河川谷地或平坝主要是水田,以麦—稻、油菜—稻、蚕豆—稻等一年二熟制为主;而位于较高处的旱坡地则主要种植单季稻或甘薯、玉米等,实行一年一熟或麦—玉米(甘薯、玉米)旱作二熟制。其中,成都盆地的水分和热量条件均较优越,得天独厚,水田以麦—稻二熟为主,旱丘地则多行麦、玉米、甘薯套种的一年三熟或二熟制。

西北高原地区。海拔一般高达 500～3000 m,气候温凉干旱,无霜期 100～220 d,≥10℃积温 2000～4500 ℃·d,农区的年降水量约为 250～600 mm。主要以种植春小麦、冬小麦、玉米以及喜凉的马铃薯、莜麦等为主,一般为一年一熟,并有少量的全年休闲地。新疆、河西走廊、银川平原及河套灌区以灌溉农业为主,种植小麦、玉米、水稻,还有少量棉花、甜菜;南疆气候温暖,多实行一年二熟。

青藏高原地区。耕地主要分布在海拔 1000～4700 m 的河谷地带,无霜期 100～180 d,≥10℃积温 1000～3000 ℃·d,年降水量 300～800 mm。主要种植青稞、小麦、莜麦、马铃薯、豌豆和油菜等作物,一年一熟,多轮荒。

中国农业气候带和种植制度的划分主要以热量条件为依据,≥10℃积温的年变化可引起农业气候带的波动,一般采用≥10℃积温作为标准划分作物熟制(表 7.1)。中国作物熟制变化表明,20 世纪 70 年代较 60 年代三熟制区域相对北移,其后 20 年三熟制界限基本维持原状,80 年代甚至还有一定程度的南退。2000 年之后作物熟制变化明显,较 20 世纪 90 年代显著北移。新疆南部熟制变化明显,二熟三收制得到大力推广,小麦留行套种、麦收后再复播种模式可提高复种指数。辽宁省与河套西部地区春小麦套种玉米复种指数明显提高。适宜发展三熟制的区域 20 世纪 70 年代较 60 年代有所扩大,到 1980 年之后河南省的南部和安徽省大部地区热量资源均能满足三熟制的要求,理论上可以大力发展三熟制;20 世纪 80—90 年代的 20 年间,三熟制区域几乎没有发生明显变化,但 2000 年之后适宜发展三熟制的面积呈显著增加趋势,河南省除北部小部分地区为两熟外,全省理论上均可以发展三熟制;河北省南部的小部地区也开始有三熟制出现(李祎君等,2010)。

表 7.1　≥10℃积温与作物熟制关系(李祎君等,2010)

积温(℃·d)	熟制	作物配置
<3400	一熟制	小麦、玉米、大豆、谷子、高粱等
3400～4000	两年三熟	冬小麦复种早熟荞麦、糜子等
4000～4800	二熟制	冬小麦复种玉米、谷子、甘薯、大豆或者稻麦两熟
≥4800	三熟制	双季稻加冬作油菜、大麦或者小麦

第二节　作物种植北界变化及其产量效应

全球气候变化背景下,伴随着热量资源增加,中国种植制度和作物布局亦将发生相应的改变。

一、种植制度北界变化及其产量效应

根据中国种植制度区划零级带指标,利用1950—2007年气候资料,对气候变暖下中国种植制度界限的变化评估表明(杨晓光等,2010;2011):

(1)1981—2007年,随着温度的升高、积温的增加,中国一年两熟制、一年三熟制的作物可能种植北界较50年代至1980年均有不同程度北移。

(2)与50年代至1980年相比,1981—2007年一年两熟作物种植北界空间位移最大的省(市)有陕西东部、山西、河北、北京和辽宁。其中,在山西省、陕西省、河北省境内平均北移26 km,辽宁省南部地区,由原来的40°1′～40°5′N之间的小片区域可种植一年两熟作物,变化到辽宁省绥中、鞍山、营口、大连一线。一年两熟制耕地面积增加了104.50万 hm²,其中,辽宁省一年两熟耕地面积增加最多为42.81万 hm²,河北、山西、北京分别增加22.54万、21.21万、11.66万 hm²,四川和云南分别增加3.60万和2.67万 hm²。

(3)与建站至1980年相比,基于1981—2007年气候资料所确定的一年三熟作物种植北界空间位移最大的省份有湖北省、安徽省、江苏省和浙江省,在浙江省和江苏省,分界线由杭州一线跨越到江苏吴县东山一线,北移约103 km;安徽巢湖和芜湖附近北移约127 km;安徽其他地区平均北移29 km;湖北省钟祥以东地区北移35 km;湖南沅陵附近北移28 km(图7.1)。一年三熟耕地面积增加335.96万 hm²,其中安徽省一年三熟制耕地增加最多为103.38万 hm²,其次为浙江、湖北、上海、湖南、贵州、云南和江苏增加了62.18万、48.01万、32.18万、28.38万、22.00万、17.67万和17.53万 hm²,河南和广西分别增加了4.03万和0.61万 hm²。

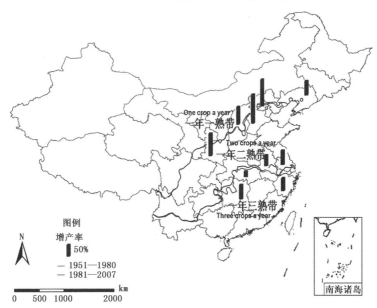

图 7.1　1981—2007年中国种植制度北界与50年代至1980年相比的可能变化及增产率
(杨晓光等,2010;2011)

由于中国各地作物种植模式复杂多样,在此选择当地有代表性的种植模式阐明种植制度北界的变化对产量的可能影响。以春玉米和冬小麦—夏玉米分别作为一年一熟区和一年二熟区的代表性种植模式,分析一年一熟区变为一年二熟区后作物产量的变化;以冬小麦—中稻和冬小麦—早稻—晚稻分别作为一年二熟区和一年三熟区的代表性种植模式,分析一年二熟区变为一年三熟区后作物产量的变化(图 6.1)。在种植制度界限变化的区域,不考虑品种变化、社会经济等因素的前提下,种植制度界限的变化将使粮食单产获得不同程度的增加。由一年一熟变成一年二熟,陕西省、山西省、河北省、北京市和辽宁省的粮食单产可分别增加 82%、64%、106%、99%和 54%;由一年二熟变成一年三熟,湖南省、湖北省、安徽省、浙江省的粮食单产可分别增加 52%、27%、58%和 45%。目前,在江苏省当地没有种植双季稻,但气候变暖将使一年三熟种植制度北界北移,如果种植冬小麦—早稻—晚稻替换目前的冬小麦—中稻模式,将使产量增加约 37%。

二、水稻种植北界及其产量效应

水稻是中国重要的粮食作物之一,年种植面积约 3000 万 hm²,占粮食作物种植面积的三分之一左右,稻谷产量占粮食总产量的 45%。双季稻三熟制是在双季稻基础上再种植一季旱作作物(包含冬绿肥)的一年三熟制,主要分布在 20°~32°N 雨热同季的东南亚稻区。中国长江以南的亚热带正好处在这一地区的中心地带,是双季稻三熟制的主要分布地区。近年来,由于气候变暖导致积温增加,使得双季稻适种气候范围发生了变化。利用已有研究指标≥10℃积温满足 5300℃·d 对气候变化下双季稻种植界限的可能影响表明(杨晓光等,2010):与 50 年代至 1980 年相比,基于气候资源确定的 1981—2007 年中国双季稻种植北界在浙江省境内平均北移 47 km;安徽省境内平均北移 34 km;湖北省和湖南省境内平均北移 60 km(图 7.2)。目前,这些地区的部分农民因双季稻费工、投入高等原因,并没有实际种植双季稻,但从气候资源分析,这些地区可以种植双季稻。

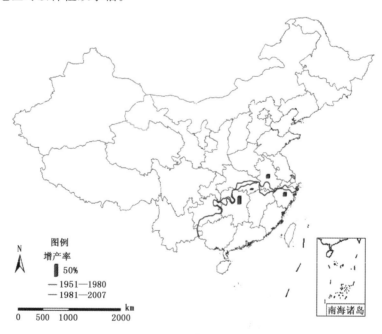

图 7.2　1981—2007 年双季稻种植北界与 50 年代至 1980 年相比的可能变化及增产率

(杨晓光等,2010)

双季稻界限的移动使得原有的稻—麦两熟区变成可种植双季稻区域,选取由麦—稻种植模式转变为肥—稻—稻种植模式,比较分析双季稻种植北界变动引起的产量变化。目前,从气候资源分析,浙江省、安徽省、湖北省、湖南省由麦—稻模式转变为肥—稻—稻模式是可行的,以早稻和晚稻替换小麦和中稻,作物单产分别可增加 13.8%、12.2%、1.8% 和 29.9%。未来气候变暖将使这些地区的热量资源更为丰富,如果水资源满足,这些区域可以种植越冬作物—双季稻三熟制作物。

北方稻区种植面积虽小,但其中的东北稻区产量潜力大、米质优。气候变暖为东北地区的水稻发展提供了有利条件,许多新的栽培措施(薄膜覆盖、旱育稀植、旱育抛秧等)使过去仅在南方大量种植的水稻,近年来在东北有了瞩目发展。截至 2005 年,东北稻区水稻种植面积已发展到近 335 万 hm^2,占中国总种植面积的 11.16%,占中国粳稻总种植面积的 45.9%。双季稻三熟制是由双季稻与一季旱作作物(包含冬绿肥)组成的一年三熟制,主要分布在 20°～32° N 雨热同季的东南亚稻区。中国长江以南的亚热带地区处于东南亚稻区中心地带,气候变暖将可能使得双季稻的适种范围发生变化。中国南方双季稻种植的主要省份为长江以南温暖湿润的亚热带地区,播种面积达 133 万 hm^2,占水稻总面积的三分之二。未来气候变暖将使这些地区的热量资源更为丰富,在水分满足要求的地区,种植制度可能向一年三熟的方向发展,大多耕地将实施稻—稻—越冬作物的种植方式(张厚瑄,2000)。

≥10℃ 积温代表着一个地区作物生长期温度条件,即 ≥10℃ 积温的变化反映出一个地区农作物可能的种植状况。黑龙江省纬度高,是中国热量资源最少的区域,气温 ≥10℃ 的日数在 110～160 d,积温 2000～3000℃·d,受热量条件限制,作物和品种都存在明显的北界。进入 20 世纪 80 年代,全省气候明显变暖,≥10℃ 的积温近 20 年(1981—2000 年)较 1951—1980 年明显增加,增加幅度最大达 100℃·d。随着气候变暖,黑龙江省满足水稻种植临界积温(≥10℃ 积温达 2200℃·d)的地区明显北移东扩,水稻种植界限也随之北移。支持大范围水稻种植的临界温度条件为 ≥10℃ 积温 2300～2400℃·d,积温增加后,原水稻种植区保持不变的同时,水稻集中种植区随 ≥10℃ 积温 2300～2400℃·d 线北移。在变化幅度上,水稻的种植北界向北移动约 1.5 个纬度,水稻集中种植区北移约 1 个纬度,与 ≥10℃ 积温 2300～2400℃·d 等温线一致。部分原来玉米生长的优势地区,由于满足了更加喜暖的作物水稻的种植条件,而水稻在经济收益上更有优势,所以玉米被扩充的水稻所代替。黑龙江省水稻播种面积近 20 年来大幅增加,种植北界已经移至约 52°N 的呼玛等地区(李祎君等,2010;云雅如等,2005)。水稻种植品种提高 1～2 个熟级,且使原水稻种植的次适宜区变为适宜区,原来的不适宜区部分转变为适宜区。原来水稻种植次适宜和不适宜区的 47°N 以北地区,水稻种植面积的相对增长比例最大,1993 年水稻种植面积达 1985 年的 2.5 倍以上(方修琦等,2000)。

三、小麦种植北界及其产量效应

冬小麦受气候、品种越冬性和栽培技术等影响,具有一定的种植边界。近年来相继选育和成功引进的高抗寒冷的强冬性和超强冬性品种为冬小麦北移提供了品种条件,而栽培技术的创新与改进,如沟播、覆盖、冬灌、调节播期、化学药剂处理等综合农业技术运用,改善了冬小麦的御寒条件和抗寒性能,为冬小麦安全越冬创造了必要条件(高志强等,2004)。尽管如此,气候条件仍是影响冬小麦生产的重要因素。

金善宝(1995)认为,中国北方冬麦区大体上是在长城以南,秦岭、淮河以北,六盘山以东,包括河北、山西绝大部分,陕西中北部,甘肃陇东,山东全省,江苏、安徽两省淮河以北地区以及辽宁的辽东半岛南部,此外还有新疆的一些盆地。而东北3省和内蒙古自治区以及河北省北部地区,除南部边缘地区为冬、春麦交错地带外,其余地区一直被认为是春麦区,冬小麦不能在这些地区种植。冬麦北移是指在冬春麦交错地带、传统上春麦区和冬季有稳定积雪地带,由春麦改种冬麦和扩大冬麦种植面积,也就是将中国冬小麦产区从长城以南地区向北延伸,在北方寒地适宜地区种植冬小麦(邹立坤等,2001)。

　　20世纪50年代以来,中国学者以多年平均极端最低气温-22℃,冬季负积温-550~-600℃·d作为冬麦发生严重冻害指标,将冬小麦北界定在长城沿线。全球气候变化为冬小麦的北移种植提供了可能。自60年代后期至70年代初起,中国农学专家和农业气象专家在东北地区进行了大规模的冬麦北移试验(郝志新等,2002)。随着气候的变迁和生产条件的改变,冬小麦的种植北界也在变动。30年代,中国冬小麦种植大体以1月平均气温-6℃等温线为北界,东段长城以北的河北北部、辽宁南部,西段长城以南的陕北、陇东大部,河西走廊和新疆北部都只种植春小麦。50年代,辽宁省的瓦房店、普兰店及华北长城沿线1月平均气温-8℃以上地区已开始种植冬小麦,长城以北和黄土高原北部、新疆北部也开始试种,并取得小面积成功。60年代,随着水浇条件的改善,冬小麦种植北界继续北移,新疆北部形成稳定的冬小麦产区。大体上在长城以南,秦岭、淮河以北,六盘山以东,包括河北、山西绝大部分、陕西中北部、甘肃陇东、山东全省和江苏、安徽两省淮河以北地区以及辽宁的辽东半岛南部,此外还有新疆的一些盆地,而东北3省和内蒙古自治区以及河北省北部地区,除南部边缘地区为冬、春麦交错地带外,其余地区一直被认为是春麦区,冬小麦不能在这些地区种植。70年代前期,生产条件的进一步改善及连续的暖冬,冬小麦种植北界大幅度向北推进,1月平均气温-10℃的张家口、承德和沈阳等地也已经有冬小麦的种植。70年代后期和80年代初,北方连续遭受严重冻害,再加上当时缺乏较合理的配套栽培技术措施,北界地区死苗相当严重,有的甚至绝收,此后冬小麦的种植北界有所后退。但辽宁省南部和西部、河北省张家口和承德两地区仍有部分冬小麦种植,种植北界仍较50年代北移超过100 km,黄土高原北部和河西走廊也保留了较大的冬麦面积(李祎君等,2010)。

　　气候变暖和强冬性品种的引进为冬小麦北移种植提供了可能。20世纪90年代以来,辽宁省冬小麦适宜种植区得到明显扩大,种植北界北移至凌源—喀左—朝阳—北票—阜新—沈阳—岫岩—凤城一带,最适宜区主要分布于辽南、辽河平原下游、辽西走廊、义县和朝阳部分谷地地区(纪瑞鹏等,2009)。1991—1999年辽宁省冬小麦地理播种试验表明(郝志新等,2002),辽宁省冬小麦种植北界为本溪—抚顺—法库—彰武—阜新—北票—朝阳一线(约42.5°N),较中国过去所确定的冬小麦种植北界(长城沿线)北移1~2个纬度(图7.3)(郝志新等,2001)。20世纪60年代中国西北地区东部冬小麦北界在陕西延安(-483℃·d)、甘肃庆阳(-458℃·d)、庄浪(-446℃·d)、陇西(-448℃·d)一带,而90年代北界向北扩展到陕西绥德(-418℃·d)、宁夏中宁(-429℃·d)、甘肃景泰(-445℃·d)一带(邓振镛等,2008b)。气候变暖导致的冬季温度升高为冬小麦安全越冬提供了热量保障,有助于冬小麦种植北界的北移。

　　刘德祥等(2005)认为,最冷月-8℃等温线构成了中国冬小麦种植北界和海拔高度的上界。据此,西北地区冬小麦种植北界在20世纪90年代较60年代北扩100 km,海拔上界上升100~400 m。60年代南疆盆地最冷月≥-8℃的地区仅在76°~83°E,35°~40°N;而西北地区东部界线在陕西吴旗(-7.8℃)、甘肃环县(-7.5℃)和宁夏中宁(-7.5℃)一带的南部

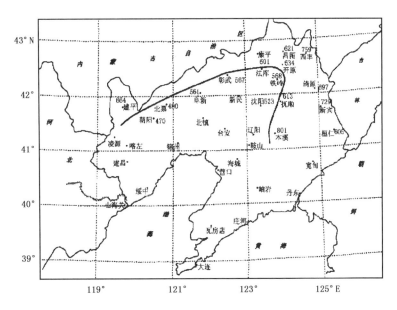

图 7.3　1991—1999 年辽宁省冬小麦种植北界(郝志新等,2001)

(37°N)地区,西界(103°E)在甘肃兰州(−7.2℃)以东,青海东部的黄河沿岸,如贵德和共和也小于−8℃。90 年代最冷月≥−8℃的地区,在南疆盆地已扩展到76°~87°E,41°~42.5°N;西北地区东部北界(38°N)向北扩展到陕西横山(−8.0℃)和宁夏银川(−7.9℃)一带,西界(102°E)扩展到甘肃凉州(−7.7℃),青海的贵德、西宁、班玛、囊谦、门源、玉树等地也小于−8℃。甘肃省陇中地区,过去冬小麦种植区北界位于通渭县,近年来种植区域在逐年扩大,而且在海拔2000 m左右的地方扩种冬小麦。

全球气候变暖背景下,中国中高纬度地区冬季温度明显升高,特别是冬季最低温度的升高表现得更加明显,为冬小麦的安全越冬提供了热量保障。与 50 年代至 1980 年相比,1981—2007 年由于气候变暖导致中国北方冬小麦种植北界不同程度地北移西扩(杨晓光等,2010;2011),冬小麦种植北界空间位移最大的省(区)有辽宁、河北、山西、陕西、内蒙古、宁夏、甘肃和青海。辽宁东部平均北移 120 km,西部平均北移 80 km;河北平均北移 50 km;山西平均北移 40 km;陕西东部变化较小,西部平均北移 47 km;内蒙古、宁夏一线平均北移 200 km;甘肃西扩 20 km;青海西扩 120 km(图 7.4)。

以河北省为例,分析由于冬小麦种植北界变动引起的产量变化。统计数据表明,1981—2007 年河北省的历年冬小麦产量均高于春小麦的产量,冬小麦 27 年平均产量较春小麦高25%。因此,河北省冬小麦种植北界的北移可使界限变化区域的小麦单产平均增加约25%。

四、春玉米种植北界变化

玉米是世界上最重要的粮食和饲料作物。在中国的谷类作物生产中,玉米以 21.8%的粮食作物总面积、生产 25.3%的总产量在中国粮食安全中起着举足轻重的作用。玉米作为喜温作物,对热量条件要求较高。通常,只有≥10℃积温超过 2000 ℃·d 时才能满足玉米生长需要。霜冻是限制玉米生长的重要气象因子,通常霜冻带北缘与玉米种植北界基本一致。中国

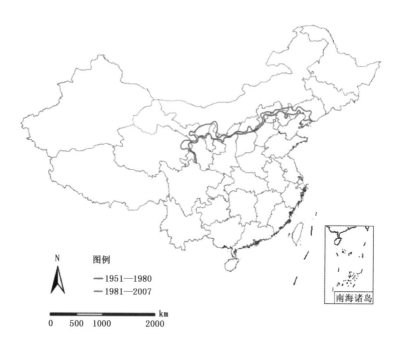

图 7.4　1981—2007 年冬小麦种植北界与 50 年代至 1980 年相比的可能变化

（杨晓光等，2010；2011）

玉米种植界线在 20 世纪 60 年代大致位于庄河—锦州—兴隆—蔚县—忻县—蒲城—天水—丹曲—松潘一线以北和河西走廊、新疆北部一带。

全球气候变暖为中国玉米种植北界北移提供了有利条件，南方玉米种植面积和冬种面积将有条件扩大，东部沿海省份秋播面积增加，西南山地向更高海拔方向发展，但西北内陆依靠冰川雪水灌溉的玉米产区可能因冰川后退、蒸发加剧引起的水资源减少导致播种面积缩减（于沪宁，1995）。特别是，黑龙江省玉米分布从 20 世纪 80 年代的平原地区逐渐向北扩展到了大兴安岭和伊春地区，北移约 4 个纬度；西藏自治区的玉米种植区由包括昌都、林芝和日喀则等位于海拔 1700~3200 m 的地区上移到目前海拔 3840 m 的地区。同时，甘肃省的秋玉米种植区也随温度的升高而逐步扩大，全省大部分地区均可种植；南宁部分地区已经满足冬玉米生长所需温度条件。温度升高不仅改变了玉米种植的范围和界线，还带来了品种的改变和产量的提升。作为玉米高产中心的松嫩平原南部，由于生长期提前，盛夏热量强度充足，目前已可以种植一些晚熟高产品种；而吉林中部玉米带和内蒙古扎兰屯地区玉米的播种面积和产量也随温度升高呈现线性增加趋势（云雅如等，2007）。

玉米按照生育期的长短及其对积温的要求，可以分为早、中、晚熟品种。1961—2010 年，由于东北地区积温的增加，为生育期较长的中、晚熟玉米品种可种植区域的北移东扩提供了必要的热量条件。将东北春玉米不同熟性品种生长发育所需的≥10℃积温值作为划分种植区域指标，对 50 年代至 1980 年与 1981—2010 年春玉米不同熟性品种种植区域分布分析表明（图7.5），≥10℃积温的升高使得中、晚熟玉米品种可种植区域由西南向东北方向扩展，面积不断扩大，不可种植和早熟品种种植区域向西北、东南方向收缩。与 50 年代至 1980 年相比，1981—2010 年辽宁全省基本可种植晚熟品种，晚熟品种种植北界在吉林西南部向东北推移最大距离达 180 km；中晚熟品种种植区由辽宁东北部、吉林西部推移至吉林中部和黑龙江西南部，种植北界向东北方向推移 35～140 km，至齐齐哈尔、安达、哈尔滨、桦甸、临江一线；中熟品种种植区的变化主要集中在黑龙江中部，北界向东南、西北方向平均分别扩展 50 km 和 130 km，松嫩平原和三江平原基本均可种植中熟品种；早熟品种种植区则向长白山、小兴安岭方向收缩；特早熟品种种植区和不可种植带在黑龙江西北部不同程度收缩，面积分别减小约 2.7 万 km² 和 0.56 万 km²。

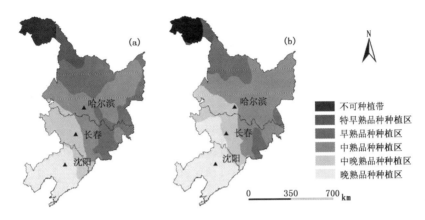

图 7.5　20 世纪 50 年代至 1980 年(a)和 1981—2010 年(b)
东北三省春玉米不同熟性玉米品种种植区分布

气候变暖带来作物品种熟型的变化，使不同熟型的玉米品种种植北界不同程度北移，原有种植早熟品种的区域可以考虑种植中熟品种，原有中熟品种的地区可以考虑发展晚熟品种的种植，熟型的改变必将带来产量的变化(图 7.6)。区域试验数据表明，当早熟品种被中熟品种替代后，在相同的气候和土壤条件下，中熟品种的生育期比早熟品种长 8 d，玉米单产可增加约 9.8%；当中熟品种被晚熟品种替代后，在相同的气候和土壤条件下，晚熟品种的生育期比中熟品种长 9 d，玉米单产可增加 7.1%。未来气候变暖情景下，早熟玉米区可以种植晚熟玉米品种，此时可以使玉米单产增加约 17.6%。

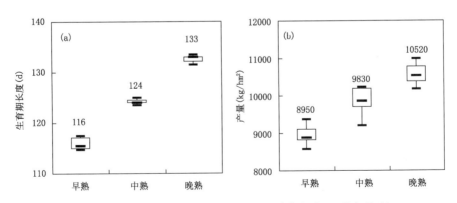

图 7.6　东北地区春玉米不同熟型品种生育期长度(a)及产量(b)

第三节　主要农区粮食作物种植面积变化

　　中国地域广阔,自然条件和社会经济条件区域差异很大。根据农业生产基本特征及各地农业发展特点,将中国粮食生产区域分为六大农区,即东北地区、华北地区、西北地区、西南地区、长江中下游地区和华南地区。为方便起见,农区的划分保证了省界的完整性,考虑到西藏自治区和台湾省数据原因,在此不作分析;重庆市直辖较晚,相关数据并入四川省进行分析。

　　东北地区:包括黑龙江省、吉林省和辽宁省三个省。

　　华北地区:包括河北省、北京市、天津市、河南省和山东省共三个省两个直辖市。

　　西北地区:包括新疆维吾尔自治区、内蒙古自治区、山西省、陕西省、宁夏回族自治区、甘肃省和青海省共四个省三个自治区。

　　西南地区:包括四川省(包括重庆市)、贵州省和云南省共三个省。

　　长江中下游地区:包括湖北省、湖南省、安徽省、江西省、江苏省、上海市和浙江省共六省一市。

　　华南地区:包括广西壮族自治区、广东省、福建省、海南省共三省及一个自治区。

一、主要粮食作物种植面积时空格局

　　2001—2010 年中国三大作物的种植区主要分布在东北、华北、西南、长江中下游地区(图7.7)。东北地区玉米种植比例较大,华北主要为小麦、玉米,西南地区三大作物种植比例相当,长江中下游地区北部以小麦、水稻为主,南部及华南地区水稻种植比例较高,西北地区虽然地域广阔,但作物种植面积较小,以小麦和玉米为主。中国主要粮食作物种植面积 7981.08 万

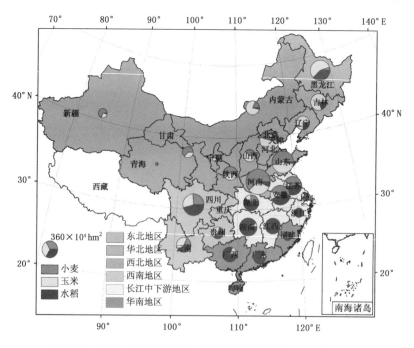

图 7.7　2001—2010 年各省三大粮食作物种植面积及其比例

hm²,粮食作物种植面积前五位的省份依次为河南(819.65万hm²,占中国的10.3%)、山东(623.66万hm²,占中国的7.8%)、四川(606.57万hm²,占中国的7.6%)、黑龙江(522.65万hm²,占中国的6.5%)和河北(521.24万hm²,占中国的6.5%),这五个省份的作物种植面积占中国总种植面积的38.8%。2001—2010年中国小麦种植面积为2344.86万hm²,种植面积前五位的省份依次是河南(505.06万hm²,占中国的21.5%)、山东(339.65万hm²,占中国的14.5%)、河北(238.73万hm²,占中国的10.2%)、安徽(219.04万hm²,占中国的9.3%)和江苏(185.30万hm²,占中国的7.9%),这五个省份的小麦种植面积占中国的63.4%;中国玉米种植面积为2762.76万hm²,种植面积前五位的省份依次是黑龙江(300.33万hm²,占中国的10.9%)、吉林(281.54万hm²,占中国的10.2%)、河北(273.80万hm²,占中国的9.9%)、山东(270.64万hm²,占中国的9.8%)和河南(260.37万hm²,占中国的9.4%),这五个省份的玉米种植面积占中国的50.2%;中国水稻种植面积为2873.46万hm²,种植面积前五位的省(区)依次是湖南(379.94万hm²,占中国的13.2%)、江西(307.28万hm²,占中国的10.7%)、四川(276.77万hm²,占中国的9.6%)、广西(226.12万hm²,占中国的7.9%)和安徽(213.70万hm²,占中国的7.4%),这五个省(区)的水稻种植面积占中国的48.8%。

1961—2010年中国三大作物种植面积演变趋势如图7.8所示。近50年来,中国玉米的种植面积不断增加;小麦的种植面积先增加,但近15年来呈现减少的趋势;水稻的种植面积先增加,在1975年之后有所减少,2002年后基本保持稳定。1961—2010年中国小麦和水稻的种植面积均呈减少趋势,趋势率分别为−0.57万hm²/10a和−3.02万hm²/10a,而玉米种植面积则呈显著的增加趋势,趋势率达20.83万hm²/10a。

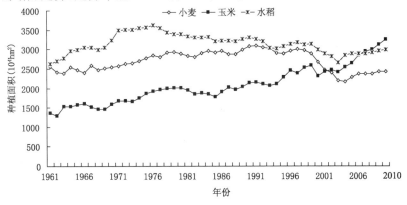

图7.8 1961—2010年中国三大作物种植面积变化

图7.9给出了1961—2010年中国各省三大作物种植面积的变化趋势。小麦种植面积在中国大部分地区呈现下降趋势,在华北地区和长江中下游地区北部的安徽、江苏则呈上升趋势,其中河南省的上升趋势最为明显,趋势率为35.90万hm²/10a;玉米的种植面积在中国大部分地区呈增加趋势,其中东北地区、华北地区及内蒙古自治区增加趋势最为明显,在长江中下游地区东部沿海的省市呈下降趋势,但趋势率均小于1.00万hm²/10a;水稻种植面积在东北地区增加显著,黑龙江省、吉林省和辽宁省的增加趋势率分别为46.16万hm²/10a、11.03万hm²/10a和8.42万hm²/10a,在南方大部分地区水稻种植面积呈现减少趋势,长江中下游地区南部的湖北、湖南、江西、浙江以及华南地区减少趋势明显。

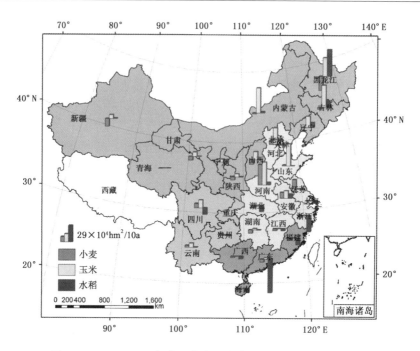

图 7.9　1961—2010 年中国各省三大作物种植面积的变化趋势

二、东北地区

东北地区土壤肥沃,自然资源丰富,是中国重要的商品粮生产基地,在保障国家粮食安全和农产品供需平衡中占有重要的战略地位。除辽南地区,东北种植制度为一年一熟。

1961—2010 年东北三省水稻和玉米生长季内主要气候资源变化趋势总体一致(图 7.10):近 50 年来,20 世纪 70 年代平均温度有所降低(18.3℃),此后增加趋势明显;70 年代降水量较 60 年代降低了 38 mm,80 年代降水量最多为 523 mm,此后又逐渐降低;60 年代和 70 年代日照时数最多为 1209 h 和 1191 h,80 年代中明显降低,此后基本保持稳定。

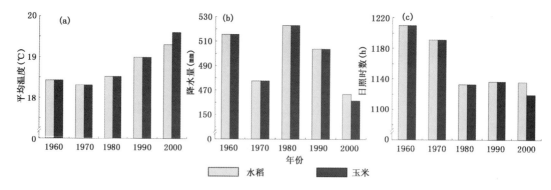

图 7.10　1961—2010 年东北地区主要粮食作物气候资源变化
(a)平均温度;(b)降水量;(b)日照时数

统计 1961—2010 年东北三省小麦、玉米、水稻的种植面积变化可知(图 7.11),近 50 年来小麦的种植面积不断减少,尤其是黑龙江省减少最为明显,1990 年后小麦面积减少了 157.61

万 hm²；玉米种植面积最大，且呈增加的趋势，近 50 年来黑龙江省、吉林省、辽宁省分别增加了 134.90 万 hm²、167.72 万 hm² 和 82.47 万 hm²；水稻种植面积呈增加趋势，黑龙江省增加最为明显，50 年间增加 180.34 万 hm²，吉林省和辽宁省分别增加 45.84 万 hm² 和 34.58 万 hm²。

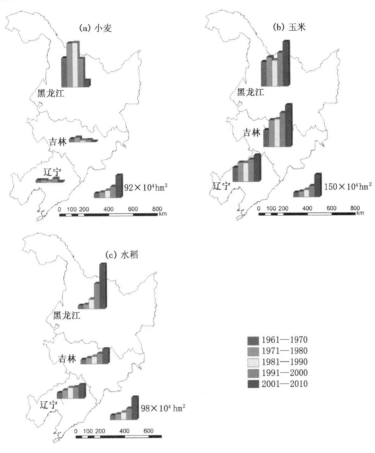

图 7.11　1961—2010 年东北地区主要粮食作物种植面积变化
(a)小麦；(b)玉米；(c)水稻

三、华北地区

华北地区主要由黄河、淮河下游泥沙冲击而成，自然资源丰富，灌溉面积大，种植制度为一年两熟，是中国重要的农业区。

1961—2010 年华北地区水稻、玉米和小麦生长季内主要气候资源变化特征表现为(图 7.12)：近 50 年来，三大作物生长季内平均温度总体呈现上升的趋势；水稻和玉米生长季内降水量分别以 1.6 和 1.7 mm/10a 的速率下降，但冬小麦生长季内降水量为增加趋势；三大作物生长季内日照时数则均表现为下降趋势。

统计 1961—2010 年华北地区小麦、玉米、水稻的种植面积变化可知(图 7.13)，小麦的种植面积最为广泛，但除河南省外，其他省(市)呈现下降趋势，2000 年后山东省减少最为明显，为 63.57 万 hm²；玉米种植面积不断增加，河南省、河北省、山东省玉米种植面积与 20 世纪 60 年代相比增加近 1 倍；水稻种植面积较小，除河南省外，其他省(市)均呈减少趋势。

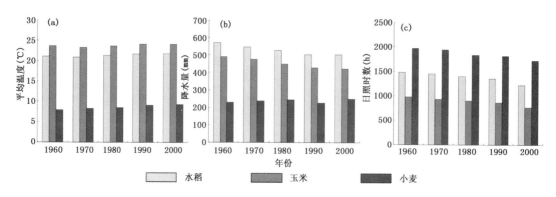

图 7.12　1961—2010 年华北地区主要粮食作物气候资源变化

(a)平均温度;(b)降水量;(c)日照时数

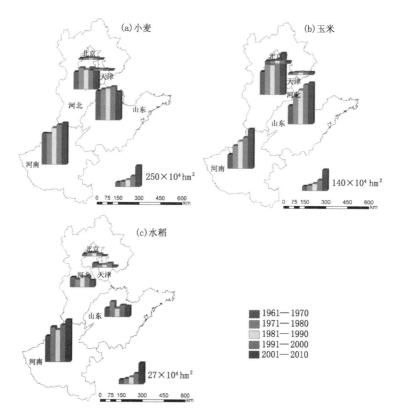

图 7.13　1961—2010 年华北地区主要粮食作物种植面积变化

(a)小麦;(b)玉米;(c)水稻

四、西北地区

中国西北地区地处内陆,海拔较高,降水资源缺乏,但热量和光照资源相对丰富。西北地区分为绿洲灌区和旱作农区,种植制度为一年一熟,多以间套作方式提高复种指数。

分析 1961—2010 年西北地区水稻、玉米和小麦生长季内主要气候资源变化特征可知,三大作物生长季内气候资源变化趋势总体相同(图 7.14):近 50 年来,水稻、玉米和小麦生长季内平均温度呈现增加的趋势;降水量表现为波动变化,20 世纪 80 年代降水量最多,分别为 297、292 和 188 mm,70 年代和 90 年代降水量最少;日照时数表现为先减少后增加趋势,80 年代日照时数最少,分别为 1314、1233 和 1794 h,90 年代和 21 世纪前 10 年中日照时数较 20 世纪 80 年代有所增加。

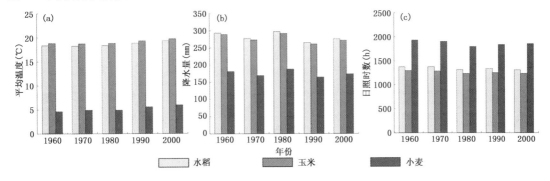

图 7.14　1961—2010 年西北地区主要粮食作物气候资源变化
(a)平均温度;(b)降水量;(c)日照时数

统计 1961—2010 年西北地区小麦、玉米和水稻的种植面积变化可知(图 7.15),小麦的种植面积呈先增加后减少趋势,在 2000 年以后减少明显,与 90 年代相比,小麦种植面积在内蒙古自治区、甘肃省、山西省和陕西省分别减少 54.50 万 hm²、35.80 万 hm²、24.35 万 hm² 和 40.34 万 hm²;玉米除青海省外,其他省(区)种植面积均不断增加,内蒙古自治区增加趋势最为明显,近 50 年增加 153.80 万 hm²;水稻在西北地区种植较少,仅西北绿洲灌区有少量种植,在宁夏回族自治区有所增加,其他省(区)均呈减少趋势。

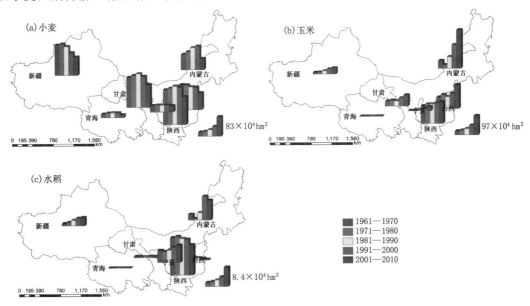

图 7.15　1961—2010 年西北地区主要粮食作物种植面积变化
(a)小麦;(b)玉米;(c)水稻

五、西南地区

西南地区是世界上地形最复杂的区域之一,该区跨越 13 个纬度,生态系统丰富,地势特征为北高南低、西高东低;山地立体气候显著,山麓河谷为热带或亚热带气候,山腰为温带气候,山顶为寒带气候。该区热量丰富,冬暖突出,雨热同季的特点对水稻和玉米等作物的生长极为有利,但光能资源较少,且时空分布差异大,太阳总辐射量以四川盆地、贵州高原最少,川西及云南高原最多。西南地区种植制度为一年一熟制和一年二熟制。

分析 1961—2010 年西南地区水稻、玉米和小麦生长季内主要气候资源变化特征可知,三大作物生长季内气候资源变化趋势总体相同(图 7.16):近 50 年来,三大作物生长季内平均温度呈现微弱的上升趋势,升温速率为 0.01、0.01 和 0.02 ℃/10a;生长季内降水量则波动变化;日照时数呈现下降趋势,下降速率分别为 2.6、1.9 和 1.3 h/10a。

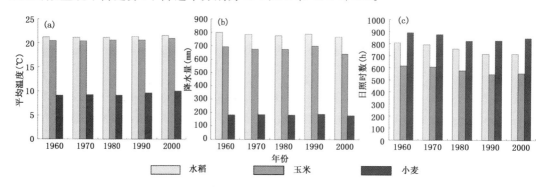

图 7.16 1961—2010 年西南地区主要粮食作物气候资源变化
(a)平均温度;(b)降水量;(c)日照时数

统计 1961—2010 年西南地区小麦、玉米和水稻的种植面积变化可知(图 7.17),小麦种植面积表现为先增后减趋势,在 20 世纪 90 年代种植面积达到最大值,但 2000 年以后四川省、贵州省和云南省小麦种植面积分别减少 73.45 万 hm²、20.13 万 hm² 和 14.37 万 hm²;玉米种植面积总体呈增加趋势,但增幅不大;水稻种植面积在四川省和贵州省呈现略微减少的趋势,云南省基本保持稳定在 100 万 hm² 左右。

六、长江中下游地区

长江中下游地区的光、热、水资源丰富,地势较为平坦,土地肥沃,农业基础设施好,增产潜力大,具有优越的自然资源和较好的生产条件,种植制度多为一年三熟。

分析 1961—2010 年长江中下游地区水稻、玉米和小麦生长季内主要气候资源变化特征可知(图 7.18):近 50 年中,水稻和玉米生长季内平均温度呈现先下降后上升的趋势,小麦生长季内平均温度则呈现波动增温趋势,平均温度的增加速率为 0.3 ℃/10a;水稻、玉米和小麦生长季内降水量变化趋势相同,均表现为先增加后降低的趋势,20 世纪 90 年代降水量达到最大值,分别为 833、673 和 589 mm,21 世纪前 10 年降水量有所下降;水稻和玉米生长季中日照时数逐渐下降,下降速率分别为 4.4 和 4.3 h/10a,小麦生长季内日照时数则表现为先下降后上升的趋势,80 年代日照时数达到最低值,为 878 h,90 年代和 21 世纪前 10 年有所回升。

统计 1961—2010 年长江中下游地区小麦、玉米和水稻的种植面积变化可知(图 7.19),小

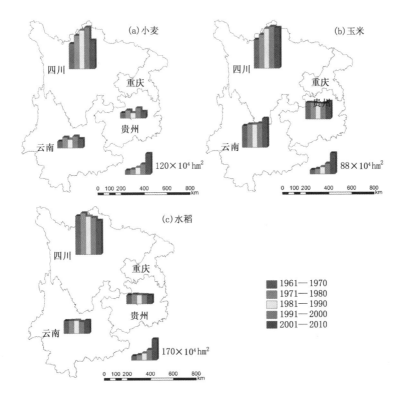

图 7.17 1961—2010 年西南地区主要粮食作物种植面积变化
(a)小麦；(b)玉米；(c)水稻

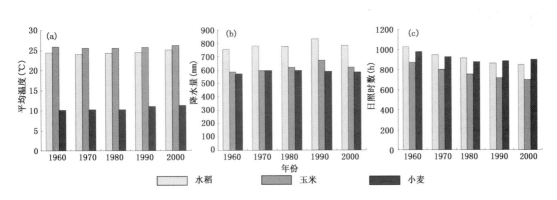

图 7.18 1961—2010 年长江中下游地区主要粮食作物气候资源变化
(a)平均温度；(b)降水量；(c)日照时数

麦种植面积在该地区南部的湖南省、江西省、浙江省和上海市种植面积较小，且表现为减少的趋势，在安徽省表现为增加趋势，50 年来增加 33.74 万 hm²，湖北省和江苏省呈先增加后减小趋势；玉米种植面积较小，各省(市)变化趋势不同，湖北省、湖南省和安徽省玉米种植面积有所增加，安徽省增加最为明显，50 年来增加 34.19 万 hm²，浙江省和江苏省有所减少，江西省和上海市几乎无玉米种植；水稻是长江中下游地区种植面积最大的作物，但近年来种植面积有所减少，浙江省减少最为明显，与 60 年代相比减少 50%，约 121.61 万 hm²。

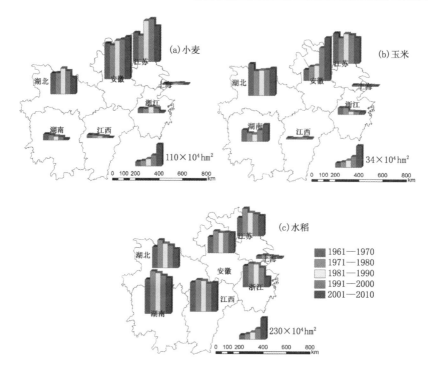

图 7.19　1961—2010 年长江中下游地区主要粮食作物种植面积变化
(a)小麦;(b)玉米;(c)水稻

七、华南地区

华南地区地处热带、亚热带,是中国光、热和水资源最为丰富的地区之一,年均气温高,水量充沛,日照时数长,这些独特的自然资源条件有利于水稻的生长,水稻区位优势非常明显。华南地区的种植制度为冬闲加双季稻和冬季作物加双季稻一年三熟制。

分析 1961—2010 年华南地区水稻、玉米和小麦生长季内主要气候资源变化特征可知(图 7.20):近 50 年来,三大作物生长季内平均温度变化幅度并不明显,总体呈现波动增加趋势;水稻和玉米生长季内降水量呈波动变化,20 世纪 80 年代降水量最少,分别为 902 和 1217 mm,小麦生长季内降水量则先增加后减小,80 年代降水量最高为 458 mm;三大作物生长季内日照

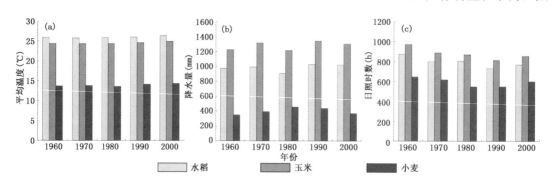

图 7.20　1961—2010 年华南地区主要粮食作物气候资源变化
(a)平均温度;(b)降水量;(c)日照时数

时数均表现为先减少后增加的趋势,90 年代日照时数最少,分别为 732、815 和 551 h,而 21 世纪前 10 年日照时数有所回升。

　　统计 1961—2010 年华南地区小麦、玉米和水稻的种植面积变化可知(图 7.21),小麦种植面积不断减少,到 2000 年后,华南地区几乎没有小麦种植;玉米种植面积总体有所增加,广东省增加幅度最大,50 年来增加 5.12 万 hm²,福建省和海南省玉米种植面积也有所增加,从几乎没有玉米种植分别发展到 3.68 万 hm² 和 1.70 万 hm²;水稻种植最为广泛,但近年来种植面积有所减少,广东省减少最为明显,近 50 年来减少 147.05 万 hm²。

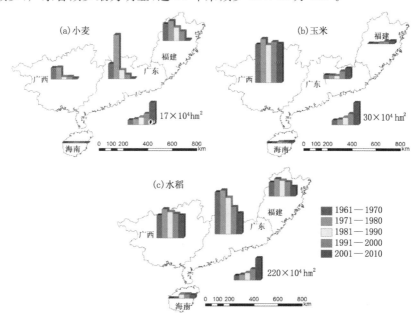

图 7.21　1961—2010 年华南地区主要粮食作物种植面积变化
(a)小麦;(b)玉米;(c)水稻

第四节　未来作物种植北界变化

一、未来种植制度北界变化

　　利用全球气候模式输出的 2011—2050 年 A2 气候情景资料,对 2011—2040 年和 2041—2050 年由于气候变暖造成的中国种植制度界限变化的评估表明(图 7.22),与 50 年代至 1980 年相比,2011—2040 年和 2041—2050 年一年二熟种植北界空间位移最大的省份为陕西省和辽宁省。在陕西省境内分别北移 130 km 和 160 km。一年二熟种植北界在 2011—2040 年可移到辽宁省的绥中、锦州、营口、熊岳、瓦房店和皮口附近,2041—2050 年可移到辽宁省东南部的沈阳、本溪、鞍山、岫岩、丹东以南地区及锦州和黑山以东地区。同时,内蒙古东部与辽宁接壤的小片区域,从气候资源考虑种植制度可以由一年一熟变为一年二熟。2011—2040 年和 2041—2050 年一年三熟种植北界空间位移最大的区域在云南省、贵州省、湖北省、安徽省、江苏省和浙江省境内。其中,在云南省和贵州省境内分别北移 40 km 和 70 km,在长江中游平原区的湖北省境内分别北移 200 km 和 300 km,在长江下游平原区(浙江省、江苏省、安徽省一带)分别北移 200 km 和 330 km。

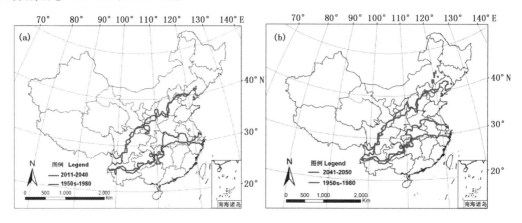

图 7.22　未来 A2 气候情景下中国种植制度零级带北界与 50 年代至 1980 年相比的可能变化
(a)2011—2040 年;(b)2041—2050 年

二、未来冬小麦种植北界变化

利用全球气候模式输出的 2011—2050 年 A2 气候情景资料,对 2011—2040 年和 2041—2050 年由于气候变暖造成的中国冬小麦安全种植北界变化评估表明(图 7.23),与 50 年代至 1980 年相比,中国北方冬小麦的种植北界不同程度北移西扩,冬小麦种植北界在 2011—2040 年将北移至黑山—鞍山—岫岩—丹东一线,在 2041—2050 年将移至黑山—鞍山—岫岩—丹东以北地区,在东部地区北移约 200 km,在西部地区北移约 110 km;2041—2050 年在河北省境内冬小麦种植北界北移 100 km,山西省东部地区北移 160 km,山西省西部地区北移 210 km;陕西省境内冬小麦种植北界由吴旗—延安一带向北移动到内蒙古境内,平均向北移动 330 km;甘肃和宁夏境内,2011—2040 年冬小麦种植北界由甘肃和宁夏的乌鞘岭—松山—景泰—

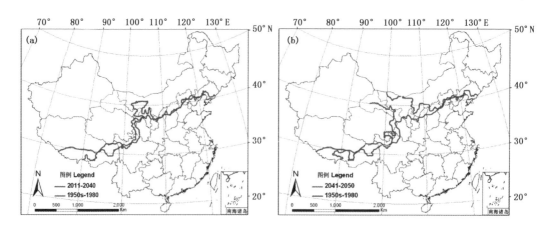

图 7.23　未来 A2 气候情景下冬小麦种植北界与 50 年代至 1980 年相比的可能变化
(a)2011—2040 年;(b)2041—2050 年

同心一带北移到内蒙古北部地区,2041—2050 年向北移动约 500 km;青海省境内,2011—2040 年和 2041—2050 年的冬小麦种植北界分别西扩约 80 km 和 100 km。

三、未来春玉米种植北界变化

A2 和 B1 未来气候情景下,不考虑 CO_2 浓度升高对作物生长发育影响时,东北三省春玉米不同熟型品种种植北界不同程度向北移动,在界限敏感区内中晚熟品种替代早熟品种,使得玉米生育期延长(刘志娟等,2010)。未来 A2 气候情景下,与基准时段 1961—1990 年相比,2030 年和 2050 年春玉米早熟品种种植北界向北移动,由嫩江—孙吴—铁力—通河—牡丹江一带向北移动到漠河—呼玛附近。在黑龙江省松嫩平原北部地区,春玉米中熟品种种植北界到 2030 年平均向北移动 2.5 个纬度,到 2050 年移动到黑河以北地区(图 7.24)。在吉林省东部长白山农林区,到 2030 年中熟品种玉米种植界限东移 1.5 个经度,到 2050 年,整个吉林省均可种植春玉米中熟品种。到 2030 年,黑龙江省春玉米晚熟品种种植北界向北移动约 2.4 个纬度,到达富裕—克山—海伦—尚志一带;到 2050 年,种植界限北移到黑河以北地区。到 2030 年,吉林省东部山区春玉米晚熟品种的种植界限将移动到蛟河—桦甸—靖宇—临江一带,平均向东部长白山山区推移 2 个经度。辽宁省西南部大部分区域可种植春玉米晚熟品种,基准时段气候背景下,种植界限在锦州—黑山—鞍山—熊岳—庄河一带,最北可到 42°N,气候

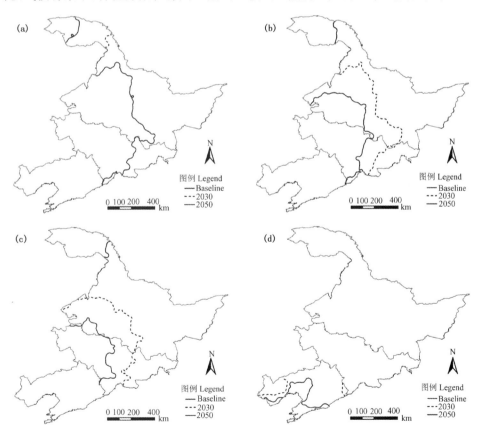

图 7.24　未来 A2 气候情景下东北三省春玉米早熟(a)、中熟(b)、晚熟(c 和 d)品种的种植北界

(刘志娟等,2010)

变暖后种植界限不断向北移动,到 2030 年、2050 年辽宁省境内均可种植春玉米晚熟品种。

未来 B1 气候情景下,2030 年和 2050 年东北三省春玉米早熟、中熟和晚熟品种种植北界变化趋势与 A2 气候情景下的变化趋势相似,但是空间位移不同(表 7.2)。

表 7.2　未来 B1 气候情景下东北三省春玉米早熟、中熟、晚熟品种的种植北界变化(刘志娟等,2010)

年		早熟	中熟	晚熟	
				黑龙江省和吉林省	辽宁省
1961—1990	界限	嫩江—孙吴	齐齐哈尔—明水—绥化	白城—前郭尔罗斯—三岔河	黑山—鞍山
2030	界限	呼玛以北	富裕—克山—海伦	齐齐哈尔—明水—绥化	开原—章党—宽甸
	移动(纬度)*	2.7	0.6	1.6	0.4
2050	界限	呼玛以北	黑河以北	富裕—克山—海伦	全省均可种植
	移动(纬度)*	3.0	2.9	2.5	1.0

＊ 表示与基准时段 1961—1990 年相比,界限向北移动的纬度

第八章 主要粮食作物生长发育变化

作物生育进程变化受环境的直接影响,其中气候条件主要通过光照、温度、降水变化及其协同作用,对作物的发育进度、产量形成、种植模式、区域布局产生影响。由于气候变暖,作物的物候期将发生相应改变,物候期变化在不同品种、不同地区有所不同,农业生产管理方式也将随之发生调整,进而影响到产量变化。

第一节 水稻生长发育变化

气候变暖对水稻生育期的影响主要表现在生育前期,由于播种期和移栽期的提前,使水稻潜在适宜生育期延长(薛昌颖等,2010)。同时,气温也是影响稻米品质的首要因子,高温会加快灌浆速率,缩短灌浆持续期,影响籽粒充实度,稻米的出糙率、精米率、整米率下降,垩白增大,糊化温度提高,胶稠度变硬,食味变差(谢立勇等,2007)。

一、长江中下游稻区

随着气候变化,中国长江中下游呈变暖趋势,无论是双季稻还是单季稻的生殖生长期平均气温普遍升高,且高温伴随水分胁迫同时发生,抽穗—乳熟灌浆关键期的天数明显缩短,早、晚稻平均缩短 6 d,灌浆速率加快(曾凯等,2011)。以稳定通过 10℃初日达 80%以上保证率时播种为温度条件,则四川成都的水稻安全播种期普遍提前(费永成等,2012)。总体而言,长江中下游稻区生育期提前,早稻的播种期明显提前 3~7 d/10a,早稻的开花期提前 3~8 d/10a,晚稻的开花期提前 2~4 d/10a。与此同时,气候变化带来的极端高温和极端低温事件也对水稻生育期内的产量构成要素产生了影响,早稻的空壳率与开花灌浆期内 35℃以上的极端高温有明显的正相关关系,温度越高空壳率越大;晚稻空壳率与开花灌浆期内低于 22℃的平均温度有明显的负相关关系,温度越低空壳率越大(刘娟,2010)。

长江中下游地区,不考虑 CO_2 浓度影响时,与基准气候相比,政府间气候变化专业委员会(IPCC)排放情景特别报告(SRES)中的 A2 和 B2 气候情景下,2021—2050 年单季稻生育期平均缩短 4.5 d 和 3.4 d。A2 气候情景下,早稻生育期平均缩短 3.6 d,晚稻缩短 4.7 d,其中湖北早稻和晚稻的生育期缩短天数最大,分别达 6.4 d 和 7.5 d。气候变暖加速了水稻生育进程,缩短了水稻生育期(图 8.1)(杨沈斌等,2010)。

二、东北稻区

东北水稻生育期延长约 3 d/10a,播期提早,收获期推迟。1992—2009 年,东北三省区域内水稻成熟期年际变化呈轻微推后趋势,成熟期区域差异维持在 30 d,区域内水稻生育期有加

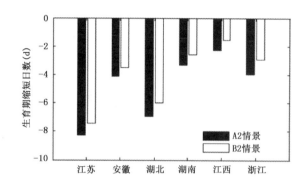

图 8.1　A2 和 B2 气候情景下长江中下游各省平均水稻生育期 2021—2050 年相对基准气候
（1961—1990）的变化（杨沈斌等，2010）

长的趋势，平均变化速率为 0.31 d/10a，区域内生育期差异从 20 世纪 90 年代初的 60 d 左右缩短至 40 d 左右，变化速率为 0.47 d/10a（李正国等，2011）。黑龙江三江平原水稻插秧期现在集中在 5 月 15 日左右，比 10 年前提前了 10 d（谢立勇等，2009）。1950—2008 年期间，东北新选育的水稻品种生育期平均延长了 14 d，相当于每 10 年延长了 2.8 d 左右。同时，东北水稻的实际生育期也呈延长趋势，与 20 世纪 70 年代平均值相比，目前东北的水稻播种期已经提早了 3.7 d，收获期推迟了 1.7 d，水稻整个生长期延长 5.4 d 左右（张卫健等，2012）。

　　1971—2006 年辽宁省水稻适宜生长期延长近 8 d（纪瑞鹏等，2009）。1991—2000 年黑龙江省东南部稻区（五常）各生育期均较 1980—1990 年提前，抽穗期提早 4 d，其他生育期提前 7～10 d；2001—2005 年与 1991—2000 年相比，出苗期、三叶期、分蘖期分别提前 3 d、1 d 和 8 d，返青期持平，而抽穗期和成熟期分别推后 5 d 和 7 d，这是因为 2002 年、2004 和 2005 年分别发生阶段性低温导致水稻发育迟缓（表 8.1）。南部稻区（汤原），1991—2000 年除成熟期偏晚 5 d 外，其他生育期较 1980—1990 年提前 2～12 d；2001—2005 年与 1991—2000 年相比，出苗期、三叶期、分蘖期分别提前 9 d、23 d 和 26 d，而抽穗期和成熟期均推后 3 d（表 8.2）（王萍等，2008）。

表 8.1　黑龙江省五常水稻不同时段各生育期（月-日）比较（王萍等，2008）

年份	出苗	三叶	返青	分蘖	抽穗	成熟
1980—1990 年	05-01	05-23	06-05	06-24	08-07	09-14
1991—2000 年	04-24	05-13	05-27	06-17	08-03	09-07
2001—2005 年	04-21	05-12	05-27	06-09	08-08	09-14

表 8.2　黑龙江省汤原水稻不同时段各生育期（月-日）比较（王萍等，2008）

年份	出苗	三叶	分蘖	抽穗	成熟
1980—1990 年	06-06	06-20	07-08	08-07	09-18
1991—2000 年	05-25	06-11	06-29	08-05	09-23
2001—2005 年	04-30	05-17	06-20	08-08	09-26

三、其他稻区

　　其他地区水稻生育期基本呈缩短趋势。安徽双季稻的生育期明显地缩短，其中早稻的播种期明显提前 3～7 d,开花期提前 3～8 d,晚稻的开花期明显提前了 2～4 d;而中稻生长期则延长了(许信旺等,2011)。近 20 年来潮州地区早稻(1984—2006 年)和晚稻(1982—2006 年)的全生育期天数都在缩短,早稻的发育期持续提前,晚稻的发育期持续推迟(丁丽佳等,2009)。宁夏灌区水稻育秧插秧期提前,插秧稻已由 70 年代的中晚熟品种置换成以晚熟品种为主,旱直播稻也逐渐增多,气候变暖为栽培晚熟品种争取了时间,为高产品种的引进创造了条件(桑建人等,2006)。

1981—2007 年河南信阳 4—5 月温度显著升高,使水稻播种和移栽日期显著提前,气候倾向率分别为 5.2 d/10a 和 5.8 d/10a,水稻播种—移栽期长度呈逐渐缩短趋势;同时,由于生长季中后期温度变化不明显,水稻抽穗和成熟期无显著变化,使得水稻移栽—抽穗期和抽穗—成熟期显著延长,其中移栽—抽穗期长度延长趋势显著,倾向率达 4.4 d/10a(图 8.2)(薛昌颖等,2010)。1981—2000 年长沙(代表双季稻地区)和合肥(代表单季稻地区)的温度变化与双季稻和单季稻生育期的关系表明(Tao et al.,2006),长沙早稻的播种期、开花期和成熟期每 10 年分别提早 5.7 d、6.2 d 和 3.6 d,但晚稻的生育期没有明显变化;合肥单季稻的种植期和成熟期每 10 年分别推迟 16.2 d 和 21.3 d。

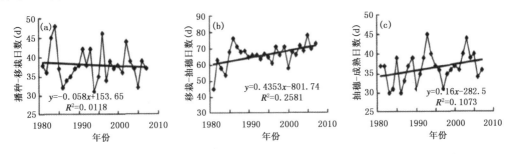

图 8.2 1981—2007 年信阳水稻不同生育期长度变化趋势(薛昌颖等,2010)
(a)播种—移栽日数;(b)移栽—抽穗日数;(c)抽穗—成熟日数

四、气候变化对水稻生长发育的影响

1. CO₂ 浓度

CO_2 是绿色植物进行光合作用的底物,其浓度的改变必然对植物的光合效率产生影响。随着 CO_2 浓度增加,植物生育期缩短,株高增加,总生物量增加,最终使得产量增加,其净同化率、相对生长率等指标也显著增加。

但长期处于高 CO_2 浓度下的作物,光合激发效应将变得迟钝,光合速率会逐渐下降,最终接近或低于普通大气 CO_2 浓度下的作物生长,即光合作用对高 CO_2 浓度的适应或称下调现象。600 $\mu mol/mol$ CO_2 处理下的水稻幼苗,1 d 后发现叶片光合效率较 300 $\mu mol/mol$ 对照增加 45.4%,但 7 d 和 14 d 后较对照分别低 13.7% 和 21.1%(唐如航等,1998)。

CO_2 浓度升高使水稻生育期缩短。自由大气 CO_2 浓度富集(FACE)实验发现,CO_2 浓度升高使水稻抽穗期提前 2 d,成熟期提前 7 d(Kobayashi et al.,2001);武香粳 14 的播种—抽穗期、抽穗—成熟期和全生育期的天数分别较对照缩短 3～5 d、1～5 d、4～9 d,平均分别缩短 3.4 d、2.4 d、5.8 d;增施氮肥可减缓缩短的程度(黄建晔等,2005)。

CO_2 浓度升高使得水稻生物量(包括根系)明显增加,但水稻经济系数明显下降。FACE

实验表明,水稻移栽至抽穗后 20 d 的干物质积累量显著增加,抽穗后 20 d 至成熟期的干物质生产量显著减少,总生物产量显著提高。移栽至抽穗期的干物质积累量增加是由于叶面积系数和净同化率共同提高所致;抽穗期至抽穗后 20 d 的干物质积累量增加主要是由于叶面积系数的增加所致;抽穗后 20 d 至成熟期的干物质生产量减少主要是由于净同化率的下降造成(黄建晔等,2003)。水稻生物产量平均较对照增加 12.8%(黄建晔等,2004),日本的 FACE 实验结果为 12.4%(Kim et al.,2003a);FACE 处理使水稻经济系数平均较对照减少 2.7%,均未达显著水平(Kim et al.,2003b)。黄建晔等(2004)的 FACE 实验表明,水稻穗数平均较对照增加 18.8%,且达极显著水平,每穗颖花数较对照平均减少 7.6%,达极显著水平;水稻平均结实率、千粒重分别较对照增加 4.8% 和 1.3%,明显小于单位面积穗数的增幅。而 Kim(2003b)的 FACE 实验研究表明,水稻平均穗数较对照增加 8.6%,每穗粒数平均增加 2%,达显著水平;水稻平均结实率、千粒重分别较对照增加 1.76% 和 1.24%。

　　2. 温度变化

　　水稻生长开始至终止的时间称为水稻生长季。东南亚和非洲国家的不少地区,水稻生长季由降水决定,而中国水稻的生长季由温度条件决定,因而温度也称为影响水稻生长发育最重要的气候生态因子。日平均气温、积温、昼夜温差、日最高温度、夜间温度、低温和高温胁迫等对水稻生长发育和产量形成的影响已有大量的研究。

　　水稻不同生育阶段都需要一定的适宜温度范围。当环境温度低于或高于其生育的最适温度时,就会对水稻的生长发育、产量构成以及稻米品质造成严重危害。温度较高时,水稻生长发育速度加快,生育期缩短,不利于各种性状的生长、分化及发育;低温则延缓水稻的发育速度,延迟成熟,引起水稻的生长量降低,使水稻的生殖器官直接受害,空秕粒增多。

　　早籼稻开花结实期间,30℃高温可造成明显的伤害,35℃以上高温可导致稻谷出现大量秕粒,38℃时则严重危害实粒的形成,造成空粒(上海植物生理研究所人工气候室,1976)。自然条件下,35℃以上高温持续两小时以上将对汕优 2 号杂交水稻开花造成伤害(朱兴明等,1983)。

　　全球变暖导致的夜间温度升高将迫使植物代谢功能所需能量增加,从而影响水稻的安全生产。全生育期夜间温度升高对不同耐热早稻品种生长发育及产量的影响表明(魏金连等,2008),夜间高温明显加快早稻秧苗出叶速率,显著提高秧苗素质;有利于分蘖的发生和生长,提高有效穗数;明显缩短早稻始穗期和剑叶叶绿素缓降期,减少颖花分化,结实率下降,产量降低。但夜间温度升高对水稻产量影响因季节和生育阶段的不同而不同,播种—幼穗分化期的夜温升高有提高产量的作用,幼穗分化—抽穗期的夜温升高使产量下降,而抽穗—成熟期的夜温升高导致早稻产量下降,但可提高晚稻的产量(魏金连等,2010a)。水稻生长期间,夜温升高对中国长江中游地区双季早、晚稻产量的影响存在明显差异,夜间最低温度每升高 1℃早稻产量降低 5.42%~9.48%,而夜间最低温度每升高 1℃晚稻产量提高 8.99%~11.28%(魏金连等,2010b)。

　　温度变化对水稻的影响因地区而异。如中国东北地区,春夏季节气温增加将延长作物的生长季,有效积温增加,潜在理论产量增大,对水稻生产有益。

　　3. 光照变化

　　太阳辐射是光合作用的能源,光照强度的变化对植物生长与产量形成有直接的作用。水稻是 C3 作物中光合速率较高的作物,对光照条件要求极高。研究表明,弱光可造成水稻有效穗、穗粒数、结实率及千粒重降低,最终影响产量。

水稻分蘖期间的弱光将使水稻叶片的叶绿素 a+b 和 b 含量明显增高,光合速率与净同化率显著下降;茎叶中总可溶性糖含量减少 1/3～1/2,氮含量亦显著增加;同化物积累显著减少,且在植株器官间分配不协调,导致分蘖数和穗数显著减少(李林等,1994a);造成水稻开花灌浆期间阴害(李林等,1994b),使得稻株穗子积累的光合产物与由茎鞘转移的同化物明显不足,碳水化合物的有效性显著降低,蛋白质合成能力被削弱,致使植株体内糖氮代谢严重失调,糖含量明显减少,氮含量显著增加,颖花高度不育,空瘪粒增多,结实率下降,千粒重减轻,最终导致减产。始穗后的弱光显著降低水稻的产量,遮光 49% 和 69% 时,水稻产量分别降低40.1% 和 62.1%,结实率分别下降 27.8% 和 44.2%;粒重,特别是弱势粒重及籽粒充实率随光强的减弱也显著降低(任万军等,2003)。

不同生育期遮光 45% 均使水稻干物质积累速率降低。插秧至幼穗分化 1 期遮光主要使分蘖数急剧下降,有效穗数减少,叶面积指数下降,产量下降 11.56%,但株高增加。幼穗分化1 期至 5 期遮光后对水稻生长影响不大,产量仅降低 5.46%。分化 5 期至始穗期遮光主要使每穗粒数和千粒重下降,对产量影响较大,降低幅度达 30.80%。始穗至成熟期遮光主要影响结实粒和千粒重,产量降低 55.40%(蔡昆争等,1999)。

4. 降水变化

水稻对水分的需求特别敏感,干旱将导致水稻生长发育严重受阻,造成严重减产甚至绝收。降水量与水稻的栽培面积有着一定的关系(戴兴临等,2009)。水稻与其他作物不同,可通过增加灌溉来弥补降水量的不足。水资源储量和当季降水量共同决定了水稻的水分供给,二者均决定于降水的时空分布。因而,气候变化对降水的影响,直接影响甚至决定了水稻生产的规模、效益和稳定性。同时,作为影响温度、光照等气候因子的降水日数也间接地影响水稻生产。

第二节　小麦生长发育变化

中国小麦栽培遍及中国,从种植面积、产量、生产模式综合考虑,基本可将小麦划分为春麦区、北方冬麦区和南方冬麦区。春麦区主要分布在长城以北、岷山、大雪山以西地区,这些地区大部分处在高寒或干冷地带;北方冬麦区主要分布在长城以南,淮河以北的地区,是中国最大的小麦产区,小麦播种面积和产量约占中国 2/3;南方冬小麦区主要分布在秦岭淮河以南,播种面积和总产量约占中国 30%,是中国商品小麦的重要产区。气候变化对小麦生长发育进程和发育速度影响显著。

根据 1961—2007 年中国冬小麦生长季及其关键生育期的太阳辐射、有效积温、持续时间等资源分析表明,中国冬小麦播种期平均推迟 0.5 d/10a,抽穗期、成熟期分别平均提前 1.6 d/10a 和 1.7 d/10a,全生育期平均缩短 2.2 d/10a。冬小麦生长季有效积温平均增加 7.8℃ • d/10a,但太阳总辐射平均减少 39.69(MJ/m²)/10a,下降率为 2.34%/10a。生育期缩短明显的区域是北方冬麦区,光热资源的变化对冬小麦生产潜力正负影响并存(王斌等,2012)。春小麦的变化趋势与冬小麦基本相同,即春季播种期提前,全生育期进程缩短,生育期平均缩短 2

～5 d/10a(赵鸿等,2007a;杨飞等,2012)。

暖冬和初春的气温升高有利于麦田病、虫孢子越冬滋生,致使小麦病虫害加重;同时,由于温度升高和降水减少,易造成土壤干旱,不利于麦苗生长发育;部分年份可能导致小麦春化作用不彻底,小穗发育不良,不孕小穗增多;但开花期延长,花前营养生长时间充分,结实率增加(邓振镛等,2008)。黄淮海平原区,暖冬将加快小麦生育进程,使之提前进入拔节期,而后一旦遇有倒春寒天气就会造成严重冻害,从而增加倒春寒的危害程度(高懋芳等,2008)。农田FACE实验表明,高CO_2浓度使小麦生物产量显著增加,平均叶面积指数和净同化率增加,小麦成熟期茎鞘可溶性糖和淀粉含量及总量均明显增加(杨连新等,2007b)。

一、北方麦区

北方冬麦区播期推迟,全生育期缩短,需水量减少。温度作为热量条件的标志,通过其强度、持续时间和变化规律等对小麦生长产生影响,小麦的每个生育阶段都需要在一定的温度变化范围才能正常进行。在北方冬麦区,最低气温升高是冬小麦生育期提前的主要原因,冬小麦播种期和返青期的变化趋势不明显,抽穗期和成熟期分别以0.46 d/a和0.27 d/a的趋势显著提前(姬兴杰等,2011)。水是影响植物物候期的另一重要气候因子,干旱会延缓植物的生长发育,使植物的发育期推迟,降水增加对冬小麦生育期有促进作用,当光照和热量条件满足时,年降水量每增加100 mm,冬小麦的拔节期和抽穗期分别提前0.84 d和1.65 d(杨建莹等,2011)。近50年来(1960—2009年),黄淮海地区的气候变化使冬小麦需水量下降,其中在1970—1999年间下降显著,倾向率达到了9.21～18.90 mm/10a,需水量下降的主要气象原因是太阳辐射量下降。温度、日照时数、平均风速与冬小麦需水量呈显著正相关,平均相对湿度与其呈显著负相关(杨晓琳等,2012)。

1981—2005年华北平原3个站点(南阳、郑州、栾城)冬小麦生育期变化的模拟结果表明(Liu et al.,2009),如果品种保持不变,气候变暖趋势缩短了3个站点小麦生育期,主要是开花前生长阶段显著缩短(约4 d/10a),开花后生长阶段不变。而实测结果则显示,除南阳外小麦生育期缩短不显著,3个站点小麦花前生长阶段都缩短,南阳站小麦花后生长阶段没有变化,而郑州和栾城小麦花后生长阶段则显著延长。河南省7个农业气象观测站1981—2004年冬小麦生育期观测表明(余卫东等,2007),冬小麦自返青到成熟的各生育期均表现出提前的趋势,其中以拔节期提前最明显;冬小麦全生育期存在1.3 d/10a的总减少趋势;导致冬小麦生育期提前的主要原因是2—5月平均气温的上升和3月日照时数的增加。也有研究显示,气候变化对小麦生育期没有明显影响或使之延长。Tao等(2006)对1981—2000年郑州和天水小麦生育期的研究表明,在郑州,小麦生育期变化不显著;在天水,小麦生育期与春季平均最高温度相关,小麦成熟期每10年提早了3.3 d。

石家庄近50年来冬小麦主要生育期变化表明(车少静等,2005),与1978—1990年相比,1991—1997年和1998—2003年两个阶段返青到成熟期的持续日数均增多,但具体到各生育期则略有不同,90年代以后,返青到起身期的持续日数缩短,拔节到抽穗期之间的日数变化不大,而起身到拔节期和抽穗到成熟期之间的持续日数均延长。各生育时期与春季气温呈负相关,对大多数生育时期而言,它与返青到该生育时期之间平均气温的相关性最好。

比较1971—1980年和2000—2009年华北地区冬小麦的生育期变化(杨建莹等,2011),除南部江苏、安徽两省播种期无明显变化外,其余地区的冬小麦播种期普遍推迟7～10 d;返青期变化较为复杂,西部地区推迟 2~10 d,而东南部的山东、安徽及江苏地区提前 5~7 d;拔节期普遍提前,北部地区提前较多,达 5~10 d;抽穗期推迟明显,且以华北中部和北部最为明显,达10~15 d;除华北南部胶东半岛外,华北大部分地区冬小麦成熟期推迟 5~10 d。气候波动是导致华北地区冬小麦生育期变化的主要原因,日照时数与冬小麦返青期和拔节期呈显著相关,日照时数减少,冬小麦返青期和拔节期提前,而受年均气温升高影响,冬小麦抽穗期有所推迟,积温增加对冬小麦成熟期有推迟作用,同时降水对冬小麦生长的拔节和抽穗有促进作用(图8.3)。

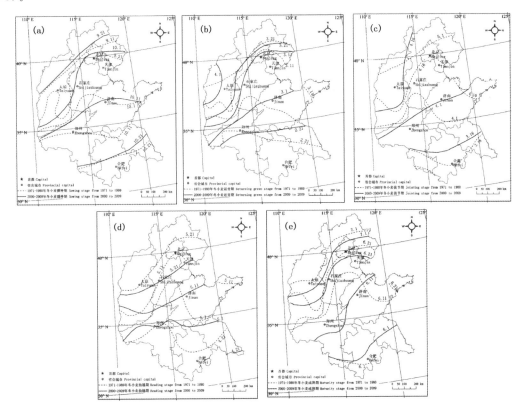

图 8.3　华北地区冬小麦生育期变化对比(1971—1980 和 2000—2009)(杨建莹等,2011)
(a)播种期;(b)返青期;(c)拔节期;(d)抽穗期;(e)成熟期

内蒙古地区春小麦主产区的 3 种气候类型区(西部麦区、中部麦区和东部麦区)春小麦生育期也发生显著变化(曹艳芳等,2009),1955—2005 年内蒙古春小麦全生育期缩短(侯琼等,2009)。位于内蒙古西部河套平原的乌拉特前旗是西部麦区农业气象观测的典型代表站,1980年以来,除成熟期外,春小麦各生育期均显著提前,1980—2007 年春小麦出苗期提前 7 d,拔节日期提前 11 d,开花日期提前 5 d(图 8.4)。位于内蒙古中部的土左旗是中部春小麦区典型观测站,1980—2007 年春小麦出苗期、三叶期、分蘖期和拔节期没有发生显著变化,而抽穗期、开花期和成熟期则呈现显著增加趋势,抽穗期、开花期和成熟期分别提前 8 d、7 d 和 4 d。位于内蒙古东南部的翁牛特旗是内蒙古东部春小麦主要产区,1980—2007 年春小麦出苗期、三叶期、分蘖期的变化不显著,但拔节期、抽穗期、开花期和成熟期呈显著提前趋势,拔节期、抽穗期、开花期和成熟期分别提前 3.5 d、4 d、6.5 d 和 3 d。

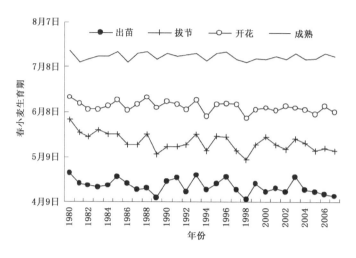

图 8.4　乌拉特前旗历年春小麦生育期变化(侯琼等,2009)

二、西北黄土高原麦区

气候变暖对西北各麦区也产生了不同的影响。1951—2004 年,西北半干旱区气温距平呈上升趋势,冬小麦越冬死亡率有所下降,整个生育期缩短,气候变化有利于冬小麦生长。同时,由于冬季气温升高,也造成后期小穗发育不良,不孕小穗增多等不良影响(张秀云等,2012)。受气候变暖的影响,黄土高原半湿润区在 1981—2010 年间,冬小麦播种期每 10 年推后 2～3 d,全生育期每 10 年缩短 7～8 d,但冬小麦水分利用率呈上升趋势(姚玉璧等,2011)。在气候变化的影响下,1980—2007 年柴达木灌区日平均气温≥0℃、≥10℃界限温度初日提前,终日推后,积温增多,作物潜在生长季延长,小麦播种期推迟、成熟期提前,种植小麦生长期缩短(王力等,2010)。位于西北特干旱、干旱、半干旱 3 种主要气候类型区的敦煌、武威(1981—2005)、定西(1986—2005)3 个农业气象观测站春小麦各个物候期变化表明(赵鸿等,2007a),不同气候类型区影响春小麦生长的主导因子不同。影响敦煌、武威、定西 3 站春小麦生育期和产量的主导气象因子分别为≥0℃积温、日平均气温、降水量。敦煌站春小麦播种期、拔节期、开花期、成熟期提前率分别为－0.345 d/a、－0.962 d/a、－1.997 d/a、－0.136 d/a,整个生育期则延长 0.209 d/a,生育期天数与期间≥0℃的积温呈极显著的正相关关系,与日照时数呈显著的正相关关系。1981—2005 年武威站春小麦除播种期推迟 0.02 d/a 外,拔节期、开花期、成熟期提前率分别为－0.188 d/a、－0.413 d/a、－0.341 d/a,整个生育期缩短 0.370 d/a,生育期天数与生长期间日平均温度呈极显著的负相关关系,日均温每增加 1℃,生育期缩短约 0.1 天。定西站春小麦播种期、成熟期提前趋势不显著,拔节期、开花期则表现为略微的推迟,整个生育期变化不显著,生育期天数与期间降水量呈极显著的正相关关系。高寒阴湿雨养农业区(甘肃岷县)1987—2004 年和西北干旱区高海拔地(民乐)、低海拔地(张掖)1981—2006 年春小麦生长发育变化表明(赵鸿等,2008a,2008b,2009),春小麦生育期内日均气温每升高 1℃,岷县、民乐和张掖春小麦生育期分别缩短 9.2 d、8.3 d 和 3.8 d。石羊河流域气象站 47 年气象观测资料和武威农业试验站 37 年春小麦生育期变化表明(刘明春等,2009b),春小麦三叶期、抽穗期、成熟期 2001—2007 年较 80 年代分别缩短了 2 d、6 d、7 d,较 90 年代缩短了 1 d、4 d、5 d;播种—三叶、拔节—抽穗、全生育期日数均有不同程度的减少,其中全生育期日数 2001—2007 年平均为 115 d,较 80 年代和 90 年代(均为 123 d)减少了 8 d。各生育阶段持续日数与此期间平均气温均呈显著负相关,气温对春小麦生育的促进作用在生育前期影响更为明显。

中国西北部的西峰 1981—2004 年冬小麦生育期变化表明(Wang et al.,2008),冬小麦拔节期、孕穗期、开花期、成熟期分别提前 0.55 d/a、0.41 d/a、0.46 d/a、0.45 d/a。拔节期提前与 3 月最低温度显著相关,最低温度每升高 1℃,提前 3.4 d;孕穗期提前与 4 月最高温度、最低温度显著相关,最低温度每升高 1℃,提前 2.2 d。冬小麦从出苗到拔节缩短了 0.67 d/a,且与最低温度显著相关,最低温度每升高 1℃,缩短 4.3 d;从拔节到孕穗延长了 0.15 d/a,且与最低温度有关,最低温度每升高 1℃,延长 3.3 d;从开花到乳熟延长了 0.34 d/a,且与最低温度显著相关,最低温度每升高 1℃,延长 3.6 d;从乳熟到成熟缩短了 0.38 d/a,且与最高温度显著相关,6 月最高温度每升高 1℃,缩短 3.6 d。

基于地面试验田平行观测资料的甘肃陇东黄土高原冬小麦生育期变化表明(王位泰等,2006),1981 年以来,冬小麦出苗至三叶期从 90 年代开始持续推迟,期间日数增加 4~6 d;分蘖至越冬期间日数缩短 6~14 d;返青、起身和拔节期明显提前 2~10 d,越冬至返青及返青至起身期间日数均缩短 10 d 左右,而起身至拔节增加 9~12 d;孕穗、抽穗、开花均提前 5~10 d,但期间持续日数无明显变化;开花至乳熟阶段,主要是开花期明显提前 5~6 d,乳熟日期无明显变化,期间持续日数增加 4~6 d;乳熟至成熟阶段主要是成熟期明显提前,期间持续日数减少 4~7 d。返青前期平均气温每升高 1℃,返青日期平均提前 3 d;成熟收获期平均气温每升高 1℃,成熟期提前 5.5 d。

1981—2005 年中国西北半干旱地区通渭县两个不同海拔高度站点(海拔高度分别为 1798 m 和 2351 m)冬小麦生育期变化表明(Xiao et al.,2008),低海拔站点冬小麦播种期、开花期、成熟期分别提前 0.3 d/a、0.3 d/a、0.2 d/a,生育期缩短 0.6 d/a。年平均温度每升高 1℃,生育期缩短 8.4 d;年平均降水量每减少 10 mm,生育期延长 0.04 d。而高海拔站点冬小麦播种期、拔节期、开花期、成熟期分别提前 0.4 d/a、0.2 d/a、0.3 d/a、0.4 d/a,生育期缩短 1.3 d/a。年平均温度每升高 1℃,生育期缩短 15.4 d;年平均降水量每减少 10 mm,生育期缩短 0.06 d。

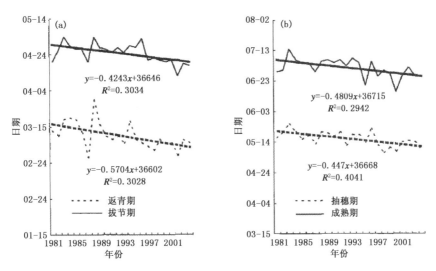

图 8.5　冬小麦营养生长阶段(a)和生殖生长阶段(b)发育期变化趋势(郭海英等,2006)

　　甘肃省西峰地区的冬小麦返青期、拔节期、抽穗期、成熟期等普遍提前，且以返青期提前最为显著，线性趋势达 5.7 d/10a(图 8.5)(郭海英等,2006)。1981—2003 年甘肃省天水、西峰两地冬小麦整个生育期缩短 8～10 d,而返青—开花期天数延长 7 d。冬季气温升高是冬小麦生长发育变化的关键,冬季温度升高使得冬小麦越冬死亡率下降,越冬天数减少 7～8 d(蒲金涌等,2007)。甘肃陇东黄土高原的冬小麦越冬期日数与期间负积温具有较好的负相关关系,负积温平均每减少-8.5 ℃·d,越冬天数平均减少 1 d;返青前期平均气温每升高 1 ℃,返青日期平均提前 3 d;冬小麦成熟期存在明显提前的响应变化趋势,平均气温每升高 1 ℃,成熟期提前 5.5 d(王位泰等,2007)。

三、东北春麦区

　　东北春小麦生育期变化有早有迟。1981—2008 年与 1951—1980 年相比,松嫩平原春小麦生育期部分地区推迟、部分区域提前,总体在推迟 5 d 和提前 3 d 范围之内,基本上是北部地区略微提前而南部则略微推迟,但总体变化不大(杨飞等,2012)。1992—2009 年东北三省春小麦抽穗期均出现提前态势,区域差异维持在 20～30 d 之间(李正国等,2011)。内蒙古灌区春小麦播种期和出苗期略有提前,全生育期缩短不明显,约为 1.5～2.5 d/10a,主要是灌浆期缩短,成熟期提前。旱作区春小麦因干旱使播种期明显推后,生育期缩短较明显,大兴安岭东麓生育期缩短达 12 d/10a(侯琼等,2009)。

四、气候变化对小麦生长发育的影响

1. CO_2 浓度变化

　　CO_2 浓度升高一方面导致气候变暖,引起降水及其他生态因子的变化,进而间接影响农作物的生产;另一方面,CO_2 浓度升高还对农作物本身产生直接的影响。目前,CO_2 浓度升高对小麦生长发育与产量的影响,主要集中在对小麦生长发育特性、生理生化过程等的影响上,涉及小麦产量、植株干重及根冠比、生长参数、碳交换速率(叶片光合与呼吸)、气孔导度、气孔数量及密度等的变化。

　　大气 CO_2 浓度升高促进干物质积累和产量形成,潜在提高小麦产量(Rosenberg et al.,1990),还可能通过与其他温室气体的互作间接影响小麦产量。气室条件下,CO_2 浓度在 350～1000 ppm 范围内,小麦增产幅度为 4%～54%(Deepak et al.,1999);小麦的穗数、穗粒数、生物量和产量显著提高(王修兰等,1996);FACE 实验表明,CO_2 浓度增加,小麦增产可达 8%～25% (Pinter et al.,2000)。尽管不同试验条件下 CO_2 浓度升高均有利于产量和产量构成要素的提高,但提高程度不同。气室条件下 CO_2 浓度每增加 1 ppm,小麦产量增幅为 0.072%～0.14%,而 FACE 条件下仅为 0.068%(Jeffrey,2001)。Manderscheid et al.(2007)研究表明,FACE 条件下小麦千粒重只是受到轻微影响或者没有影响。过高的 CO_2 浓度会导致小麦减产(李世峰,2005)。小麦产量提高主要与 CO_2 增加有利于提高千粒重、每穗粒数、穗数有关(杨连新等,2007a)。同时,CO_2 浓度升高对小麦收获指数的影响也存在差异,或显著提高(Wu et al.,2004),或影响不显著(Hakala,1998)。

　　CO_2 浓度升高对小麦生长发育的影响主要集中在形态与生理特性方面。CO_2 浓度升高能促进小麦根、茎、叶生长,分蘖数、干物质积累和株高有增加的趋势。气室条件下,小麦株高

增加,生育期缩短(白月明等,1996;王修兰等,2003),抽穗期提前 7～8 d,花期、乳熟期提前约 1～4 d(白月明等,1996);同时,CO_2 浓度增加还改变小麦根系形态,使根系变粗、增加不定根数量,显著提高根系生物量(增幅 16%～63%),根际微生物活性增强,在水肥充足条件下,禾本科类 C3 作物的根系生物量平均增加 47%,地上部分增量仅为 12%。FACE 条件下,小麦根系生物量平均增长 35.9%,且各生育期均有所不同,其中以拔节期增幅最大(马红亮等,2005a,b);宁麦 9 号成熟期穗长、穗下第 1、2 节间均显著增长,株高平均增加 0.8%～6.2%(李世峰,2005)。

小麦叶片光合速率随 CO_2 浓度升高有所增加。气室条件下,CO_2 浓度增加且氮素充足时,碳同化量增加 8%～22%;FACE 条件下,CO_2 浓度增加,碳同化量增加 27%(Brooks et al. ,2000)。同时,小麦对 CO_2 浓度升高的短期响应和长期适应表现出不同差异,短期 CO_2 浓度升高,小麦光合作用中 1,5－二磷酸核酮糖羧化酶的羧化作用提高,净光合速率显著提高;但长期高 CO_2 浓度对光合速率的促进随着时间的延长逐渐消失(Chen et al. ,2005)。氮素的吸收利用也是直接影响小麦产量的重要因素之一,而 CO_2 浓度升高对小麦氮素吸收有着显著影响。在气室条件下,CO_2 浓度升高导致小麦吸氮量增加(马红亮等,2005b),氮素利用率增加 51%～55%,氮素收获指数增加 1%～2%;FACE 条件下,CO_2 浓度增加也导致小麦各时期吸氮量均有所增加,小麦籽粒、叶片、茎鞘中的氮含量均有所下降,氮素生产效率(氮收益)、吸收效率在高浓度 CO_2 条件下也均有所增加(马红亮等,2005a)。小麦氮素在各生育期不同器官的分配比例对 CO_2 浓度升高的响应也非常显著,CO_2 浓度升高使氮素在小麦叶片中的分配比例显著降低,在茎鞘中的分配比例显著增加,在穗中的分配比例则抽穗期显著降低,抽穗后20 d 及成熟期明显增加;使小麦不同生育时期氮素物质生产效率显著增加(5.5%～10.2%);使小麦氮素收获指数(16.3%)、氮素籽粒生产效率(9.3%)均显著或极显著提高(李世锋,2005)。因此,CO_2 浓度升高可以显著提高小麦氮素吸收和利用效率,是 CO_2 浓度升高下产量提高的重要因素之一。

总体而言,CO_2 浓度升高对小麦生长发育和产量的影响主要表现在缩短小麦生育期,促进了小麦根、茎、叶的生长,提高了小麦光合作用和氮素的吸收与利用,最终有利于产量提高。FACE 条件下,CO_2 浓度升高使小麦平均增产约为 8%～25%,而气室条件下增产幅度则达到4%～54%,且二者产量提高均是由于单位面积穗数、穗粒数的显著提高,与千粒重关系的研究尚无定论。

2. 温度变化

气候变暖是气候变化的最明显特征之一。小麦属于喜凉作物,当最高气温超过 32℃后,小麦产量显著降低、品质变劣。黄淮海平原地区,秋冬季适度增温总体有利于小麦产量提高,但春季增温则相反,升温愈高,减产愈多(周林等,2003);江淮地区,冬小麦产量与冬季气温呈正相关,未来春季降水的偏少趋势将不会对冬小麦产量构成大的威胁(张爱民等,2002)。史印山等(2008)研究认为,冬小麦产量与气温显著相关,当平均气温变化在－1.2℃至 1.2℃之间时,小麦气候产量为正值,温度过低或过高将会导致小麦减产,而高温则将加剧小麦减产。

气候变暖对冬小麦生长发育也有显著影响。暖冬年份小麦冬前生长快,冬季叶龄较常年多,小麦拔节期、抽穗期、成熟期均提前(董昀等,2008);暖冬冬前有效积温的显著增加将加快小麦叶的生长和分蘖速度,冬前高峰苗提早形成,成穗率下降。同时,暖冬年份小麦冬、春季分蘖没有明显的停滞阶段,分蘖不断发生,营养生长量加大,总叶龄、高峰苗数量加大。枯黄叶多,绿叶数减少,营养生长偏旺,群体质量下降(朱展望等,2008;郭静等,2009)。但冬前温度偏高,有利于促进小麦早发壮苗,为足穗打下良好基础(申玉香等,1999),暖冬天气对较小群体小麦的生产能力有促进作用(郭静等,2009)。

气候变暖对小麦产量的影响较为显著,且全球气候变暖同时引发了其他生态条件的变化,各方面的变化皆对小麦产量形成具有显著影响。气候变暖对小麦生产的利害影响还与其他气象因子(如降水)和小麦自身的群体生长发育密切相关,尚无明确的定论,类似的研究也需进一步深入和明确。

3. 光照变化

冬小麦是喜光作物,光照强度与小麦产量形成密切相关(李永庚等,2005)。黄淮海麦区和长江中下游麦区(30°～42 °N)是中国的粮食主产区,小麦面积和产量超过中国的70%(中国农业年鉴编辑委员会,2007),然而该区的种植方式和气候变化使小麦生产中存在弱光现象,直接影响小麦生产,太阳辐射减少是最重要原因之一。过去50年里,到达地球表面的太阳辐射显著下降(杨彦武等,2004),尤其在中国的粮食主产区黄淮海麦区和长江中下游麦区,日照时数在过去近50年内快速下降(闫敏华等,2003),平均每年下降3.74～9.22 h,在小麦生长季(每年10月到第二年5月)下降2.98～3.67 h(金之庆等,2001)。弱光降低了小麦的干物质积累和籽粒产量(贺明荣等,2001),其中拔节至成熟期弱光显著降低小麦籽粒产量(牟会荣,2009)。遮光22%时,扬麦158和扬麦11的产量分别较对照下降6.4%和9.9%;遮光33%时,两品种小麦产量分别降低16.2%和25.8%,下降幅度均较光强小,表明存在缓减拔节至成熟期遮光不利影响的补偿效应发生,且较大强度遮光条件下的弱光补偿效应低于较小强度遮光,较耐弱光品种扬麦158在弱光下的补偿效应较扬麦11(较不耐弱光)大。但Evans(1993)认为,当遮光强度不超过20%时,小麦产量不受明显影响。Judel等(1982)对开花期前后两个品种小麦(Houser和Benni)遮光(50%)研究发现,Houser的生物产量和籽粒产量均显著下降,而Benni的生物产量和籽粒产量却不受影响。研究表明(Wang et al. ,1994),弱光条件对小麦产量的影响与周围环境也密切相关,在干旱时不影响产量,而在湿润气候下产量显著下降。

弱光对小麦产量的影响与粒重密切相关。弱光降低了小麦粒重(Wang et al. ,2003),进而降低了产量。灌浆期弱光将使叶片光合速率下降,同化物供应减少,灌浆速率下降是粒重下降的主要原因(贺明荣等,2001);但弱光对小麦籽粒重的影响因品种而异,不同小麦品种粒重对花后弱光的适应能力差别很大,对灌浆期弱光适应能力强的品种粒重影响不显著,而弱光适应能力较弱的品种粒重显著下降。小麦在不同生育期的弱光作用下,粒重的响应程度也不一致。小麦花后11～22 d遮阴对粒重的影响最大(贺明荣等,2001)。

弱光对小麦穗粒数的影响也较为明显。挑旗孕穗期是小麦小花退化较为集中时期,穗库器官的发育影响穗粒数的形成。挑旗孕穗期弱光显著降低小麦的穗粒数,而其他时期遮光对穗粒数影响不明显(Demotes-Mainard et al. ,2004)。小麦小花发育的不同时期遮光对小花总数都没有明显影响,但不孕小穗数明显增多,导致穗粒数显著减少,进而影响产量提高(王沅等,1981)。花前10～13 d遮光对穗粒数影响最大(Fischer et al. ,1980),但也有研究表明(Estrada-Campuzano et al. ,2008),花前3周到花后1周遮去小麦冠层光强的67%,小麦的小穗颖花数显著下降,从而造成单位面积籽粒数下降,导致小麦产量的显著下降。

弱光对生育前期小麦生长发育的影响显著。弱光将降低单株分蘖和次生根的数目,但提高分蘖成穗率(张礼福等,1989)。同时,弱光将推迟小麦物候期;提高前期单株分蘖数、绿叶面积和地上生物量,有利于个体的生长;但从抽穗期开始,遮光处理因为叶面积指数过高,群体光照严重不足,春季分蘖和下部叶片大量死亡,最终导致地上生物量和产量的下降(裴保华等,1998)。长期弱光将显著降低籽粒灌浆速率和籽粒干物质积累量,进而使籽粒产量下降(牟会荣,2009)。遮光 22% 的两品种小麦籽粒平均灌浆速率较对照低 4~4.8 (mg/d)/茎,遮光 33% 处理下扬麦 158 和扬麦 11 籽粒灌浆速率分别较对照减少 10.1(mg/d)/茎和 12.8 (mg/d)/茎,两品种间差异较显著;而遮光 22% 时扬麦 158 和扬麦 11 籽粒干物质分别较对照降低 9.86%~12.97% 和 10.17%~10.71%,遮光 33% 的两品种小麦籽粒干物质分别较对照降低 20.56%~20.82% 和 26.42%~27.65%。

总体而言,弱光将显著影响小麦的生长发育,降低产量,但产量下降幅度与小麦基因型、弱光程度、弱光历期、弱光时期及周围环境密切相关,尤其在长期弱光作用下随弱光程度增大,小麦产量下降幅度可达 6.4%~25.8%。

4. 降水变化

降水是影响冬小麦生长发育和产量的重要气象因素之一。中国降水呈南多北少趋势,并有明显的季节和区域特性(林云萍等,2009)。近 50 年,华北地区降水量持续下降,长江流域降水总量则呈增加趋势(何丽,2007),西北东部降水呈减少趋势、西北西部降水呈增多趋势(陈冬冬等,2009)。同时,各区域降水强度的季节分布呈较为集中的趋势(林云萍等,2009)。但小麦各生育期对降水量的需求不同,淮北地区小麦中后期(3—5 月)降水对产量的形成影响较大;小麦苗期(10—2 月)降水对分蘖的数量影响较大(樊有义等,2001);淮北地区小麦气象产量与播种—分蘖和返青—拔节期的降水量呈显著正相关,与抽穗—成熟期的降水量呈显著负相关(赵荣等,2005)。而西北地区,小麦生育期间各月降水,除 2 月外,均与小麦产量呈显著正相关;而休闲期间的 6、7、8 三个月降水与小麦产量呈显著负相关(张正斌等,1996);黄淮海地区,降水增加对小麦增产有促进作用,且春季降水量的变化对冬小麦产量的影响最为明显(周林等,2003)。

因此,降水量对小麦生产的影响是一个较为复杂的过程,与其不同生育期具体降水量密切相关,生育前期降水增加有利于小麦产量提高,而后期则会导致一定的减产。CO_2 浓度、气温和光照的任何一个因素或多个因素与降水的协同作用均将对小麦产量产生重要影响。

第三节　玉米生长发育变化

玉米是世界三大谷物之一,中国年种植面积达 0.24 亿 hm^2,主要有三大产区:一是北方春播玉米区,包括吉林、黑龙江、辽宁、内蒙古等省区;二是黄淮海夏播玉米区,包括山东、河南、河北等省市;三是西南山地玉米区,包括云南、贵州等省(图 8.6)。三大玉米产区种植面积占中国总面积的 80% 以上(陈永顺,2012)。玉米是 C4 植物,大气 CO_2 浓度较低时即具有较强的光合能力,这种光合特性使玉米对高 CO_2 浓度的反应较 C3 作物低,却可能增加由于温度升高带来的不利影响;同时,高 CO_2 浓度可以增加气孔阻抗,因而可以提高玉米的水分利用效率。温度升高可以极显著地促进玉米的生长,使玉米的株高和株茎均增加,生长发育期缩短,但其根长和叶绿素含量则无显著变化(张茹琴,2010)。

图 8.6　中国玉米生态类型区

一、东北春播玉米区

　　根据辽宁省 16 个站点 1980—2005 年的玉米物候资料分析表明,玉米生育期和温度呈显著负相关,与降水呈正相关关系(李荣平等,2009)。正常水分条件下,东北地区平均气温上升1℃,玉米出苗期提前 3 d 左右,出苗至抽雄期缩短 6 d 左右,抽雄至成熟期缩短 4 d 左右,全生育期缩短 9 d 左右(马树庆等,2008)。与 20 世纪 60 年代相比,2001—2006 年在玉米适宜生长区域内适宜播种期普遍提前 2~10 d(贾建英等,2009)。1961—2010 年,东北三省的初霜日呈现出逐渐推迟的趋势,春玉米乳熟期提前一旬至一个半月,成熟期提前几天至二十几天不等(王培娟等,2011)。热量条件的增加促使东北地区作物春季物候期提前和秋季物候期推后,使大田作物播种期提早、收获期推后,作物适宜生育期延长。东北大部分地区玉米生育期增加10 d 左右,其中北部部分地区适宜生长期延长 10~20 d;玉米适宜生长区域内适宜播种期普遍提前 2~10 d(纪瑞鹏等,2012)。气候变暖对东北玉米生育期的影响存在空间差异,近 20 年(1992—2010 年)松嫩平原春玉米播种期西部较东部晚 1 d,乳熟期东部向西部地区推迟天数由 3 d 依次递增至 5 d 左右,春玉米的成熟期总体推迟 4~5 d(杨飞等,2012)。目前,辽宁省北部、吉林省南部可以种植生育期为 130 d 的晚熟玉米(谢立勇等,2009)。在内蒙古地区,玉米物候期延长 10~20 d,其中大兴安岭东麓延长最为明显,同时玉米种植面积呈现随气温增加而线性增加的趋势,气候变暖促进了玉米的种植界限向北延伸,玉米的种植面积扩大(侯琼等,2009)。1951—2010 年间,松嫩平原≥10℃积温线明显北移,主要农作物适种范围明显扩大,在前 30 年内,玉米主要种植在 47°N 附近及其以南区域,而现今积温线明显北移,47°~48°N的区域也适宜玉米种植,特别是中晚熟品种的玉米种植(杨飞等,2012)。

　　正常水分条件下,东北地区平均气温上升 1℃,玉米出苗期提前 3 d 左右,出苗至抽雄期间缩短 6 d 左右,抽雄至成熟期间缩短 4 d 左右,全生育期缩短 9 d 左右,出苗速度和出苗以后的生长发育速度提升 17% 左右(马树庆等,2008)。1971—2006 年辽宁省玉米适宜播种期提前 4 d 左右(纪瑞鹏等,2009)。1980—2005 年辽宁省玉米播种期呈微弱的提前趋势,但全省范围内玉米播种期空间异质性较大,最晚播种和最早播种时间最大相差达 49 d,最早播种日为 3 月

2 日,最晚播种日为 4 月 20 日,平均播种日期为 3 月 25 日。出苗期呈微弱缩短,但出苗速度相差较大,最快出苗仅为 7 d,最慢出苗需要 36 d,最大差距为近 1 个月,平均出苗速度为 16 d,从而使得玉米成熟期呈极显著推后趋势,生长季长度呈显著延长趋势。玉米播种期、出苗期、成熟期和全生育期均与温度呈显著负相关,2—4 月平均气温每升高 1℃,播种期提前 0.56 d,出苗速度快 0.56 d。8—9 月平均气温每升高 1℃,玉米提前成熟 2.40 d。玉米生长季长度与年均气温呈显著负相关,每升高 1℃,生长季缩短 0.94 d。

在热量充足条件下,降水亦影响播种时间。播种期与 2—4 月降水量呈显著二次曲线关系,降水越少,播种越晚;降水越多,播种也越晚;降水适中,播种最早。玉米出苗期与 2—4 月降水量呈显著负相关,降水越多,出苗越早,多降水 100 mm,玉米出苗期缩短 1.60 d。玉米开始成熟与 8—9 月降水量相关性不显著。玉米生长季长度与年降水量显著负相关,降水每增加 100 mm,生长季缩短 0.78 d,降水增加有利于玉米加速生长,缩短生育期(李荣平等,2009)。

二、黄淮海夏播玉米区

黄淮海玉米适宜生育期延长,推动了小麦—玉米"两晚技术"。气候变干,河南 6—9 月总降水量每 10 年减少 33 mm,6—9 月总降水量与玉米乳熟期、成熟期呈显著负相关,干旱使玉米生长减缓,发育期推迟,尤其是生殖生长期延长趋势明显,每 10 年延长 1~2 d,全生育期每 10 年延长 2.1 d(邓振镛等,2010)。值得注意的是,温度升高也增加了农业生产的不稳定性,1961—2000 年山西晋中市≥10℃初日提前,使玉米适时早播成为可能,对晋中玉米生长有利,但这种增温趋势并未使终霜日提前、初霜日推后,反而使其更不稳定,遭受冻害的潜在危险增大。同时,降水减少增加了旱灾的风险,晋中市第一场透雨出现时间趋于稳定,对玉米播种较为有利,但降水减少增加了玉米遭受春旱、夏旱的可能性,对玉米生长带来不利影响(钱锦霞等,2006)。

综合考虑其他气候因子影响时,气候变暖将使玉米生育期呈现一定程度的延长。1981—2005 年华北平原 3 个站点(南阳、郑州、栾城)气候因素和非气候因素对夏玉米生育期的影响模拟表明(Liu et al.,2009):如果品种保持不变,玉米花前生长阶段稍有缩短,花后生长阶段不变。实测结果显示,3 个站点玉米生育期均延长,郑州和栾城达显著水平;南阳和栾城玉米花前生长阶段没有变化,而郑州玉米花前生长阶段延长;3 个站点花后生长阶段均延长。河南省 7 个农业气象观测站 1981—2004 年夏玉米生育期观测表明(余卫东等,2007),夏玉米所有生育期都表现出延迟趋势,以成熟期延迟程度最大;夏玉米全生育期天数呈现出显著增加的趋势,增加速率为 2.1 d/10a;6—9 月总降水量减少是造成夏玉米生育期延迟的主要原因。1981—2004 年河南省夏玉米所有生育期都呈延迟趋势,但延迟程度不完全相同,以三叶期、七叶期和成熟期的延迟最为显著。相应的生育期天数也呈不同变化趋势,播种到三叶、吐丝到乳熟、乳熟到成熟的生育期天数及全生育期天数都表现出增加的趋势,其中以播种到三叶期间天数增加最为显著(表 8.3);夏玉米全生育期天数显著增加,增加速率达 2.1 d/10a(余卫东等,2007)。1955—2005 年内蒙古玉米的春季物候期提前、秋季物候期推后,生育期延长 10~20 d(侯琼等,2009)。

表 8.3　河南夏玉米各生育期及其持续天数的线性变化(余卫东等,2007)

生育期	相关系数	斜率(d/a)	生育期天数	相关系数	斜率(d/a)
播种	0.29	0.11	播种—三叶	0.63**	0.10
三叶	0.51*	0.21	三叶—七叶	−0.07	−0.01
七叶	0.48*	0.23	七叶—拔节	−0.30	−0.06
拔节	0.38	0.14	拔节—抽雄	−0.28	−0.06
抽雄	0.24	0.09	抽雄—开花	−0.19	−0.01
开花	0.21	0.07	开花—吐丝	−0.05	0.00
吐丝	0.18	0.07	吐丝—乳熟	0.53**	0.11
乳熟	0.36	0.18	乳熟—成熟	0.52*	0.15
成熟	0.54**	0.33	全生育期	0.44*	0.21

* 和 * * 分别表示通过 0.05 和 0.01 水平的显著性检验。

三、西北灌溉玉米区

西北地区玉米整体播期提前,灌区玉米全生育期延长,旱区生育期缩短。随着气候变化,玉米生育期内气温偏高,热量增加,降水分配极不均衡,降水量和日照时数在西北部分地区呈逐年减少趋势,气候变化对玉米的生长影响较大。西北灌区玉米适播期提早 5～10 d,但生殖生长期延长,全生育期延长 6 d 左右。旱作区玉米生育期受热量和降水共同作用,播期提早1～2 d,全生育期缩短 6 d 左右(邓振镛等,2010)。陇东塬区春玉米生长的大部分发育期提前,提前幅度最大的是乳熟期和成熟期,每 10 年提前 2～8 d,全生育期每 10 年缩短 7.3 d。因此,气候变化后玉米的种植管理技术需要同步调整,如将陇东塬区玉米播种期提前 5～10 d,玉米的出苗期、拔节期、抽雄期等生长关键期能够避免春旱、初夏旱、伏旱等气象灾害的影响,并使玉米生产的关键期处于有利的气候条件下,对提高玉米产量十分有利(段金省等,2007)。武威 1981—2002 年间的气候变暖使得西北干旱区玉米所有发育期均提前,抽雄前的营养生长期缩短,抽雄至乳熟期延长,乳熟至成熟期缩短,导致整个生育期缩短;生长季平均温度每升高 1℃,生育期缩短 5 d(Wang et al.,2003)。内蒙古玉米与 20 世纪 80 年代比较,目前玉米全生育期延长 10～22 d,播种期提前 4～13 d,成熟期推迟 3～9 d,促进了玉米种植面积的扩展。

气候变化使得中国各地玉米生育期均发生较大的变化。河南夏玉米所有生育期均呈现出延迟的趋势,以成熟期延迟程度最大;夏玉米全生育期天数呈现出显著增加的趋势,6—9 月总降水量减少是造成夏玉米生育期延迟的主要原因(余卫东等,2007)。哈尔滨玉米播种期及开花期提前,春季最高温度每增加 1℃提前 2.12 d,最低温度每增加 1℃提前 2.28 d,夏季最低温度每增加 1℃,开花期提前 4.23 d(Tao et al.,2006)。

四、气候变化对玉米生长发育的影响

研究表明,到 2030 年,由于气候条件的变化,中国作物的产量将降低 5%～10%,特别是小麦、玉米和水稻的产量将大幅降低(《气候变化国家评估报告》编写委员会,2007)。不考虑 CO_2 及灌溉条件下,雨养玉米产量将下降 15%～22%(林而达等,2006)。黄淮海地区,随着温度的升高,夏玉米产量潜力呈降低趋势。未来 60 年(2011—2070 年)东北地区绝大部分地区

玉米生长期可能缩短,玉米产量整体呈下降趋势,其中中熟玉米平均减产 3.3％,晚熟玉米平均减产 2.7％(张建平,2008),但在水分较为适宜条件下,气候变暖有利于东北地区玉米单产的提高(王琪等,2009),在黑龙江水分充足的地区,气候变化有利于玉米增产(周丽静,2009)。

1. CO_2 浓度

增加 CO_2 浓度可使 C4 作物平均增产 11％(Drake et al.,1997),特别是在水分缺乏或肥料充足条件下(Long et al.,2004)。模拟研究表明(熊伟等,2008),如果考虑 CO_2 施肥效应,气候变化对雨养玉米有显著的增产作用,对灌溉玉米产量有不利影响,但可以极大地缓解玉米产量下降的趋势。Young 和 Long (2000)认为,增加 CO_2 浓度对 C4 植物没有直接的影响。当温度接近作物生长最适温度时,产量对 CO_2 的反应非常敏感;当温度高于最适温度时,增加 CO_2 浓度可以改善高温的影响,但是当温度接近作物生长上限温度时,尽管有高的 CO_2 浓度,仍会降低产量(Polley,2002)。同时,C4 作物是高光效作物,对 CO_2 浓度增加的反应不敏感,因此对未来气候变化的适应性 C3 作物要大于 C4 作物(Rosenzweig et al.,1998),长期 CO_2 浓度升高的大范围效应仍需要进一步研究。

2. 温度变化

玉米是喜温作物,一定范围内的增温与玉米产量呈负相关(Challinor et al.,2005),主要是由于高温缩短了作物生育期,以至于光截获降低,干物质积累降低;但在非常干旱条件下,由于高温将籽粒灌浆期移到了温度较低、湿度较大的时期,开花期提前,有利于提高产量,此时高温有利于玉米的生长。在美国玉米带,当 7—8 月的每日最高温度大于 33.3℃时,温度与产量呈负相关,当每日最高温度高于 37.7℃时不利于玉米生长(Rosenzweig,1993)。模拟研究表明(Hoogenboom et al.,1995),当温度低于 8℃时,玉米停止生长;玉米最快生长期发生在日最高温度 34℃时,日最高温度在 34～44℃之间时,玉米生长降低;大于 44℃时,玉米停止生长。因此,日最高温度及其持续期是未来气候变化对玉米生产的重要影响因素。

农作物产量是由籽粒灌浆持续时间和灌浆速率决定的,而两者均受温度影响(Slafer et al.,1994;Wheeler et al.,1996),玉米减产主要原因是高温使玉米灌浆时间缩短,灌浆不足,百粒重有较大幅度下降(下降 24.7％),10～25℃ 范围内灌浆速率随温度升高而升高;在 25～35℃开始降低,40～45℃显著降低。高温(>31℃)可显著降低灌浆速率,缩短灌浆持续时间,从而导致收获指数降低和籽粒产量降低。玉米生长关键时期的温度变化对玉米产量有较大影响,开花期的异常温度将降低玉米籽粒的数量,影响花粉散粉,降低授粉率和籽粒数量以及增加秃顶率(Matsui et al.,1992);高温使粒重降低主要是由于温度对籽粒灌浆速率及持续期的影响所造成,即高温降低灌浆速率,缩短灌浆持续期。由于气温升高,华北小麦玉米一年两熟区小麦的播种期延迟,为玉米延长花后生长期提供了客观条件,可通过在玉米籽粒完熟期收获即适时晚收提高玉米产量。温度变化对玉米生长影响还表现在影响潜在的土壤蒸发和空气湿度上,进而影响水分利用效率(Kirschbaum,2004),并进一步导致区域降水量和云量的变化,影响光照,最终影响玉米的光合产物。

温度变化对玉米的影响因地而异。高纬度地区,春季气温增加将延长作物生长季,有益于玉米生产,如中国东北地区;但对高温和水分匮乏已经成为限制作物生产主要因素的地区,温度增加将无益于作物生产,如中国西北干旱地区。

3. 光照变化

通常光不作为限制玉米生长发育的因素考虑,但在目前玉米生产水平不断提高、种植密度增加的情况下,光作为玉米实现高产更高产的限制因子而被提出来。玉米生长期正处于一年中的主要降雨季节,阴雨天易造成光照不足。根据光能生产潜力计算结果,玉米生育期间太阳总辐射减少 1 kJ/cm², 相当于玉米生物产量减少 337.5 kg/hm²。1976 年、1980—1985 年黄淮海玉米区都存在因日照时数减少而减产的现象,特别是 80 年代之后更为明显。Hatfield(1981)也指出,籽粒建成期光照时数 800 小时可以高产,仅达到 600 小时将造成减产 44%。河北省深泽县 13 年(1980—1992 年)日照时数研究表明,玉米开花到成熟的籽粒形成阶段,每增加 10 小时日照,产量增加 2.15 kg,高温阴雨寡照将严重影响玉米的产量和品质(张吉旺,2005)。

4. 降水变化

降水量是影响玉米产量的关键气候因素,在玉米生育期内充足的水分供应是高产的保证。在水分十分匮乏地区,气候变化将增加水分匮乏,如南地中海地区、中东和撒哈拉沙漠以南的非洲地区;在降水量较丰富地区,增加降水量会加速土壤水分及肥料的流失,从而降低作物的产量。

中国降水量存在时空多样性。近 50 年来,中国降水量变化趋势存在明显的区域差别,华北、西北东部、东北南部等地区年降水量出现下降趋势,其中黄河、海河、辽河、淮河流域平均年降水量减少最多,减少达 50～120 mm,其他地区降水量略有增加或明显增加(秦大河等,2005;丁一汇等,2006)。因此,不同地区的降水量变化对玉米生长的影响是不同的。

虽然可通过改变栽培措施弥补降水量不足的影响,但由于气候变化影响区域水分分布,进而影响玉米生长的条件,因此降水量对区域环境和玉米生长的影响仍需深入研究。

第九章　主要粮食作物生产变化

　　农业是对气候变化反应最敏感的领域之一,任何程度的气候变化都会给农业生产及其相关过程带来潜在或显著的影响。

　　气候变化对农业的影响最终会表现在农作物种植面积和产量的变化上。小麦、玉米和水稻是中国最主要的粮食作物,2011年中国三大粮食作物总产量达到5.1亿t,其中稻谷总产量达到2.01亿t,小麦总产量1.18亿t、玉米总产量1.92亿t,玉米大幅度增产使得中国粮食生产结构得到进一步改善[①]。气候变化对粮食作物产量的影响可能主要来自于极端气候事件频率的变化,而不是平均气候状况的变化(IPCC,2007)。气候变化对农作物产量的影响,在一些地区是正效应,在另一些地区是负效应,且气候变化导致作物产量波动幅度很大。1984—2003年气候变暖对东北地区粮食总产增加有明显的促进作用,但是对华北、西北和西南地区的粮食总产增加有一定抑制作用,而对华东和中南地区的粮食产量的影响不明显(刘颖杰等,2007)。虽然1949—2005年中国平均降水量没有表现出显著的变化趋势,但是存在着显著的区域差异。中国粮食产量的2/3以上来自灌溉,而灌溉的作物主要是水稻、小麦。据估算,1949—2005年间,90年代后的气候变化使中国农田灌溉用水增加量平均超过1000 m³,单位面积粮食减产量平均超过1000 kg/hm²(吴普特等,2010)。因此,气候变化背景下确保中国粮食安全是农业发展的重要核心任务之一,而保证主要粮食作物(小麦、玉米和水稻)的稳产丰产是最基本的要求。为此,农业科学地应对气候变化需要弄清气候变化背景下中国主要粮食作物的种植面积与产量变化。

第一节　水稻生产变化

一、水稻种植面积变化

　　水稻是仅次于小麦的世界第二大粮食作物,种植面积达1.59亿hm²(FAO,2008),世界上有50%以上的人口以稻米为主食。水稻是中国最重要的粮食作物之一,单产和总产均居各粮食作物前列,种植面积占粮食作物的30%,总产则占粮食作物的40%。2009年,中国水稻种植面积达到2920万hm²,每亩产量达到441 kg,总产达1.93亿t[②],在保证粮食安全方面发挥着日益重要的作用。水稻是中国60%以上人口的主食,水稻生产属于"口粮"生产。因此,水稻生产直接关系中国经济社会的稳定和人民生活水平的提高,水稻生产是农业工作的重中

---

　　①　数据引自国家统计局2011年公布数据。

　　②　数据引自国家统计局2009年公布数据。

之重。

水稻起源于低纬沼泽地带,属耐高温、短日照作物,代谢途径属于 C3 途径,CO_2 补偿点和饱和点均较低,较耐弱光,受温度、光照和 CO_2 变化的影响较大。同时,水稻又属于半水生植物,对水分依存度高,受降水变化影响较大。因此,深入探索气候变化对水稻产量的潜在影响,对促进水稻生产安全、健康、稳定发展,提高科学决策水平,保障粮食安全,具有重要意义。

水稻是中国重要的粮食作物之一,南自 18°9′N 的海南岛南端的崖县和西沙群岛,北至 53°29′N 的黑龙江最北部的漠河,东自台湾省,西至新疆维吾尔自治区,都有水稻种植。气候变暖,水稻种植界限向北、向高海拔地区推移,种植区域和面积进一步扩大。内蒙古水稻种植面积较 20 世纪 80 年代扩大了 2.6 倍;东北地区水稻种植临界积温有明显的北移东扩特征,新的栽培措施使得过去在南方大量种植的水稻,近几年在东北地区有了显著发展;水稻种植北界在黑龙江省向北移动约 1.5 个纬度,集中种植区北移约 1 个纬度。部分原来玉米生长的优势地区,被扩充的水稻所替代;气候变暖使得南方早稻和晚稻生育期缩短,农业生产潜在的适宜生长季延长,中稻的种植面积迅速扩大。

由于气候变化和社会因素的综合影响,水稻种植面积发生了很大变化。1985—2000 年,中国水稻播种面积呈下降趋势,水稻播种面积由 1985 年的 3168.5 万 hm^2 减少到 2000 年的 2893.7 万 hm^2,平均每年递减 0.60%。在区域上,水稻播种面积变化表现为明显的北增南减:西南区、江淮区、四川区、长江中下游区、东南区、华南区均呈下降趋势,年递减率分别为 0.37%、0.43%、0.55%、1.05%、1.30% 和 0.83%;而青藏区、北部中高原区、北部低高原区、东北区、西北区、黄淮海区则呈上升趋势,年递增率分别为 2.74%、4.73%、9.61%、2.14%、2.68% 和 1.24%。在绝对面积上,长江中下游区、东南区、华南区虽然在作物总播种面积中占的比例有所下降,但仍然处于绝对优势地位,占水稻总播种面积的 60%~70%(李立军等,2004)。

二、水稻产量变化

水稻产量与气候变化密切相关。1951—2002 年中国各地水稻产量与气候的关系表明(Tao et al.,2008),黑龙江、吉林、辽宁、宁夏地区水稻产量与生长季最高温度、最低温度呈正相关,最低温度每升高 1℃,吉林和黑龙江水稻产量分别增加 4.6%~14.6%、4.5%~10.7%,由于最低温度升高,黑龙江、吉林、辽宁水稻产量每 10 年分别增加 1.50%、2.11%、1.29%;最高温度每升高 1℃,贵州水稻产量减少 1.3%~5.8%,宁夏水稻则增产 3.1%~9.0%。山东水稻产量与生长季日较差(DTR)呈负相关,广东、浙江水稻产量与 DTR 呈正相关,由于 DTR 降低,贵州、天津、山东水稻产量每 10 年分别增加 1.04%、0.86%、0.69%,而浙江水稻则减产 0.99%。安徽、宁夏、上海、湖北水稻产量与生长季降水量呈负相关,而贵州、广东水稻产量与生长季降水量呈正相关。

1981—2000 年长沙(代表双季稻地区)和合肥(代表单季稻地区)的双季稻和单季稻产量变化表明(Tao et al.,2006),长沙的早稻产量变化不显著,但晚稻产量随时间推移而显著增加;合肥单季稻产量变化不显著,单季稻产量与夏季平均最低温度呈负相关关系,夏季平均最低温度每升高 1℃,单季稻产量下降 4.63%。但 Zhang 等(2010)分析 1981—2005 年间中国 22 个农业气象试验站、20 个县和 22 个省(区、市)的水稻产量与气候的关系表明,绝大多数地区的水稻产量与太阳辐射和温度(最高、最低、平均)呈正相关关系。

不考虑 CO_2 施肥效应时,随着未来气温升高,水稻生育期缩短,产量下降。水稻生育期在 A2 气候情景下(2021—2050 年)较基准时段(1961—1990 年)平均缩短 4.5 d,产量减少 15.2%;在 B2 气候情景下平均缩短 3.4 d,产量减少 15%。其中,减产达 20% 以上的区域主要集中在安徽中南部、湖北东南部和湖南东部地区。当考虑 CO_2 肥效作用后,A2 气候情景下水稻平均产量减少 5.1%,B2 气候情景下平均减少 5.8%。减产区域缩小且幅度降低,江西和浙江部分地区呈一定程度增产,但增幅小于 10%。这表明,大气 CO_2 施肥效应在一定程度上可提高水稻产量,使晚稻在增温的不利条件下仍可不同程度增产,但对单季稻和早稻的增产贡献仍不足以抵消升温的负效应。同时,大气 CO_2 施肥效应有助于提高未来气候变化情景下水稻生产的稳产性(杨沈斌等,2010)。

未来气候变化情景下,华中和西南高原的单季稻均表现为增产。华中地区地理位置相对偏北,水稻生长季增温幅度较小,较多的太阳辐射增量和 CO_2 施肥效应可在一定程度上抵消增温的负效应;西南地区地势较高,水稻生长季温度偏低,增温后仍处于适宜范围内,加之 CO_2 施肥效应,有助于水稻生长发育和产量形成。华中和华南的双季稻,特别是晚稻减产幅度较大(图 9.1),这是水稻生育期缩短导致的光合时间减少和大幅度增温使得水稻呼吸消耗增大造成的(葛道阔等,2002)。

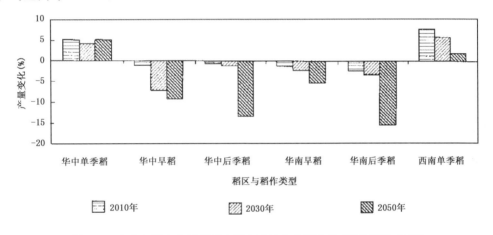

图 9.1 未来气候变化情景下水稻产量的变化百分比(葛道阔等,2002)

未来气候变暖有利于东北地区的水稻生产,尤其是北部高寒区与东部湿润区,水稻产量均明显提高。如果不考虑气候变率变化,未来气候变化将有利于水稻增产:北部高寒区平均增幅达 17%,东部湿润区和西部干旱区增产也达 11% 左右。水稻增产的前提是要有充分灌溉水作为保障,增产原因在于热量资源改善与 CO_2 施肥效应补偿了因生育期缩短带来的负效应。但随着气候变率变化增大,东北地区的水稻产量均呈下降趋势。在气候变率变化增大 10% 情景下,水稻平均产量约下降 1%;气候变率变化增大 20% 情景下,则下降达 2%。与其他旱作作物相比,水稻受气候变率变化的影响较小,主要因为水稻耐高温能力较强且灌溉条件得到保障(图 9.2)(朱大威等,2008)。

气温升高使水稻的热害频次增加,产量下降,但冷害有所减轻。气温升高致使水稻热害发生频次增多,水稻产量明显下降;反之,产量明显上升。构成产量因子的千粒重、穗粒数与水稻热害发生频次呈负相关,而空壳率、秕谷率则与其呈正相关(包云轩等,2012)。水稻冷害曾是

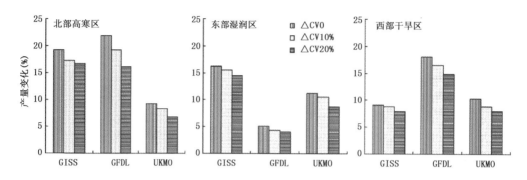

图 9.2 未来气候变化(CC)和气候变率变化(ΔCV)情景下东北各生态区
水稻产量的变化百分比(朱大威等,2008)

影响宁夏水稻产量的最主要农业气象灾害之一;由于气候变暖带来热量条件的改善,水稻稳产高产的能力进一步增加。气候变暖为高产品种的引进创造了条件,水稻单产变率减小,保证了水稻的高产稳产(武万里,2008)。

高 CO_2 浓度可提高水稻的水分利用效率和产量。CO_2 浓度增加时,一方面增温会加剧水面或地面蒸发,使稻田蒸散增大;另一方面,高浓度 CO_2 会使水稻气孔张度减小,降低叶片的蒸腾,使稻田蒸散量减少,水分利用效率提高。同时,高 CO_2 浓度促进了稻谷产量的提高,通过开顶式气室控制大气 CO_2 浓度试验表明,随着 CO_2 浓度的升高,叶绿素 a、叶绿素 b 以及叶绿素总量均有增加,从而促进水稻光合作用的加强。与对照 CO_2 浓度(350 $\mu mol/mol$)相比,大气 CO_2 浓度为 550 $\mu mol/mol$ 和 750 $\mu mol/mol$ 时,成熟期水稻株高分别提高 5.82% 和 11.76%,穗长分别增加 7.02% 和 12.40%,单株产量分别提高了 19.34% 和 31.55%(吴健等,2008)。

气候变暖将导致水稻产量的变化,而水稻产量的变化不仅与气象条件有关,还与水稻品种、水稻生产管理方式等有关。在此,重点介绍东北稻区和长江中下游稻区的水稻产量变化。

1. 东北稻区

1970—2009 年,东北稻区的产量呈增加趋势,气候产量增加趋势为 16.5(kg/hm²)/a。东北三省的水稻产量变率与水稻生长季日最低温度变率呈显著正相关,当前气候背景下水稻冠层气温每升高 1℃,单产可提高 10% 左右(张卫建等,2012)。但模拟实验发现,夜间最低温度升温 1℃,水稻产量将减少 10%,可能是夜间气温升高迫使植物代谢功能所需的能量增加,从而抑制了生物能量和籽粒形成物质的累积(Peng et al.,2004)。水稻单产的变化是技术变化和气候变暖共同作用的结果,气候变暖后技术进步在提高水稻单位面积产量的同时,也降低了水稻对温度变化的敏感性,表现在相同温度变幅下气候产量占总产量的比例减小(朱红根,2010)。20 世纪 70—90 年代气候变暖对黑龙江省水稻单产增加的贡献率为 19.5%~24.3%,黑龙江省 20 世纪 90 年代水稻单产较 80 年代增产 42.7%,其中气候变暖对单产增加的贡献率约为 23.2%~28.8%。东北农业统计数据显示,1970—2009 年气温显著递升过程中,黑龙江、吉林和辽宁水稻单产的年递增趋势分别为 129.9 kg/hm²、116.3 kg/hm² 和 88.5 kg/hm²,增产幅度中包含气候变化和技术进步的共同作用(方修琦等,2004)。1971—2005 年黑龙江省各稻区水稻产量的丰歉均与气温呈极显著正相关关系,说明在一定范围内,气温越高产量越大;东部降水量变化与产量的丰歉呈显著的负相关关系,说明东部稻区降水量过多,对水稻增产不利;其他因子的影响不显著(王萍等,2008)。

2. 长江中下游稻区

长江中下游水稻由于增温导致水稻气候产量下降,但实际产量因技术进步而表现出增产。气候变暖使得中国南方水稻活动积温增加,水稻生长季长度也明显延长,1961—2009 年水稻生长季长度延长了 17.9 d(宋艳玲等,2011)。长江流域双季晚稻的气候产量呈减少趋势,且 90 年代年际水稻气候产量变率加大(姚凤梅,2005)。气温每增高 1℃,水稻生育期日数平均缩短 7~8 d,当前品种条件下水稻生育期缩短将使水稻分蘖速度加快,有效分蘖减少,导致水稻总干重和穗重下降,产量降低(肖风劲等,2006)。同时,温度升高在促进同化物运输的同时,加快了水稻枝梗老化和颖花脱落,促使水稻灌浆速度加快,缩短水稻灌浆籽粒充实期,从而使水稻空秕粒增加,单位面积有效穗数减少,千粒重减少,产量降低(董文军等,2008;黄永才,2005)。

第二节　小麦生产变化

一、小麦种植面积变化

中国气候资源较为丰富,为小麦生产的发展提供了有利条件,但由于大多处于中纬度地带、海陆相过渡带和气候过渡带,气候灾害频发,对小麦生产的发展又带来了严峻的挑战。1978 年以来,中国小麦种植面积和产量均不稳定,2000—2004 年小麦种植面积由 26653×10³ hm² 降至 21625×10³ hm²,之后至 2008 年略有回升;中国总产在 2000 年以前呈上升趋势,而 2000—2004 年总产呈明显下降的趋势,2004 年总产降至最低 9195 万 t,2004—2008 年总产又恢复性增长至 11246 万 t。

全球气候变化不仅会导致小麦种植区域改变,还影响小麦产量和品质形成,加剧病虫害的发生,进而严重影响中国小麦生产。因此,气候变化将会对中国小麦生产产生重大影响,评价气候变化对中国小麦的影响,对指导和规划在全球气候变化大背景下中国小麦的生产和确保国家粮食安全具有重要的意义。

小麦是一种温带长日照植物,适应范围较广,17°~50°N 从平原到海拔约 4000 m 的高原均有栽培。中国小麦分布范围广、种植制度和品种类型多样化,形成了明显的生态区。中国小麦种植区可划分为春麦区、冬麦区和冬春混作区,春麦区主要包括东北春麦区、北部春麦区和西北春麦区;冬麦区则主要包括北部冬麦区、黄淮冬麦区、长江中下游冬麦区、西南冬麦区和华南冬麦区。一般冬麦区产量显著高于春麦区,在中国小麦生产中居主要地位(金善宝,1995)。小麦种植区域的分布主要受气候因子包括温度(积温、月平均气温等)、水分(降水、土壤湿度等)和光照的影响;而小麦种植区分布的变化主要受气候变暖的影响。

一般而言,凡 1 月等温线在 −12℃ 以下的地区,冬小麦难以越冬,以春播春小麦为主。气候变暖,冬小麦种植北移西扩。东北冬小麦可种植区域由 40°N 左右北移至 42.5°N,到达辽宁的中北部;西北东部的冬小麦种植适宜区域向北扩展 50~120 km;甘肃冬小麦西扩明显,从海拔 1900 m 提高到 2100 m,种植面积扩大 20%~30%;宁夏冬小麦海拔高度上升 600~800 m,种植面积迅速扩大;从 1985 年开始,陕西冬小麦的种植界限呈北移趋势,现在全省基本能种植冬小麦。气候暖干化将使西北和北部的春小麦适宜区域和种植面积减少。宁夏适宜种植区主要在引黄灌区银川以南等地,占全区总面积的 24.95%,宁夏北部非灌溉区域及中部干旱带为不适宜种植区,占全区总面积的 51.82%。甘肃省春小麦的适宜种植区高度提高 100~200 m,种植上限高度达 2800 m,但气候暖干化,全省春小麦种植面积减少 20%~30%,尤其中部旱区减少较多。内蒙古的喜温作物种植面积逐渐扩大,降水量减少使春小麦种植面积与 20 世纪 80 年代相比减少了近二分之一。

二、小麦产量变化

小麦是中国重要的粮食作物之一,其中冬小麦产量约占中国小麦生产的 90%。小麦产量形成是其生物学特征、气象条件、土壤肥力、农业技术等因素综合作用的结果,与气候变化密切相关。气候变化使得 1952—1992 年澳大利亚小麦增产 10%~20%,占总增产的 30%~50%(Nicholls,1997);却使 1977—2007 年印度小麦产量降低,最低温度每升高 1℃,产量降低 13.4%,最高温度每升高 1℃,产量降低 5.3%(Chaudhari et al.,2010)。1979—2000 年,气候变化严重影响了中国的小麦产量,温度升高使小麦产量减少 4.5%,而降水减少使小麦产量减少 0.2%(You et al.,2009)。IPCC 排放情景特别报告(SRES)的 A2 和 B2 气候情景下,21 世纪后 30 年(2071—2100)中国雨养小麦均呈显著减产趋势,平均减产分别达 21.7% 和 12.9%,且区域间产量变化趋势不同(熊伟等,2006)。雨养小麦在华北和长江中下游地区有部分增产趋势,增幅在 0%~30%。华北地区是中国主要冬小麦产区,尽管受水分限制,冬小麦生长灌溉用水占农业用水量的 80%,但实际种植面积和产量均占中国 50% 以上。华北地区的雨养冬小麦在未来气候变化情景下呈增产趋势,可能是由未来降水增加引起的,反映出温度增加还不足以成为该区小麦生长的决定性限制因素,降水增加在一定程度上减弱了温度增加的副作用。长江中下游地区由于雨热充沛,未来气候变化条件下温度虽然升高,但仍可保证小麦品种的春化温度要求,也呈一定增产趋势。东北、西北的春麦区和西南冬麦区,小麦明显减产,减幅达 30%~60%。灌溉可部分补偿气候变化对小麦的不利影响,但不能阻止小麦产量的下降趋势,对春小麦的补偿作用略高于冬小麦。在中国尺度,气候变化对灌溉小麦依然存在不利影响,A2 和 B2 气候变化情景下,中国雨养小麦平均减产分别达 21.7% 和 12.9%,灌溉小麦减产分别达 8.9% 和 8.4%;若考虑 CO_2 施肥效应,雨养和灌溉小麦均呈显著增产趋势(熊伟等,2006)。

1961—2005 年中国北方 80 个站点春小麦和冬小麦产量的影响因子分析表明,太阳辐射变化是造成小麦产量波动的主要原因;温度胁迫因子显著减弱可能是华北平原灌溉冬小麦产量增加的原因;水分胁迫对干旱和半干旱地区雨养小麦的产量影响较大(王志强等,2008)。同时,CO_2 浓度升高促进了小麦根、茎、叶的生长,提高了小麦光合作用和氮素的吸收与利用,缩短了小麦生育期,其影响的正面效应高于负面效应,有利于小麦干物质积累和产量提高(蔡剑等,2011)。

为增进气候变化对小麦产量影响的理解,在此重点介绍黄淮海冬麦区、东北春麦区和西北春麦区的小麦产量变化。

1. 黄淮海冬麦区

黄淮海冬麦区气候产量呈下降趋势,平均每 10 年减少 52.7 kg/hm²。黄淮海冬麦区是中国小麦优势主产区,温度对冬小麦的影响会因区域不同而不同。1952—2007年莱阳市气候变化对小麦生产的影响研究表明,无论是气温、降水,还是日照时数,随着气候的变化对小麦的生产都是不利的,其中日照时数的变化造成产量的下降幅度最大,气候生产力每10年约下降80kg/hm²(陈立春等,2009)。1951—2006年河北省气候变化与冬小麦气候产量相关分析表明,冬小麦气候产量与气温、降水显著相关,当气温距平在−1.2℃至1.2℃之间时,小麦气候产量为正值,温度过低或过高都会使小麦减产,高温使小麦减产更严重;降水量和小麦气候产量呈正相关(史印山等,2008)。气候产量与冬小麦实际单产变化明显不同。随着气候变暖,气候产量波动性逐年增大,2001—2007年气候产量波动幅度达到±300kg/hm²,而冬小麦实际单产随温度升高呈逐年增加趋势,每10年约增加1125kg/hm²;从总体看,随着气候变暖,气候产量呈下降趋势,平均每10年减少52.7kg/hm²。气温造成小麦产量波动幅度一般在±10%之间,但随着小麦实际单产逐年提高,气候变暖对小麦单产所造成的损失越来越大(郝立生等,2009)。河南省小麦产量与气候因素的相关分析表明,自1952年以来,河南省小麦生育期内日照时数呈逐渐减少的趋势,而积温则逐渐增高,且两因素与小麦产量一定程度内均呈正相关关系(全文伟等,2009)。由于气候变化,1960—2007年江苏省大部分地区小麦单产是减少的,只有少部分区域增加,南北差异明显,苏南减产明显(商兆堂,2009)。

1981—2000年间郑州的温度变化与小麦产量关系不显著,小麦产量与冬季和春季的最高温度、最低温度呈负相关关系,而与冬季和春季降水量呈正相关关系(Tao et al.,2006)。1981—2005年华北平原3个站点(南阳、郑州、栾城)气候因素和非气候因素对冬小麦产量影响的模拟结果表明(Liu et al.,2009),如果品种保持不变,3个站点小麦生物量和籽粒产量均呈下降趋势,栾城和郑州减产幅度大于南阳。实测结果表明,南阳和郑州小麦生物量呈下降趋势,而栾城小麦生物量则呈增加趋势。郑州和栾城小麦总产和单产都呈增加趋势,而南阳小麦籽粒产量没有显著变化。

2. 东北春麦区

气候暖干化导致东北春小麦产量的下降,下降幅度在10%以内(刘德祥等,2006)。1988—2003年,黑龙江省热量条件能够满足小麦生长发育的需要,气温增高趋势对小麦生长发育和产量形成影响不大,但降水和光照条件的变化对小麦的生长发育和产量形成有不同程度的影响。在黑龙江省中部、东部和北部种植区,小麦产量呈减少趋势,减少幅度为0%～11.7%/10a;在黑龙江省西南部的齐齐哈尔市、大庆市、哈尔滨市,小麦产量呈增加趋势,增加幅度为0%～15.1%/10a(高永刚等,2007)。

东北地区气候变暖对小麦生产的影响以负面为主,同时随着未来气候变率变化增大,雨养春小麦不仅产量下降,而且稳产性变差(朱大威等,2008)。东部湿润区的春小麦减产程度最轻,其次是北部高寒区,而西部干旱区视不同气候变化情景而异。未来气候变率变化增大对春小麦产量有负面影响:未来气候变率变化10%时,春小麦产量减少4%～6%;未来气候变率变化20%时,减幅提高到7%～9%,这主要由旱涝、高低温等灾害性天气发生频次增多引起。

3. 西北春麦区

1987—2004年,甘肃省岷县高寒阴湿雨养农业区春小麦生长期间日均气温每升高1℃,产量增加约26.2%(赵鸿等,2008)。1981—2000年间天水的小麦产量与春季平均最高温度呈负相关关系,春季平均最高温度每升高1℃,小麦产量降低9.68%;冬季降水也有利于小麦产量的提高(Tao et al. ,2006)。位于西北特干旱、干旱、半干旱 3 种主要气候类型区的敦煌、武威(1981—2005 年)、定西(1986—2005 年)3 个农业气象观测站年春小麦产量变化表明(赵鸿等, 2007b),敦煌小麦产量与日照时数有显著正相关关系,与生长期间≥0℃的积温有极显著的正相关关系,积温每上升 1 ℃·d,产量约增加 0.7 g/m²;武威小麦产量与生长期间的气象因子都呈现负相关关系,但均不显著;定西小麦产量与生长期间的降水量也有极显著的正相关关系,降水量每减少 1 mm,产量约减少 1.2 g/m²。石羊河流域气象站 47 年和武威农业气象试验站 37 年农作物产量变化表明(刘明春等,2009a),气温对春小麦气象产量产生负效应时段出现在出苗—三叶期和开花—成熟期,气温每升高 1℃,气象产量就分别减少 42.0～372.0 kg/hm² 和 60.0～498.0 kg/hm²;拔节—抽穗期呈正效应,气温每升高 1℃,产量增加 331.5～567.0 kg/hm²。

第三节 玉米生产变化

一、玉米种植面积变化

玉米是集粮食、饲料、工业原料和生物质能源于一体的优势作物,人均占有玉米数量被视为衡量一个国家畜牧业发展和人民生活水平的重要标志。新中国成立初期(1949 年),中国种植面积为 1.937 亿亩,单产 64.1 kg/亩,总产 0.124 亿 t。1978 年,种植面积为 2.994 亿亩,单产 186.9 kg/亩,总产 0.559 亿 t。2004 年玉米总产超过小麦达到 1.303 亿 t,成为中国第二大粮食作物。2008 年种植面积达 4.48 亿亩,超过水稻成为第一大粮食作物。近 10 年来,玉米种植面积增加了 1 亿亩,单产提高了 65 kg/亩,总产提高了 0.6 亿 t,为中国粮食安全做出了重要贡献。因此,在气候变化条件下,如何保证玉米高产、稳产是目前玉米生产的重要研究内容。

玉米是一种喜温作物,对热量条件的要求相对较高,通常情况下,只有≥10℃积温超过 2000 ℃·d 时才能满足其生长的需要。气候暖干化使玉米适宜区域和种植面积发生重大改变,种植的海拔高度提高 100～150 m,同时向更高纬度扩展,品种熟性向偏中晚熟高产品种发展。总体而言,冷凉气候区的玉米种植面积将迅速扩大,但在降水减少的旱作区,玉米种植面积扩展将受到明显制约。

从适宜温度看,中国玉米适宜播种面积仍然会继续增加。与 1950—1980 年相比,1981—2007 年气候资料所确定的一年一熟区和一年二熟区分界线北移,空间位移最大的省(市)为陕西东部、山西、河北、北京和辽宁。其中,在山西省、陕西省、河北省境内平均北移 26 km。辽宁省南部地区,由原来的 40°1′～40°5′N 之间的小片区域可一年二熟,增大到辽宁省绥中、鞍山、营口、大连一线(杨晓光等,2010)。东北地区是中国增温最显著的地区之一,同时也是种植面积变化最大的地区(丁一汇等,2007)。在黑龙江地区,主要粮食作物种植格局与温度之间存在显著相关关系。玉米可适宜种植面积由原来的松嫩平原南部地区向北扩展约 2 个纬度,包括整个松嫩平原;向东扩展至小兴安岭南部和东南半山区。以吉林省为中心的东北春玉米区是中国一年一熟玉米单产最高地区,该区适宜种植中早熟或早熟品种,近些年来随着气候变暖、温度的升高,晚熟品种的种植面积正逐年扩大。从种植的海拔来看,在西藏地区,传统意义上的玉米种植区主要位于海拔 1700～3200 m 之间。20 世纪 80 年代以后,其分界线逐渐扩大,目前在海拔 3840 m 的地区已经可以种植较早熟的品种(禹代林等,1999)。

降水量是影响玉米种植面积及分布的又一重要因素。随着气候变化,各地区降水量将发生较大的变化。20 世纪 90 年代中国半干旱地区的降水量与 50 年代相比降低约 60 mm,蒸发量增加 35~45 mm(Xiao et al. ,2008);到 2030 年,中国西北地区的降水量将增加约 75 mm。气候变化对中国南方地区的影响主要为极端天气发生频率及强度增大。因此,对降水量充足且温度适宜的地区,可增加玉米的种植面积;反之,对降水量减少地区,玉米的种植面积将受到较大的影响。

从玉米品种分布来看,气候变暖背景下,不同熟性玉米品种可种植北界明显北移东延,早熟品种逐渐被中、晚熟品种取代,中、晚熟品种适宜种植面积不断扩大。晚熟品种北界从 60 年代的吉林省镇赉县(122°47′E,45°28′N),扩展到 21 世纪初黑龙江省的甘南县(123°29′E,47°54′N)。中熟品种北界从 60 年代的黑龙江省嘉荫县(130°00′E,48°56′N)向北延伸到 21 世纪初的呼玛(126°36′E,51°43′N)。早熟品种种植南界则从黑龙江省中部的逊克县(128°25′E,49°34′N)退缩到北部的呼玛县(126°36′E,51°43′N)。

二、玉米产量变化

气候变化已经对中国的玉米产量产生影响。1951—2002 年中国玉米产量与气候的关系表明(Tao et al. ,2008),辽宁、天津、山西、甘肃、陕西、安徽、江苏、贵州的玉米产量与生长季最高温度呈负相关,最高温度每升高 1℃,山西、贵州的玉米产量分别减少 7.4%~20.7%、2.4%~8.3%;天津、山西、江苏、贵州、安徽的玉米产量与生长季最低温度呈负相关,最低温度每升高 1℃,山西、贵州的玉米产量分别减少 11.6%~27.9%、1.6%~12.6%。新疆的玉米产量与生长季最低温度呈正相关。吉林、辽宁、山西、河北、山东、河南、贵州玉米产量与生长季日较差(DTR)呈负相关,这种影响可能与水分胁迫有关,因为生长季降水与大多数省区玉米产量显著正相关。

政府间气候变化专门委员会(IPCC)排放情景特别报告(SRES)的 A2 和 B2 未来气候情景下,考虑 CO_2 施肥效应,未来气候变化对雨养玉米有显著增产作用,对灌溉玉米产量有不利影响。A2 气候情景下,雨养和灌溉玉米单产变化值分别为 +20.3% 和 -23.8%;B2 气候情景下,雨养和灌溉玉米单产变化值分别为 +10.4% 和 -2.2%(熊伟等,2005)。

为增进气候变化对玉米产量影响的理解,在此重点介绍东北春玉米区、黄淮海夏玉米区的玉米产量变化。

1. 东北春玉米区

东北地区玉米产量的提高,其中四分之一源于气候变暖。1971 年以来,东北地区玉米总产、单产均呈增加趋势,总产增幅达 967 万 t/10a,玉米产量的增加有约 25% 的贡献可归因于热量资源的增加(纪瑞鹏等,2012)。在水分条件基本适宜的情况下,东北地区气候变暖导致玉米生长季气温升高、积温增加,使玉米生长发育期延长,生物量增加,从而提高单产;如果水分得不到满足,气候变暖会限制热量资源的利用,导致玉米灌浆时间缩短,灌浆速率降低,千粒重下降,从而造成明显减产,而且减产幅度明显大于温度升高的增产幅度(马树庆等,2008)。东北地区春玉米区域气候变暖趋势明显,玉米主要生长季节(5—9 月)平均最高气温和最低气温每 10 年分别上升 0.6℃ 和 0.8℃,玉米产量变化与生长季节平均最高温度变化呈显著负相关关系,最高温度每上升 1℃ 导致玉米产量降低 14%;最低温度和降水量的变化与产量变化无显著相关关系(王春春等,2010)。黑龙江省和吉林省东部、西部地区玉米气候产量主要受温度因子的影响,随着气候变暖,玉米气候产量逐渐增加;吉林省中部玉米气候产量则主要与生育期内的降水量呈负相关,玉米气候产量随降水量的减少而增加;辽宁省玉米气候产量主要受降水和日照时数的影响,不同地区影响效果不同(贾建英等,2009)。1961—2008年气候变暖总体对黑龙江省玉米单产增加趋势有利(李秀芬等,2011)。

东北地区的玉米在吐丝至成熟期间积温增加10%,玉米百粒重增加13%;干燥度增加0.1,灌浆期缩短6 d左右,灌浆速率和产量明显下降。积温增加使玉米干物质积累时间长,干物重明显增加,生育期积温增加100℃·d,玉米每公顷总干重增加500 kg左右,单产增加6.3%左右。抽雄至成熟期平均气温上升1℃,每公顷产量增加550 kg左右;干燥度上升0.1,每公顷产量下降860 kg左右;抽雄至成熟期间气温在22℃以上,干燥度在0.75~0.90之间,玉米产量最高(马树庆等,2008)。1981—2000年间哈尔滨的玉米产量呈逐年上升趋势,夏季最高温度和最低温度的升高则有利于哈尔滨玉米产量的提高(Tao et al.,2006)。

未来气候变暖对东北玉米生产具有负效应,东北地区的三大农业生态区(东部湿润区、北部高寒区和西部干旱区)均呈现剧烈减产;同时,随着未来气候变率变化增大,雨养玉米不仅产量下降,而且稳产性变差。如果不考虑未来气候变率变化,未来气候变暖均造成东北地区玉米减产,主要原因在于增温缩短了玉米全生育期,使光合时间减少、灌浆不充分,同时玉米属于C4作物,CO_2施肥效应不显著。三大农业生态区中以西部干旱区减产幅度最为显著,平均达17%,其次是北部高寒区和东部湿润区,平均为9%和6%。随着未来气候变率变化增大,玉米将进一步减产。东北地区玉米产量在未来气候变率变化10%情景下减产2%,在未来气候变率变化20%情景下减产4%,主要原因在于玉米生长季高温天数、暴雨日数及季节性干旱发生频次增加,而低温冷害的威胁尽管概率很低,但依然存在(图9.3)(朱大威等,2008)。

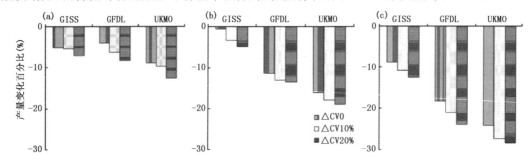

图9.3　未来气候变化(CC)和气候变率变化(ΔCV)情景下东北各生态区玉米产量变化(朱大威等,2008)
(a)北部高寒区;(b)东部湿润区;(c)西部干旱区

2.黄淮海夏玉米区

气候变暖对黄淮海玉米影响利大于弊,积温增加100℃·d,玉米单产增加6.3%左右。1980—2005年河南省玉米单产总体呈增加趋势,变化趋势率为77(kg/hm²)/a。玉米单产主要受降水和日照两个气象要素的影响,温度条件对玉米单产影响较小,其原因可能是因为河南省的热量条件能充分满足玉米生长发育的需要,不是限制性因素(刘伟昌等,2007)。1961—2010年开封市玉米生长期的积温、降水量呈增长趋势,玉米产量增加,积温与降水对玉米产量增长有明显的正相关关系,气候变暖对玉米生产利大于弊,玉米生长期的日照时数呈明显的下降趋势,与玉米产量呈明显的负相关关系,日照时数虽然对玉米的品质和产量有一定影响,但是开封市玉米生长期平均日照时数大于玉米生长所需的光合日照时数,日照时数不起决定作用(张德汴等,2011)。积温增加使玉米干物质积累时间加长,干物重明显增加,生育期积温增加 100℃·d,玉米每公顷总干重增加 500 kg 左右,单产增加 6.3% 左右;抽雄至成熟期平均气温上升 1℃,产量增加 550 kg/hm^2 左右(马树庆等,2008)。

1981—2005 年华北平原 3 个站点(南阳、郑州、栾城)气候因素和非气候因素对夏玉米产量影响的模拟表明(Liu et al.,2009),如果品种保持不变,3 个站点玉米生物量和籽粒产量均呈下降趋势,栾城和郑州减产幅度大于南阳。实测结果表明,南阳和栾城玉米生物量和籽粒产量均呈增加趋势,而郑州站则减少。1981—2000 年,郑州的玉米产量呈逐年下降趋势,并与夏季降水量和最低温度呈负相关关系(Tao et al.,2006)。

第十章 主要粮食作物气候生产潜力

天气与气候条件的时空变化必将影响中国农业的生产潜力。气候变暖使得中国大陆(除西南地区外)的光温生产潜力呈显著增加趋势,其中北方增幅大于南方(章基嘉等,1992)。但是,不同地区限制作物生长的气象因子不同。因此,气候变化对不同地区不同作物生产潜力的影响也不相同。温度是东北地区作物生长的主要限制因子,温度增加对东北地区不同作物气候生产潜力的促进作用不同:水稻最大,其次为玉米,而大豆对温度变化的敏感性最小(周光明,2009)。与近 50 年(1951—2000)平均值相比,松嫩平原 90 年代的玉米气候生产潜力增加了 1057 kg/hm² ,水稻气候生产潜力增加了 787 kg/hm²(周光明,2009)。由于气候资源时空分布的不均匀性,气候变暖也使得一些地区的光温生产潜力呈减小趋势。日照时数是中国北方冬小麦生长的主要限制因子,日照时数减少导致 1961—2004 年中国北方冬小麦的光合生产潜力降低(宁金花等,2008)。水分是西部干旱区作物生长的主要限制因子,90 年代以来的降水量减少导致关中平原作物气候生产潜力减少(刘引鸽,2005)。1991—2000 年黄淮海平原耕地的生产潜力与气温呈显著正相关,温度升高和热量增加为促进农业增产、农民增收提供了有利的气候资源,温热水平每提高 10%,耕地的生产潜力将提高 3.2%(姜群鸥等,2007)。然而,温度增加、降水频次和强度的变异幅度加大以及气候变化的不确定性增加将进一步加大农业自然灾害发生的频次和强度,危及到作物生产潜力的发挥(林而达等,2005)。

基于 1961—2010 年中国 553 个气象站点资料,利用联合国粮农组织(FAO)和国际应用系统分析研究所(IIASA)基于中国的统计资料(经多方校正)共同开发的"农业生态区划"(agro-ecological zone,AEZ)模型,计算了中国主要粮食作物冬小麦、夏玉米、春玉米的气候生产潜力及一季稻、双季早稻、双季晚稻的光温生产潜力。

第一节 水稻气候生产潜力

水稻在中国东部大部分地区都有种植。根据水热资源和灌溉能力,中国水稻主要分为一季稻和双季稻,其中一季稻在东部各地均有种植,双季稻主要在热量条件充足的地区种植。由于水稻种植以灌溉为主,在此主要分析一季稻、双季早稻和双季晚稻的光温生产潜力。

一、一季稻光温生产潜力

1961—2010 年,一季稻光温生产潜力呈显著下降趋势,趋势为 $-8.73(\mathrm{kg/hm^2})/a$,$P <$ 0.001,光温生产潜力在 9601.1~11268.7 kg/hm² 之间,平均为 10392.5 kg/hm²,波动幅度为 1667.6 kg/hm²。其中,一季稻光温生产潜力在 1968 年、1994 年和 1997 年较高,1964 年、1993 年和 2003 年较低,最大值出现在 1997 年,为 11268.7 kg/hm²,最小值出现在 2003 年,为

9601.1 kg/hm²（图 10.1）。

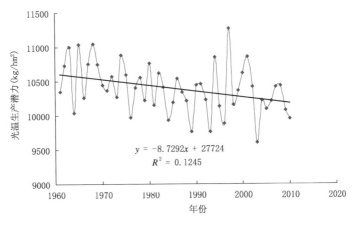

图 10.1　1961—2010 年中国一季稻光温生产潜力的变化

　　1961—2010 年，一季稻光温生产潜力为 3215～18348 kg/hm²，低值区位于东北北部、云南东南部和福建局部，低于 6000 kg/hm²；黄淮海地区最高，超过 16000 kg/hm²；其他地区居中（图 10.2a）。1961—2010 年，黄淮海地区一季稻光温生产潜力呈降低趋势，而东北地区一季稻光温生产潜力呈增加趋势。

　　1961—1970 年的光温生产潜力为 3181～17611 kg/hm²（图 10.2b），低值区位于东北北部及云南部分地区，小于 6000 kg/hm²；高值区位于黄淮海大部和西南部分地区，超过 16000 kg/hm²，虽然光温条件适合，但由于该区域水资源匮乏，并不是中国水稻的主产区。

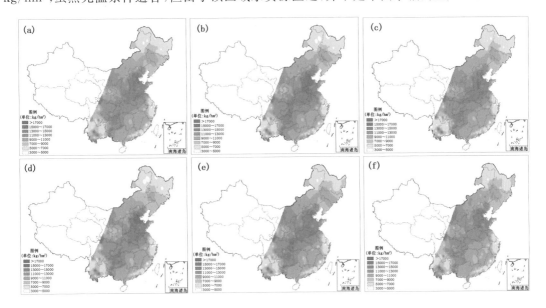

图 10.2　一季稻不同年代光温生产潜力分布
(a)1961—2010 年；(b)1961—1970 年；(c)1971—1980 年
(d)1981—1990 年；(e)1991—2000 年；(f)2001—2010 年

　　1971—1980 年的光温生产潜力为 3203～18001 kg/hm²（图 10.2c），分布格局与前 10 年
基本一致，但东北低值区和黄淮海地区的高值区范围均有所减小，长江下游的江苏、上海、浙江
光温生产潜力出现下降趋势。

　　1981—1990 年的光温生产潜力为 3407～18401 kg/hm²（图 10.2d），东北北部及云南部分
地区的低值区范围与 20 世纪 70 年代基本一致，小于 6000 kg/hm²；而黄淮海地区的高值区范
围与 70 年代基本一致。

　　1991—2000 年的光温生产潜力为 3044～18637 kg/hm²（图 10.2e），东北地区光温生产潜
力小于 6000 kg/hm² 的范围显著缩小，光温生产潜力明显增加；而黄淮海地区光温生产潜力
超过 16000 kg/hm² 高值区范围也显著缩小。

　　2001—2010 年的光温生产潜力为 3239～19896 kg/hm²（图 10.2f），东北地区光温生产潜
力小于 6000 kg/hm² 的范围进一步缩小，光温生产潜力进一步增加；而黄淮海地区光温生产
潜力超过 16000 kg/hm² 高值区范围也进一步显著缩小，此外，光温生产潜力 14000～16000
kg/hm² 的次高值区范围也缩小，除东北地区外，总体表现为下降趋势。

二、双季早稻光温生产潜力

　　1961—2010 年，双季早稻光温生产潜力呈显著下降趋势，趋势为 $-9.83(kg/hm^2)/a$，$P <$
0.001，光温生产潜力在 7312.3～9182.9 kg/hm² 之间，平均为 8144.4 kg/hm²，波动幅度为
1870.6 kg/hm²。其中，双季早稻光温生产潜力在 1963 年、1969 年和 1972 年较高，在 1961
年、1989 年和 1975 年相对较低，最大值出现在 1969 年，为 9182.9 kg/hm²，最小值出现在
1989 年，为 7312.3 kg/hm²（图 10.3）。

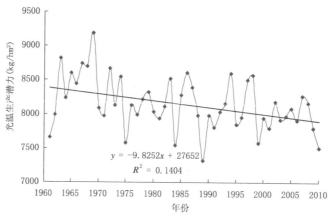

图 10.3　1961—2010 年南方双季早稻光温生产潜力的变化

　　1961—2010 年，中国南方双季早稻光温生产潜力为 4361～11517 kg/hm²，低值区位于云
南、贵州和四川局部，低于 6000 kg/hm²，其次为云南、贵州、四川、重庆、湖南、江西、浙江等地
的部分地区，为 6001～8000 kg/hm²，云南局部、贵州部分、四川局部、重庆部分、湖北部分、湖
南北部、江西南部、广西大部、广东大部、浙江等地为 8001～10000 kg/hm²，其中云南东南部、
贵州南部、广东等局地超过 10000 kg/hm²（图 10.4a）。1961—2010 年，大部分地区光温生产
潜力降低趋势较为显著。

　　1961—1971 年的光温生产潜力为 4210～11364 kg/hm²（图 10.4b），低值区位于贵州西部

和云南南部和北部地区,小于 6000 kg/hm²;高值区位于福建南部、广东、广西大部地区以及云南中部地区,超过 9000 kg/hm²。

1971—1980 年的光温生产潜力为 4119～12043 kg/hm²(图 10.4c),低值区位置与前 10年基本一致,范围稍有扩大,小于 6000 kg/hm²;高值区位于福建南部部分地区、广东大部地区、广西南部地区以及云南中部地区,范围比前 10 年略有减小,超过 9000 kg/hm²。

1981—1990 年的光温生产潜力为 4344～11244 kg/hm²(图 10.4d),与前 10 年相比,低值区范围有所减小,但中心位置变化不大,小于 6000 kg/hm²;高值区范围继续减小,且位置南移,最大值也有所减小,光温生产潜力超过 10000 kg/hm² 的区域仅有零散分布。

1991—2000 年的光温生产潜力为 4304～11648 kg/hm²(图 10.4e),低值区范围和位置与1971—1980 年一致;高值区位于福建南部、广东大部、广西大部地区以及云南中部地区,大部地区光温生产潜力在 9000～10000 kg/hm²。

2001—2010 年的光温生产潜力为 4542～12370 kg/hm²(图 10.4f),低值区范围有所扩大,而高值区范围有所减小,但中心位置并未发生显著变化。大部地区的光温生产潜力在7000～9000 kg/hm² 之间。

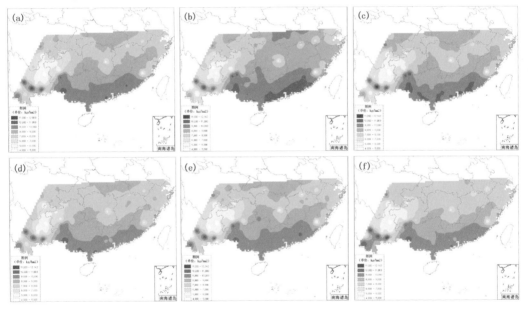

图 10.4　南方地区不同年代双季早稻光温生产潜力分布
(a)1961—2010 年;(b)1961—1970 年;(c)1971—1980 年
(d)1981—1990 年;(e)1991—2000 年;(f)2001—2010 年

三、双季晚稻光温生产潜力

1961—2010 年,双季晚稻光温生产潜力呈显著下降趋势,趋势为 $-14.83(\text{kg/hm}^2)/\text{a}$,$P < 0.001$,光温生产潜力在 8624.1～9913.9 kg/hm² 之间,平均为 9265.8 kg/hm²,波动幅度为1289.8 kg/hm²。其中,双季晚稻光温生产潜力在 1967 年、1971 年和 1978 年较高,在 1982年、1999 年和 2008 年较低,最大值出现在 1967 年,为 9913.9 kg/hm²,最小值出现在 2008 年,为 8624.1 kg/hm²(图 10.5)。

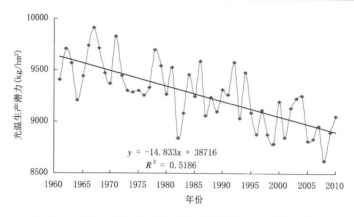

图 10.5 1961—2010 年南方双季晚稻光温生产潜力的变化

1961—2010 年,南方双季晚稻光温生产潜力为 6141～13767 kg/hm²,低值区位于四川中部,低于 8000 kg/hm²;其次为贵州北部、四川部分、重庆、湖北大部、江西北部、湖南北部等地,为 8001～9000 kg/hm²;云南东北部、贵州南部、湖南南部、福建、浙江、广东等地超过 9000 kg/hm²(图 10.6a)。1961—2010 年,重庆、四川、湖北等北部地区光温生产潜力降低趋势较为显著。

1961—1970 年的光温生产潜力为 5906～12777 kg/hm²(图 10.6b),低值区位于四川、重庆、贵州、湖南和湖北的部分地区,小于 9000 kg/hm²;高值区位于浙江、福建、广东、广西和云南的部分地区,超过 10000 kg/hm²;其余大部分地区的光温生产潜力在 9000～10000 kg/hm² 之间。

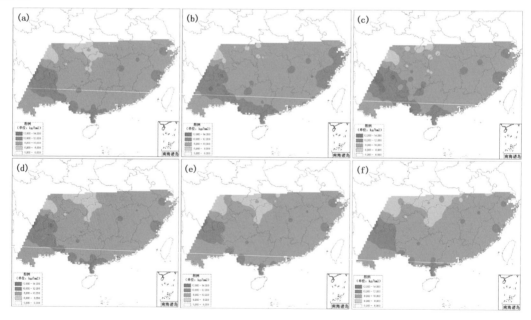

图 10.6 南方不同年代双季晚稻光温生产潜力分布
(a)1961—2010 年;(b)1961—1970 年;(c)1971—1980 年
(d)1981—1990 年;(e)1991—2000 年;(f)2001—2010 年

1971—1980 年的光温生产潜力为 5489～13221 kg/hm²(图 10.6c),低值区位置向南向东扩展,范围有所扩大;原东部沿海地区、广东和广西的高值区范围有所减小,位于云南的高值区变化不大,光温生产潜力反而有所增加。

1981—1990 年的光温生产潜力为 5901～13796 kg/hm²(图 10.6d),低值区范围继续扩大,高值区范围进一步缩小。

1991—2000 年的光温生产潜力为 6162～14798 kg/hm²(图 10.6e),低值区基本扩大,与近 50 年的分布范围基本一致;光温生产潜力超过 11000 kg/hm² 高值区范围进一步缩小,仅有零星分布。

2001—2010 年的光温生产潜力为 7087～14256 kg/hm²(图 10.6f)。光温生产潜力小于 9000 kg/hm² 的低值区扩大至研究区的一半,而光温生产潜力超过 11000 kg/hm² 的高值区仅在云南和四川的小部分地区。

第二节 冬小麦气候生产潜力

冬小麦是中国北方最主要的粮食作物。冬小麦种植区主要分布在河北、河南、山东、陕西、山西、甘肃东部、宁夏中南部、新疆南部、安徽和江苏北部等省(区)。从种植面积、产量等要素分析,黄淮海地区是中国冬小麦的主要生产区。在此,以黄淮海地区(含山西省)为主作重点分析。

结果表明,近 50 年来黄淮海地区冬小麦气候生产潜力呈轻微的波动上升趋势(3.086 (kg/hm²)/a,P<0.001),在 4456.7～8090.2 kg/hm² 之间波动,平均为 5727.3 kg/hm²,波动幅度为 3633.6 kg/hm²。其中 1962 年、1990 年、2001 年等年份冬小麦气候生产潜力相对较高,1980 年、1981 年、1996 年等年份冬小麦气候生产潜力相对较低,最大值出现在 1990 年,为 8090.2 kg/hm²;最小值出现在 1996 年,为 4456.7 kg/hm²(图 10.7)。

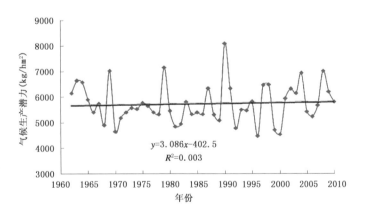

图 10.7 黄淮海地区冬小麦气候生产潜力变化趋势

1961—2010 年,黄淮海地区冬小麦气候生产潜力在 2904～8351 kg/hm²,河北中西部、北京、天津大部、山东局部低于 4000 kg/hm²,河北局部低于 3000 kg/hm²;山西大部、河南东北部、山东部分、河北东北部为 4001～5000 kg/hm²;山西西南部和北部局部、河南中北部、山东中西部为 5001～6000 kg/hm²；河南中南部、安徽北部、江苏北部、山东东南部为 6001～7000 kg/hm²；河南东南部、安徽中部、江苏中北部为 7001～8000 kg/hm²；山东和安徽局部高于 8001 kg/hm²（图 10.8a）。

1961—1970 年的气候生产潜力在 2677～8019 kg/hm²，山西北部部分、河北大部、北京、天津、河南和山东局部低于 4000 kg/hm²，河北局部低于 3000 kg/hm²；山西大部、河南东北部、山东中部大部、河北东北部为 4001～5000 kg/hm²；山西西部黄河沿岸、河南中北部、安徽北部部分、山东部分、江苏北部为 5001～6000 kg/hm²；河南中南部、安徽中北部部分、江苏中部、山东东南部为 6001～7000 kg/hm²；河南东南部、安徽中部、江苏局部、山东东部为 7001～8000 kg/hm²；山东局部高于 8001 kg/hm²（图 10.8b）。

1971—1980 年的气候生产潜力在 2536～8777 kg/hm²，山西中北部部分、河北大部、北京、天津大部、河南和山东局部低于 4000 kg/hm²，河北局部低于 3000 kg/hm²；山西大部和北部局部、河南局部、山东中部局部、河北东北部为 4001～5000 kg/hm²；山西南部、河南中北部、山东中部部分为 5001～6000 kg/hm²；河南中南部、安徽中北部部分、江苏北部、山东东南部部分为 6001～7000 kg/hm²；河南东南部、安徽中部、江苏中部大部、山东东南部为 7001～8000 kg/hm²；山东、河南、安徽局部高于 8001 kg/hm²（图 10.8c）。

1981—1990 年的气候生产潜力在 2624～8368 kg/hm²，山西局部、河北大部、北京、天津大部、山东西北部低于 4000 kg/hm²，河北局部低于 3000 kg/hm²；山西大部、河南局部、山东中部部分、河北东北部为 4001～5000 kg/hm²；山西南部、河南中北部、河北局部、山东中部部分为 5001～6000 kg/hm²；河南中南部、安徽中北部部分、江苏北部、山东东南部部分为 6001～7000 kg/hm²；河南东南部、安徽中部、江苏中部大部、山东东南部局部为 7001～8000 kg/hm²；山东、河南、安徽局部高于 8001 kg/hm²（图 10.8d）。

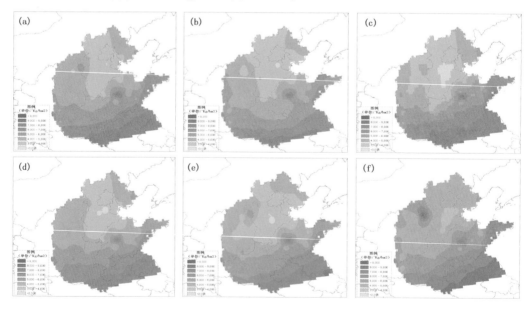

图 10.8　黄淮海地区不同年代冬小麦气候生产潜力分布

(a)1961—2010 年；(b)1961—1970 年；(c)1971—1980 年

(d)1981—1990 年；(e)1991—2000 年；(f)2001—2010 年

1991—2000 年的气候生产潜力在 2810～8724 kg/hm²,山西中东部、河北大部、北京、天津、山东西北部低于 4000 kg/hm²,河北局部低于 3000 kg/hm²;山西大部、河南北部部分、山东中部部分、河北东北部为 4001～5000 kg/hm²;山西南部和北部局部、河南中北部、山东中部部分为 5001～6000 kg/hm²;河南中南部、安徽北部部分、江苏北部、山东东南部部分为 6001～7000 kg/hm²;河南东南部、安徽中部、江苏中部大部、山东东南部局部为 7001～8000 kg/hm²;山东、江苏、安徽局部高于 8001 kg/hm²(图 10.8e)。

2001—2010 年的气候生产潜力在 3460～9424 kg/hm²,河北中部局部低于 4000 kg/hm²;山西大部、河南北部部分、山东中部部分、河北大部、北京、天津大部为 4001～5000 kg/hm²;山西南部、西部黄河沿岸和北部部分、河南中北部、山东中部为 5001～6000 kg/hm²;山西北部局部、河南中南部、安徽北部局部、江苏北部局部、山东东南部部分为 6001～7000 kg/hm²;山西北部局部、河南东南部、安徽中部、江苏中部、山东东南部局部为 7001～8000 kg/hm²;山西北部局部、河南东南部、安徽中部、江苏中部高于 8000 kg/hm²(图 10.8f)。

第三节　玉米气候生产潜力

玉米是中国主要的粮食作物之一,种植面积和产量均呈增长趋势。中国玉米种植区主要分布在东北地区(春玉米主产区)和黄淮海地区(夏玉米主产区)。因此,在此重点分析这两个地区玉米的气候生产潜力。

一、黄淮海夏玉米气候生产潜力

1961—2010 年,黄淮海地区的夏玉米气候生产潜力呈显著下降趋势,趋势为－15.734 (kg/hm²)/a,$P < 0.001$,气候生产潜力在 7169.4～8595.5 kg/hm² 之间波动,平均为 7907.5 kg/hm²,波动幅度达 1426.1 kg/hm²。其中,1962 年、1975 年和 1977 年的夏玉米气候生产潜力较高,1966 年、2003 年和 2009 年的夏玉米气候生产潜力较低,最大值出现在 1962 年,达 8595.5 kg/hm²,最小值出现在 1966 年,为 7169.4 kg/hm²(图 10.9)。

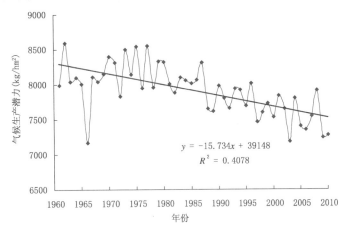

图 10.9　1961—2010 年黄淮海地区夏玉米气候生产潜力的变化

1961—2010 年,黄淮海地区夏玉米气候生产潜力为 3808～11450 kg/hm²,低值区位于山东局部、山西中部和河北西北部,低于 7000 kg/hm²,山东局部低于 5000 kg/hm²,山西东南部和北部部分、河南中部、安徽局部、山东西部、河北西部为 8001～9000 kg/hm²,山西中北部、河北东部、北京东部、天津西部、山东东部、河南大部、安徽局部、江苏北部为 9001～10000 kg/hm²,山西北部、河南西南部、江苏东北部、山东东南部、天津东南部、河北东部等地的局部为 10001～11450 kg/hm²(图 10.10a)。

1961—1970 年,黄淮海地区夏玉米的气候生产潜力为 4037～13068 kg/hm²,低值区位于山东局部、山西中部和河北西北部,低于 7000 kg/hm²,山东局部低于 5000 kg/hm²,山西中南部大部、河南中部、安徽局部、山东局部、河北西部局部为 8001～9000 kg/hm²,山西北部、河北东部、北京大部、山东中部大部、河南部分、安徽北部、江苏北部为 9001～10000 kg/hm²,山西北部、江苏东北部、山东东部、天津大部、河北东部部分等地的局部高于 10001 kg/hm²,局部高于 11001 kg/hm²(图 10.10b)。

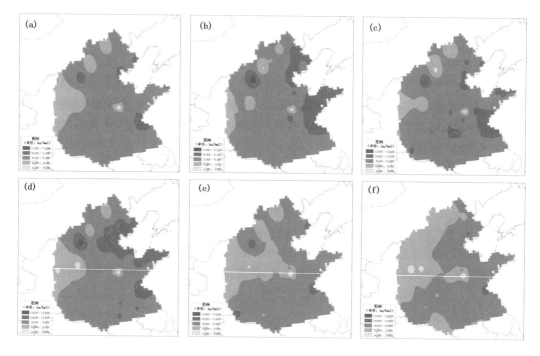

图 10.10　黄淮海地区不同年代夏玉米气候生产潜力分布
(a)1961—2010 年;(b)1961—1970 年;(c)1971—1980 年
(d)1981—1990 年;(e)1991—2000 年;(f)2001—2010 年

1971—1980 年的气候生产潜力为 4118～12153 kg/hm²,低值区位于山东局部、山西中部和河北西北部,低于 7000 kg/hm²,山东局部低于 5000 kg/hm²,山西中南部部分、河北西部部分、安徽局部为 8001～9000 kg/hm²,山西北部部分、河北东部、北京大部、山东大部、河南大部、安徽北部大部、江苏北部为 9001～10000 kg/hm²,山西北部部分、江苏东北部、山东东部、天津大部、河北东部部分、河南局部等地为 10001～11000 kg/hm²,山西北部、天津、山东、江苏的局部为 11001～12153 kg/hm²(图 10.10c)。

1981—1990 年的气候生产潜力为 3761～12938 kg/hm²,低值区位于山东局部、山西中部和河北西北部,低于 7000 kg/hm²,山东局部低于 5000 kg/hm²;山西中南部部分、河北西部和南部、河南北部、山东西部部分、安徽局部为 8001~9000 kg/hm²;山西北部部分、河北东部、北京西部部分、山东中部、河南南部、安徽北部大部、江苏北部大部为 9001~10000 kg/hm²,山西北部部分、江苏东北部、山东东北部、北京南部、天津大部、河北东部部分等地为 10001~11000 kg/hm²,山西北部、河北、天津、山东、江苏的局部为 11001~12938 kg/hm²(图 10.10d)。

1991—2000 年的气候生产潜力为 3552~11194 kg/hm²,低值区位于山东局部、山西中部和河北西北部,低于 7000 kg/hm²,山东局部低于 5000 kg/ha;山西中南部部分、河北西部和南部、河南北部、山东西部部分、河南局部为 7001~8000 kg/hm²;山西北部和东南部部分、河北东部、北京大部、山东大部、河南大部、安徽部分、江苏部分为 8001~9000 kg/hm²,山西北部部分、河北东北部、天津大部、山东东南部、江苏北部、安徽东北部、河南西南和中部局部等地为 9001~10000 kg/hm²,山西北部、河北、天津、山东、江苏、河南的局部为 10001~11194 kg/hm²(图 10.10e)。

2001—2010 年的气候生产潜力为 3573~10620 kg/hm²,低值区位于山东局部、山西中部局部,低于 6000 kg/hm²;山东局部低于 5000 kg/hm²;山西中南部部分、河北西部局部为 6001~7000 kg/hm²;山西北部、河北西部、山东西部局部、河南南部局部为 7001~8000 kg/hm²;山西东南部部分、河北中部、北京大部、山东大部、河南大部、安徽北部、江苏部分为 8001~9000 kg/hm²,河北东部、天津大部、山东东南部和北部、江苏北部、安徽北部局部、河南西南局部等地为 9001~10000 kg/hm²,河北、山东、江苏的局部为 10001~10620 kg/hm²(图 10.10f)。

二、东北春玉米气候生产潜力

1961—2010 年,东北地区春玉米平均气候生产潜力呈显著的波动下降趋势(−21.701 (kg/hm²)/a,P<0.001),在 9466.6~12700.6 kg/hm² 之间波动,波动幅度为 3234.0 kg/hm²,平均为 11104.5 kg/hm²。其中 1971 年、1975 年、1976 年春玉米气候生产潜力相对较高,1982 年、2000 年、2001 年春玉米气候生产潜力相对较低,最高值出现在 1971 年,为 12700.6 kg/hm²,最低值出现在 2000 年,为 9466.6 kg/hm²(图 10.11)。

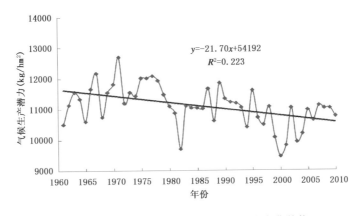

图 10.11　东北地区春玉米气候生产潜力变化趋势

1961—2010 年 50 年期间,东北各地区春玉米气候生产潜力在 10000~12000 kg/hm²,低值区位于吉林西北部、黑龙江西北部和辽宁西南局部,低于 11000 kg/hm²,黑龙江大部和吉林大部处于 11000~11500 kg/hm² 之间,辽宁大部处于 11000~11500 kg/hm² 之间,辽宁局部和黑龙江局部在 11500~12000 kg/hm² 之间 (图 10.12a)。

1961—1970 年,东北地区春玉米的气候生产潜力为 10500~12500 kg/hm²,低值区位于吉林西北部、黑龙江西北部和辽宁西南局部,低于 11000kg/hm²,黑龙江大部和吉林大部处于 11000~12500kg/hm² 之间,辽宁大部处于 11500~12000kg/hm² 之间,辽宁中部的局部地区处于 12000~12500 kg/hm² 之间 (图 10.12b)。

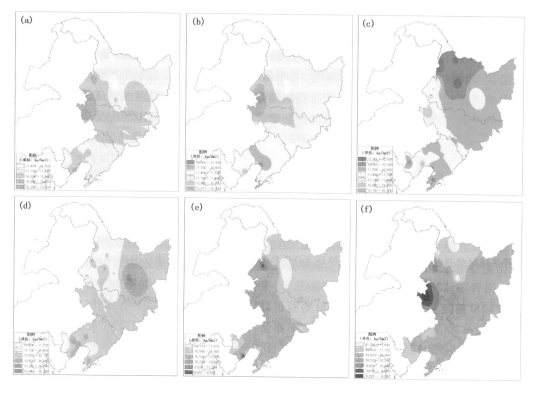

图 10.12 东北地区不同年代春玉米气候生产潜力分布
(a)1961—2010 年;(b)1961—1970 年;(c)1971—1980 年
(d)1981—1990 年;(e)1991—2000 年;(f)2001—2010 年

1971—1980 年的气候生产潜力主要为 10500~12500 kg/hm²,低值区位于吉林西北部、黑龙江西北部的零星地区和辽宁西南局部,低于 11000 kg/hm²,黑龙江东南部、辽宁大部和吉林大部处于 11500~12500kg/hm² 之间,辽宁大部处于 11500~12000 kg/hm² 之间,由于该时段光、温和水的有效配置,黑龙江中部处于 12000~12500 kg/hm² 之间,局部地区高于 12500 kg/hm²(图 10.12c)。

1981—1990 年的气候生产潜力为 10000~12500 kg/hm²,低值区位于吉林东南部、黑龙江西南部的零星地区和辽宁西南局部,低于 11000 kg/hm²,黑龙江西南部、辽宁大部和吉林大部处于 11500~12500 kg/hm² 之间,黑龙江中部、吉林中部和辽宁大部处于 11500~12000 kg/hm² 之间 (图 10.12d)。

1991—2000 年的气候生产潜力为 9500~11500 kg/hm²,低值区位于吉林西北部、黑龙江西北部的零星地区和辽宁西南局部,低于 10000 kg/hm²,黑龙江大部、辽宁大部和吉林大部处于 10000～11000 kg/hm² 之间,黑龙江中部处于 11000～11500 kg/hm² 之间(图 10.12e)。

2001—2010 年气候生产潜力为 9500～11500 kg/hm²,低值区位于吉林西北部、黑龙江西北部的零星地区和辽宁西南局部,低于 9500 kg/hm²,黑龙江大部、辽宁大部和吉林大部处于 10000～11000 kg/hm² 之间,黑龙江中部的部分地区处于 11000～11500 kg/hm² 之间(图 10.12f)。

第十一章　未来气候情景下主要粮食作物气候生产潜力

采用政府间气候变化专门委员会(IPCC)温室气体未来排放情景 A2(国内或区域资源情景)和 B2(区域可持续发展情景),格点气候资料来自于区域气候模式 PRECIS 输出的分辨率 50 km×50 km 的未来 A2 和 B2 气候情景(2011—2050 年)下逐日资料及基准气候条件(1961—1990 年)下逐日资料,要素包括日平均温度、日最高温度、日最低温度、日相对湿度、水汽压、降水量、风速和日总辐射等,结合联合国粮农组织(FAO)和国际应用系统分析研究所(IIASA)基于中国的统计资料(经多方校正)共同开发的"农业生态区划"(agro-ecological zone,AEZ)模型,系统分析了粮食主产区的气候/光温生产潜力分布格局及变化趋势。

第一节　水稻气候生产潜力

一、一季稻气候生产潜力

1. 基准时段气候生产潜力

基准气候条件下,中国各地一季稻的气候生产潜力在 2500~19000 kg/hm² 之间,呈南方低华北平原中部高、东北部分地区偏高的趋势(图 11.1)。长江中下游平原是产量偏低的区域,大多在 6000~9500 kg/hm² 之间。受降水少的影响,华北平原中部及西北部分区域潜力较低,小于 6000 kg/hm²。高值区域出现在华北、东北及西南部分区域,在单季稻生长期内,光照、温度与水分条件俱佳,具有较高的气候生产潜力,为 12000~16000 kg/hm²,极少数地区达 16000 kg/hm² 以上。

2. 未来变化趋势

未来 A2 气候情景下,2011—2050 年期间,中国各地一季稻气候生产潜力呈显著下降趋势,趋势为 $-4.04(kg/hm^2)/a$,$P<0.001$(图 11.2),气候生产潜力在 7824.1~9152.6 kg/hm² 之间,平均为 8362.5 kg/hm²,变化幅度为 1328.4 kg/hm²。其中,一季稻气候生产潜力在 2015 年、2026 年和 2032 年较高,在 2011 年、2017 年和 2047 年较低,最大值出现在 2015 年,为 9152.6 kg/hm²,最小值出现在 2011 年,为 7824.1 kg/hm²。

3. 未来潜力空间分布格局

与基准气候时段相比,未来 A2 气候情景下,2011—2050 年中国一季稻气候生产潜力均发生明显变化(图 11.3)。2011—2020 年,大部分地区呈减少趋势,减小幅度小于 9%;部分地区略有增产趋势,增产幅度小于 10%;极少数地区的减产幅度超过 10%。2021—2030 年,长江

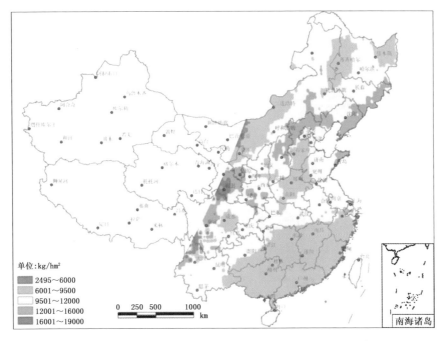

图 11.1 1961—1990 年一季稻气候生产潜力空间分布

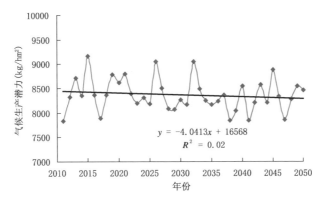

图 11.2 2011—2050 年 A2 气候情景下一季稻气候生产潜力变化趋势

以南大部分地区一季稻气候生产潜力呈增产趋势,增产幅度一般小于 10%。西南少数地区的增产幅度超过 10%。长江以北大部分地区呈减产趋势,减产幅度大多在 9% 之内,极少数地区减产超过 9%。2031—2040 年,一季稻气候生产潜力增减趋势与 2021—2030 年期间十分相似。但云南西北部减产趋势快速扩展,内蒙古北部的增产区域也扩展,同时东北三省减产的范围及程度都有所扩展。2041—2050 年,长江以南地区一季稻气候生产潜力的增加区域缩小、减产趋势继续扩大,但幅度变化都不大,在 9%~10% 之间。内蒙古北部继续维持增加趋势,而东北减少的范围及程度继续扩大,减产超过 10% 的区域有较大增加。

　　与基准气候条件相比,未来 B2 气候情景下,2011—2050 年中国各地一季稻气候生产潜力呈减少为主的变化趋势(图 11.4)。2011—2020 年,大部分地区呈减少趋势,幅度大都小于 9%,只有零散地区呈增加趋势,减少最严重的地区在东北及陕西、宁夏一带。2021—2030 年,一季稻气候生产潜力增加的区域扩大,其中西南大部、广东、广西及贵州的大部均呈增加趋势,

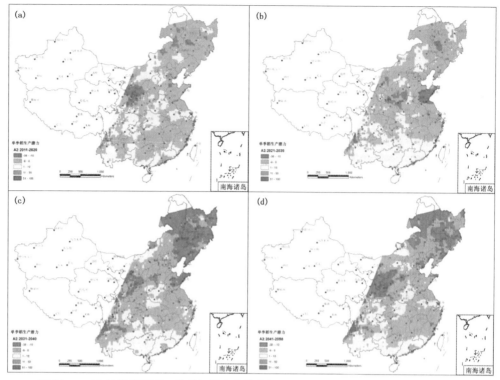

图 11.3　A2 气候情景下一季稻气候生产潜力的空间分布与变化趋势（单位：kg/hm²）
(a)2011—2020 年；(b)2021—2030 年；(c)2031—2040 年；(d)2041—2050 年

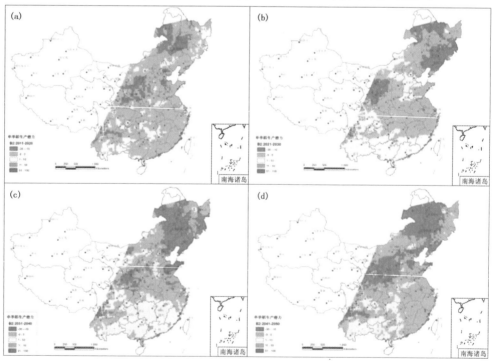

图 11.4　B2 气候情景下一季稻的气候生产潜力空间分布与变化趋势（单位：kg/hm²）
(a)2011—2020 年；(b)2021—2030 年；(c)2031—2040 年；(d)2041—2050 年

增加幅度在 10% 以内,河北大部及内蒙古北部的部分地区也出现增加趋势;减少的范围虽缩
小,但程度均有所增加,减产超过 10% 的区域大为扩大。2031—2040 年,长江以南大部分地区
一季稻气候生产潜力增加明显,增加幅度一般在 10% 以内,局部地区超过 10%。除个别地区
外,长江以北绝大部分地区一季稻气候生产潜力呈减少趋势,且减少程度略有增加,其中东北
三省减少尤为严重,减少幅度均超过 10%。2041—2050 年,与 2031—2040 年期间相比,一季
稻气候生产潜力增加的范围及程度均大为缩小,仅在西南为主的地区存在较大的增加趋势,其
余一季稻生长地区均呈减少趋势。需要指出的是,在东北三省及陕西、宁夏、山西一带形成了
一季稻气候生产潜力减少超过 10% 的中心,且这两个减少中心有连成一片的趋势,形成整个
中国北部一季稻气候生产潜力大幅减少的趋势。

二、双季早稻气候生产潜力

1. 基准时段气候生产潜力

基准气候时段内,中国双季早稻气候生产潜力在 6450～12000 kg/hm² 之间,呈明显的东
西高、中间低分布格局(图 11.5)。广西大部和贵州南部、广东西部是低值中心,双季早稻气候
生产潜力一般小于 7300 kg/hm²。云南大部、浙江、福建中东部、江西北部及安徽南部的双季
稻气候生产潜力较高,大于 8501 kg/hm²,部分地区达 9501 kg/hm²,甚至超过 10000 kg/hm²。

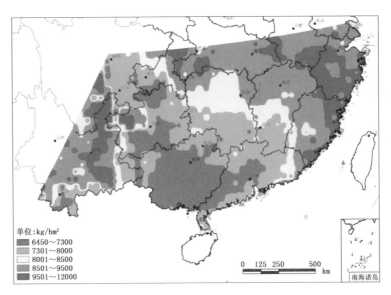

图 11.5　1961—1990 年双季早稻气候生产潜力的空间分布

2. 未来变化趋势

未来 A2 气候情景下,2011—2050 年期间,中国各地双季早稻气候生产潜力呈弱下降趋
势,趋势为 −2.94(kg/hm²)/a,$P<0.001$(图 11.6),气候生产潜力在 7450.2～8862.8 kg/hm²
之间,平均为 8146.2 kg/hm²,变化幅度为 1412.7 kg/hm²。其中,双季早稻气候生产潜力在
2015 年、2022 年和 2030 年较高,在 2012 年、2023 年和 2032 年较低,最高值在 2022 年,为
9063.1 kg/hm²,最低值在 2032 年,为 7450.2 kg/hm²。

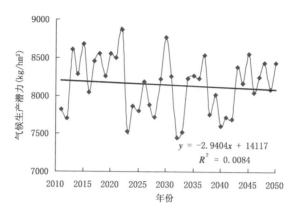

图 11.6　2011—2050 年 A2 气候情景下双季早稻气候生产潜力变化趋势

3. 未来潜力空间分布格局

未来 A2 气候情景下,2011—2050 年中国双季早稻气候生产潜力以降低为主(图 11.7)。2011—2020 年,福建、广东的沿海和整个西部地区呈增加趋势,增幅为 1%～5%,西南地区增加达 6% 以上,最大不超过 15%。其他地区均呈不同程度的减少趋势,其中浙江西部、江西东部和安徽南部减少幅度达 9% 以上,最大不超过 19%。2021—2030 年,减少范围及程度进一步扩大,呈向西蔓延趋势。整个双季稻种植区域的东部及北部大部、南部大部都呈减少趋势,减少超过 9% 的地区呈扩大趋势。2011—2020 年期间双季早稻气候生产潜力增加的区域及幅度在2021—2030 年期间均被压缩。2031—2040 年,双季早稻气候生产潜力减少的范围进一步扩展,仅在广东、广西南部地区呈增加趋势,而且增加幅度也大为减小,增幅大于 6% 的区域减少得尤为严重;减少的区域中,尤以云南东北部、贵州西南部减少为重。2041—2050 年,双季早稻气候生产潜力增加的范围与分布趋势都有显著变化。整个双季早稻种植区域的中部及东部均呈减少趋势,减少最严重的区域是江西中部和北部、浙江西部、福建北部及湖南东部,减少幅度超过 9%。双季稻种植区域西部呈气候生产潜力增加趋势,但增加区域及范围大为缩小。

未来 B2 气候情景下,双季早稻气候生产潜力呈减少为主的变化趋势(图 11.8)。2011—2020 年,双季稻种植区的东部、北部和西北都呈减少趋势,减幅在 8% 以内;增加区域多在西南及南部,增幅多小于 5%,大于 6% 的区域集中在云南西部。2021—2030 年,双季早稻种植范围中线以东地区的气候生产潜力都呈减少趋势;同时,其北部和南部的部分地区也以减少趋势为主;西北、西部及西南地区呈较强的增加趋势,增幅在 5% 左右。与 2021—2030 年相比,2031—2040 年双季早稻气候生产潜力的减少范围和幅度均增加;种植范围中线以东的区域仍呈减少趋势,而西南地区则由增加转变为减少趋势,呈增加趋势的地区仅集中在贵州一带和广东沿海附近。2041—2050 年,双季早稻的种植范围中线以东地区的气候生产潜力仍呈减少趋势。贵州西部的减少趋势更强,面积及幅度均大幅增加,大部分地区的减少程度超过 9%;中部地区的减少趋势地区连成一片,呈增加趋势的地区仅限于西南和南部地区。

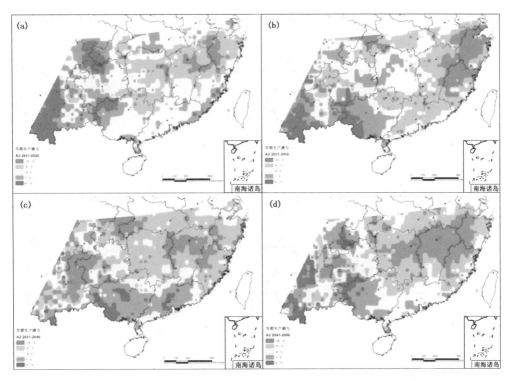

图 11.7 A2 气候情景下双季早稻气候生产潜力的空间分布与变化趋势(单位:kg/hm²)

(a)2011—2020 年;(b)2021—2030 年;(c)2031—2040 年;(d)2041—2050 年

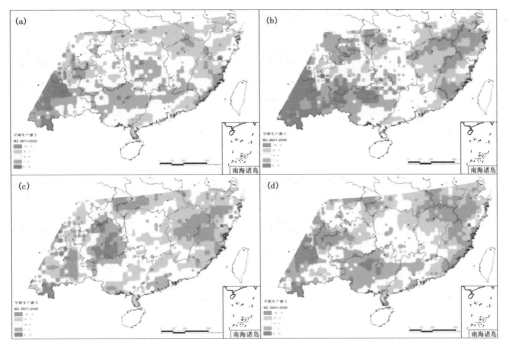

图 11.8 B2 气候情景下双季早稻气候生产潜力的空间分布与变化趋势(单位:kg/hm²)

(a)2011—2020 年;(b)2021—2030 年;(c)2031—2040 年;(d)2041—2050 年

三、双季晚稻气候生产潜力

1. 基准时段气候生产潜力

基准气候时段下,中国各地双季晚稻的气候生产潜力在 $7355\sim12000$ kg/hm² 之间,呈明显的由东向西递减趋势(图 11.9)。浙江至广西沿海一带是双季晚稻气候生产潜力的高值区,通常大于 9500 kg/hm²,局部地区甚至能超过 10000 kg/hm²;低值区在西北及西南,低于 8000 kg/hm²。双季晚稻气候生产潜力大于 9500 kg/hm² 的区域远多于双季早稻。

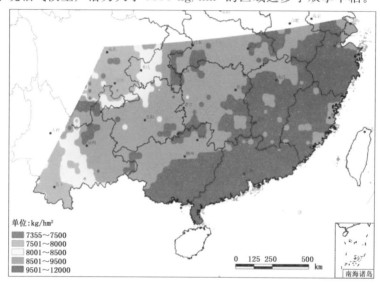

单位:kg/hm²

- 7355~7500
- 7501~8000
- 8001~8500
- 8501~9500
- 9501~12000

0　125　250　　　500
　　　　　　　　　km

南海诸岛

图 11.9　1961—1990 年双季晚稻气候生产潜力空间分布

2. 未来变化趋势

未来 A2 气候情景下,2011—2050 年期间,中国各地双季晚稻气候生产潜力变化趋势不明显,气候生产潜力在 $8592.2\sim9717.9$ kg/hm² 之间,平均为 9085.4 kg/hm²,波动幅度为 1125.7 kg/hm²。其中,双季晚稻气候生产潜力在 2021 年、2025 年和 2027 年较高,在 2012 年、2022 年和 2037 年较低,最高值在 2025 年,为 9717.9 kg/hm²,最低值在 2037 年,为 8592.2 kg/hm²(图 11.10)。

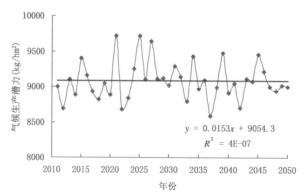

$$y = 0.0153x + 9054.3$$
$$R^2 = 4E\text{-}07$$

图 11.10　2011—2050 年 A2 气候情景下双季晚稻气候生产潜力变化趋势

3. 未来潜力空间分布格局

与基准气候条件相比,未来 A2 气候情景下,2011—2050 年中国各地双季晚稻气候生产潜力以减产为主(图 11.11)。2011—2020 年,中国双季晚稻气候生产潜力总体呈弱减少趋势,绝大部分地区的减少幅度在 4% 以内,部分零散地区的减少幅度在 5%～8% 之间;个别地区呈增加趋势,幅度小于 5%。2021—2030 年,中国双季晚稻气候生产潜力的增减区域开始分化,增加区域集中在中部、西北及西南地区,增幅小于 5%,西北部地区增幅超过 6%,但不超过 15%;减少区域集中在北部、东部及南部的沿海地带,减幅在 4% 之内,少数地区超过 8%,但最大不超过 34%。2031—2040 年,中国双季晚稻气候生产潜力的减少范围及幅度显著增加,仅在西北、西南及南部的零星地区呈增加趋势,且绝大部分地区的增幅在 5% 以内,其余地区均呈减少趋势,减幅超过 9% 的范围增加显著,多集中在湖南中部。2041—2050 年,中国双季晚稻气候生产潜力的减少范围和程度与 2031—2040 年期间相似,但减少最严重的地区由湖南中部东移到浙江和福建沿海,其余绝大部分地区的减幅均在 4% 以内,但减少的范围进一步扩展,增加的范围被压缩至西北、西南及广西和广东的个别地区,增幅也缩小至 1%～5% 之间,均不超过 6%。

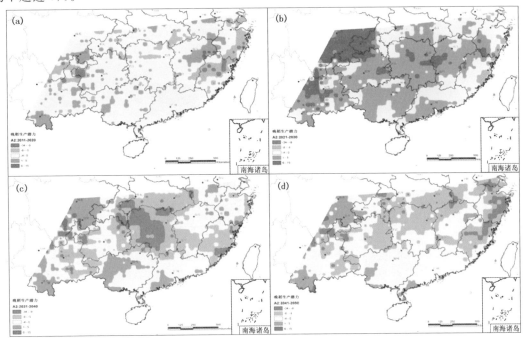

图 11.11 A2 气候情景下双季晚稻气候生产潜力的空间分布与变化趋势(单位:kg/hm²)
(a)2011—2020 年;(b)2021—2030 年;(c)2031—2040 年;(d)2041—2050 年

与基准气候条件相比,未来 B2 气候情景下,2011—2050 年中国各地双季晚稻气候生产潜力以弱减少为主,但波动加剧(图 11.12)。2011—2020 年,作为一个整体,中国双季晚稻气候生产潜力的增减趋势不显著,但区域变化大,总体特征是西部增加、东部减少,但西部的贵州西部及其以西地区减少严重,东部减少地区中的江西北部、浙江西部和安徽南部呈增加趋势。福建沿海相对减少严重,但在 8% 以内。西南部地区增加显著。2021—2030 年,双季晚稻气候生产潜力减少范围增加,但幅度变化不显著。除西北、西南部分地区及江西中部、东部和安徽南部呈增加趋势外,其余地区均呈减少趋势,但减少幅度多在 4% 以内,体现出整个区域弱减少趋势。2031—2040 年,双季晚稻气候生产潜力的增减范围出现明显分化。将双季晚稻种植区分为东西两部,整个西部地区除山区个别地区外,双季晚稻气候生产潜力均呈显著增加趋势,幅度达 6% 的地区显著增加;整个东部地区几乎均为减少地区,幅度超过 9% 的地区主要集中在东北部分地区及浙江东北部和江苏南部。2041—2050 年,双季晚稻气候生产潜力的减少趋势在 2031—2040 年期间的基础上继续向西加强,即增加的范围和幅度被大大压缩,减少的范围和幅度大为增加。其中,西部少数山区仍呈减少趋势,而江西中部、东部和安徽南部则呈增加趋势。双季晚稻气候生产潜力减少最严重的区域出现在福建沿海地带。

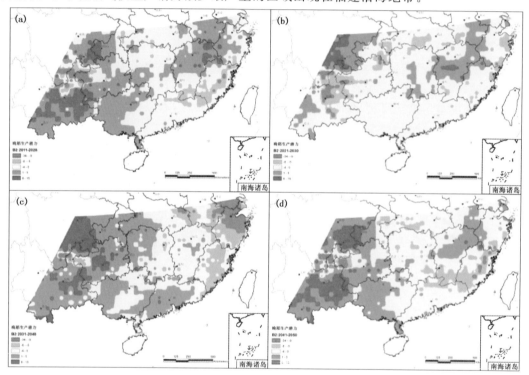

图 11.12　B2 气候情景下双季晚稻气候生产潜力的空间分布与变化趋势(单位:kg/hm²)

(a)2011—2020 年;(b)2021—2030 年;(c)2031—2040 年;(d)2041—2050 年

第二节　冬小麦气候生产潜力

一、基准时段气候生产潜力

基准气候时段下,黄淮海(含山西省)平原冬小麦气候生产潜力为 3900～9000 kg/hm²,表现出南高北低、东西高中间低的特点(图 11.13)。其中,在徐州以南和山东半岛,冬小麦气候生产潜力最高,达 7000～9000 kg/hm²,山东半岛东部甚至达 9000～11000 kg/hm²。山西、河南北部、山东中部冬小麦生产潜力达 6000～7000 kg/hm²。北京、天津、河北及山东西部冬小麦气候生产潜力较低,为 3900～6000 kg/hm²。其中,北京、天津、石家庄和济南之间区域冬小麦气候生产潜力最低,仅 3900～5000 kg/hm²。

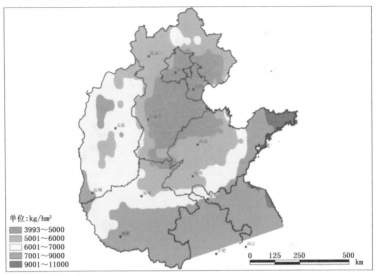

图 11.13　1961—1990 年黄淮海平原冬小麦平均气候生产潜力

二、未来变化趋势

未来 A2 情景下,2011—2050 年期间,中国各地冬小麦气候生产潜力呈显著上升趋势,趋势为 13.28(kg/hm²)/a,$P<0.001$(图 11.14),气候生产潜力在 4587.1～5819.3 kg/hm² 之间,平均为 5281.7 kg/hm²,波动幅度为 1232.2 kg/hm²。其中,冬小麦气候生产潜力在 2021年、2033 年和 2046 年较高,在 2012 年、2029 年和 2031 年较低,最高值出现在 2046 年,为 5819.3 kg/hm²,最低值出现在 2012 年,为 4587.1 kg/hm²。B2 气候情景基本与 A2 气候情景类似。

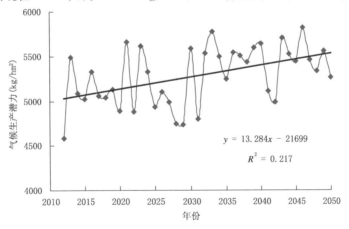

图 11.14　2011—2050 年 A2 气候情景下冬小麦气候生产潜力变化趋势

三、未来潜力空间分布格局

与基准气候条件相比,未来 A2 气候情景下,2011—2050 年黄淮海地区及山西省冬小麦气候生产潜力以增加为主要变化趋势,仅局部地区在不同年代表现为减少(图 11.15)。2011—

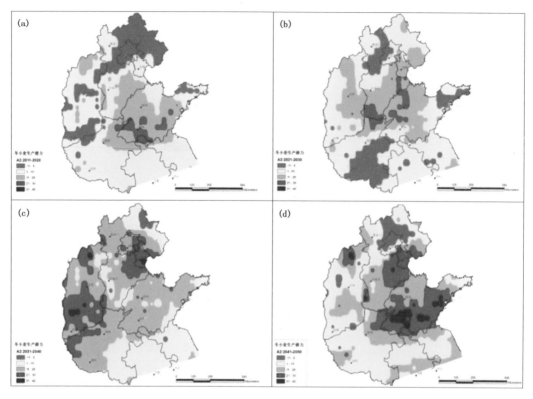

图 11.15　A2 气候情景下冬小麦气候生产潜力空间分布与变化趋势（单位 kg/hm²）

(a)2011—2020 年；(b)2021—2030 年；(c)2031—2040 年；(d)2041—2050 年

2020 年,冬小麦气候生产潜力北部有减少趋势,中部和南部大部有增加趋势。北京、河北北部和太原及运城局部地区可能减少达 1%～10%,河南北部、山东中西部和河北中部地区可能增加 10%～20%,局部地区可能增加 20%～30%,河南南部、安徽及江苏北部和山西局部可能增加 1%～10%。2021—2030 年,大部分地区呈增加趋势,增加幅度为 1%～20%。其中,河北中部和山东西部增加幅度较大,达 10%～20%,局部地区甚至达 20%～30%。河南中南部、山东半岛和河北北部局地表现为减少趋势,但减少幅度小于 10%。2031—2040 年,冬小麦气候生产潜力以增加为主要变化趋势。其中,安徽和江苏北部及河南东部增加 10%以内,山东、河北和山西大部分区域增加 10%～20%,天津和山西中部等地区甚至可增加 20%～30%。2041—2050 年,冬小麦气候生产潜力仍以增加为主要变化趋势,高值中心在山东中南部和天津及河北东部,增加幅度达到 20%～30%,其他区域增加幅度为 10%～20%,北京北部冬小麦气候生产潜力可能减少 5%～10%。

与基准气候条件相比,未来 B2 气候情景下,2011—2050 年黄淮海地区的冬小麦气候生产潜力在前 20 年主要表现为大面积增加,后 20 年表现为大面积减少(图 11.16)。其中,2011—2020 年,山西北部、河北和山东中部增加幅度达 20%～30%,山西南部和山东大部分地区增加幅度达 10%～20%,其余区域增加小于 10%。2021—2030 年,黄淮海下游表现出较大的增加幅度,增加幅度可达 20%～30%,郑州至南阳、太原西部等地区表现为减少趋势,减少幅度可达 10%～15%,其余地区增加幅度为 5%～20%。2031—2040 年,在徐州、郑州和运城一线以北,北京、石家庄和太原一线以南的中部区域,冬小麦气候生产潜力表现为增加趋势,增加幅度为 5％～20％,其余地区表现为减少趋势,减少幅度为 5％～15％。2041—2050 年,冬小麦气候生产潜力呈北部减少、南部增加的变化趋势。山西、河北北部和山东西北部减少 2％～15％,安徽和江苏北部、河南南部及山东南部增加 1％～5％,河南中部和北部增加幅度为 6％～10％。

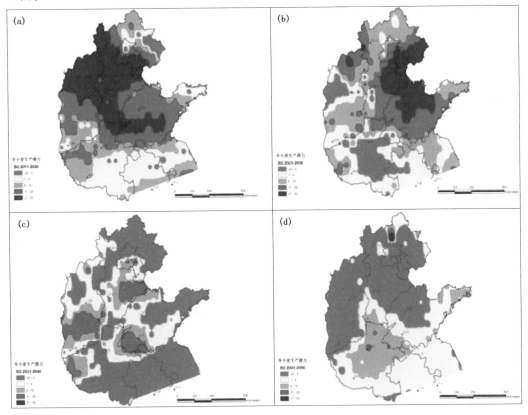

图 11.16　B2 气候情景下冬小麦气候生产潜力空间分布与变化趋势(单位:kg/hm²)

(a)2011—2020 年;(b)2021—2030 年;(c)2031—2040 年;(d)2041—2050 年

当前实际生产中,由于黄淮海地区的冬小麦大都以灌溉为主,而本节仅分析了气候生产潜力,未包含灌溉因素在内。因此,在区域分布及数值上可能与当前的实际情况有差异。

第三节　玉米气候生产潜力

一、夏玉米气候生产潜力

1. 基准时段气候生产潜力

基准气候时段下,河北西部及山西夏玉米气候生产潜力最低,仅为 8000～9000 kg/hm²,河北中东部、北京、河南大部分地区夏玉米气候生产潜力为 9000～10000 kg/hm²,南阳、徐州和济南一线以东及以南地区,夏玉米气候生产潜力最高,达 10000～11000 kg/hm²(图 11.17)。

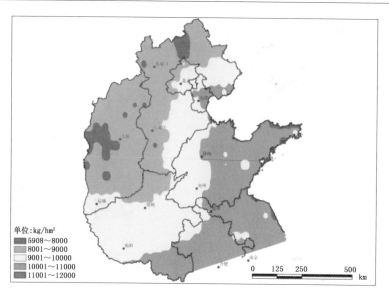

图 11.17　1961—1990 年夏玉米平均气候生产潜力的空间分布

2. 未来变化趋势

　　未来 A2 气候情景下,2011—2050 年期间,中国各地夏玉米气候生产潜力呈显著上升趋势,趋势为 13.03 (kg/hm^2)/a,$P<0.001$(图 11.18),气候生产潜力在 7611.5~9063.1 kg/hm^2 之间,其中,夏玉米气候生产潜力在 2031 年、2035 年和 2038 年较高,在 2012 年、2023 年和 2033 年较低,最高值出现在 2031 年,为 9063.1 kg/hm^2,最低值出现在 2012 年,为 7611.5 kg/hm^2。

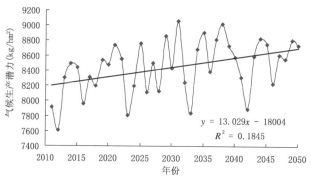

图 11.18　2011—2050 年 A2 气候情景下夏玉米气候生产潜力变化趋势

3. 未来潜力空间分布格局

　　与基准气候时段相比,未来 A2 气候情景下,2011—2050 年黄淮海地区(含山西省)夏玉米气候生产潜力表现为前 20 年北部增加、南部减少的趋势,后 20 年以增加为主要变化趋势(图 11.19)。2011—2020 年,夏玉米气候生产潜力表现为安徽北部和江苏北部、山东西部和东部呈减少趋势,减少幅度为 1%~5%。河南、河北、山西、北京、天津和山东中南部增加 1%~10%,局部地区增加可达 15% 左右。2021—2030 年,山西、河北、北京、天津和河北北部呈增加趋势,增加幅度达 1%~10%,山西北部和河北西北部增加幅度可达 11%~20%。山东、河南中南部和江苏、安徽以减少为主，减少幅度 1%～5%，济南以东地区减少幅度达到 10% 左右。
2031—2040 年，夏玉米气候生产潜力以增加为主要趋势，幅度为 1%～10%，郑州至石家庄的
部分地区增加幅度可达 15% 左右。2041—2050 年，夏玉米气候生产潜力仍以增加为主要变化
趋势，幅度达 1%～10%，沿太行山一带增加幅度可达 10%～20%。

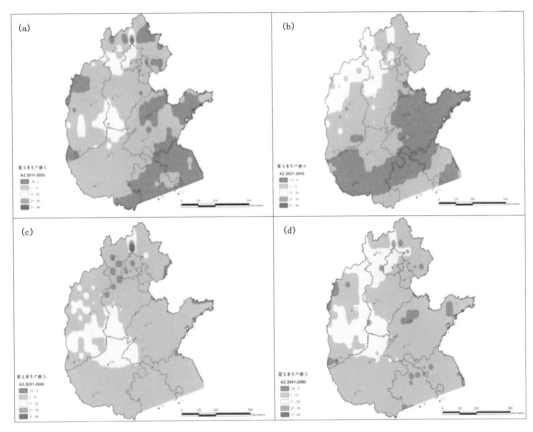

图 11.19　A2 气候情景下夏玉米气候生产潜力空间分布与变化趋势（单位：kg/hm^2）
(a)2011—2020 年；(b)2021—2030 年；(c)2031—2040 年；(d)2041—2050 年

与基准气候时段相比，未来 B2 气候情景下，2011—2050 年黄淮海地区（含山西省）夏玉米
气候生产潜力表现为增加和减少区域相间分布的特点（图 11.20）。2011—2020 年，山西、北
京、天津、河北大部分地区和山东北部表现为减少，大部分地区减幅达 15% 左右，山东中北部
减幅为 5% 左右。2021—2030 年，夏玉米气候生产潜力大部分地区表现为增加趋势，增幅为
5%～10%。郑州、兖州和石家庄构成的三角区域增幅可达 15% 左右。南阳至合肥、江苏东部
和河北张家口、唐山等地区有减少趋势，减幅为 1%～5%。2031—2040 年，河南中南部、安徽
西部区域夏玉米生产潜力为减少趋势，减幅为 1%～10%。河北中北部、江苏、山东、河北、山
西、北京和天津夏玉米生产潜力表现为增加趋势，增幅在 5% 左右，山西中北部、河北中西部和
河南北部地区增加幅度可达 10%～20%。2041—2050 年，夏玉米气候生产潜力表现为北部减
产、南部增产的变化趋势。山西、河北、山东西北部、北京、天津为减少，减幅为 5%～15%；河
南、安徽、江苏、山东南部及东部地区为增加趋势，增幅为 1%～10%。

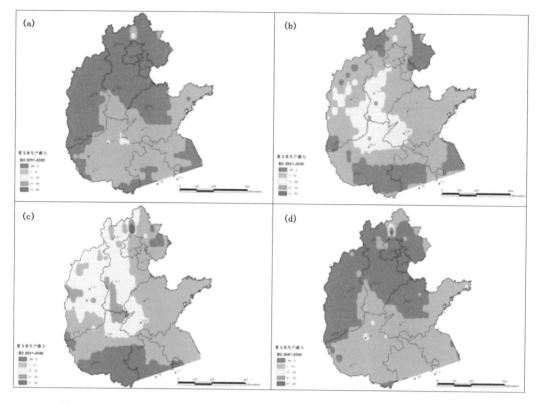

图 11.20　B2 气候情景下夏玉米气候生产潜力空间分布与变化趋势(单位:kg/hm²)
(a)2011—2020 年;(b)2021—2030 年;(c)2031—2040 年;(d)2041—2050 年

二、春玉米气候生产潜力

春玉米在中国种植地域较广,主要分布在东北、西北和华北北部地区,西南丘陵山区亦有分布。在此,主要分析东北地区在基准气候时段和 A2、B2 气候情景下的春玉米气候生产潜力及其变化趋势。

1. 基准时段气候生产潜力

基准气候时段下,东北地区春玉米气候生产潜力表现出很强的地理地带性(图 11.21)。其中,辽宁省和吉林省中南部的春玉米气候生产潜力最高,达 23000~25000 kg/hm²;吉林省中北部至黑龙江省南部,春玉米气候生产潜力为 21000~23000 kg/hm²;齐齐哈尔市和小兴安岭以东地区的春玉米气候生产潜力为 19000~21000 kg/hm²。

2. 未来变化趋势

未来 A2 气候情景下,2011—2050 年期间,中国各地春玉米气候生产潜力呈显著上升趋势,趋势为 18.23(kg/hm²)/a,P<0.001(图 11.22),气候生产潜力在 15036.5~17631.1 kg/hm² 之间,平均为 16550.7 kg/hm²,波动幅度为 2594.6 kg/hm²。其中,春玉米气候生产潜力在 2021 年、2045 年和 2037 年较高,在 2011 年、2017 年和 2047 年较低,最高值出现在 2037 年,为 17631.1 kg/hm²,最低值出现在 2017 年,为 15036.5 kg/hm²。

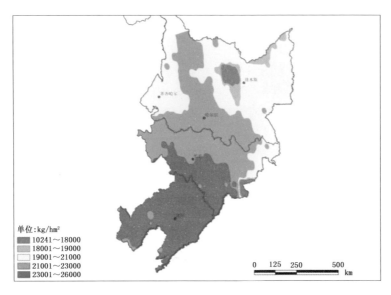

图 11.21　1961—1990 年东北地区春玉米气候生产潜力空间分布

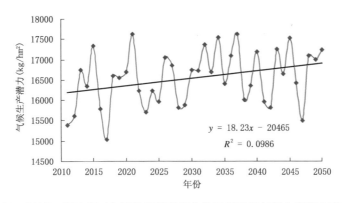

图 11.22　2011—2050 年 A2 气候情景下东北地区春玉米气候生产潜力变化趋势

3. 未来潜力空间分布格局

与基准气候条件相比,未来 A2 气候情景下,2011—2050 年东北地区春玉米气候生产潜力在空间区域上表现出较大的不稳定性(图 11.23)。2011—2020 年,东北地区春玉米气候生产潜力以减少为主要变化趋势,减幅在 5%左右。齐齐哈尔至哈尔滨一带有增产趋势,增幅 4%～10%,小兴安岭等高海拔地区有增加趋势,增幅为 6%～15%。2021—2030 年,东北地区春玉米气候生产潜力以增加为主要趋势,其中黑龙江省增幅较大,平原地区增幅为 2%～5%,小兴安岭等高海拔地区增加 6%～15%。吉林省和辽宁省春玉米气候生产潜力增加与减少的区域相间分布,增减幅度在 5%左右。2031—2040 年,东北地区春玉米气候生产潜力整体以增加为主要变化趋势,增幅在 3%左右,小兴安岭等高海拔地区增幅可达 6%～15%。在沈阳以西、长春以北至哈尔滨、佳木斯以东部分区域,春玉米气候生产潜力表现出减少趋势,减幅在 5%左右。2041—2050 年,东北地区春玉米气候生产潜力仍然以增加为主要变化趋势,增幅 1%～10%。

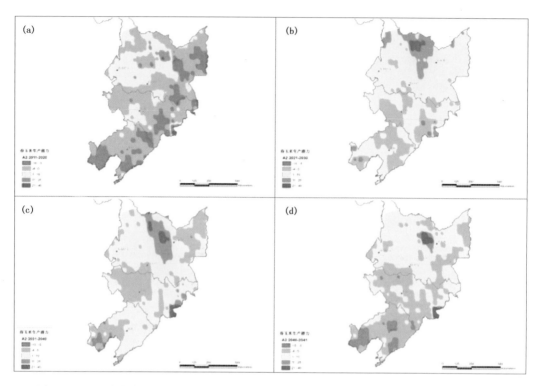

图 11.23　A2 气候情景下东北地区春玉米气候生产潜力空间分布与变化趋势(单位:kg/hm²)

(a)2011—2020 年;(b)2021—2030 年;(c)2031—2040 年;(d)2041—2050 年

　　与基准气候时段相比,未来 B2 气候情景下,2011—2050 年东北地区春玉米气候生产潜力变化与 A2 气候情景下相似,具有增加和减少区域相间分布的特点(图 11.24)。2011—2020 年,东北地区春玉米气候生产潜力具有增加趋势,增加中心在辽宁省中部,长春地区增幅达 5%～9%,小兴安岭等高海拔地区增加 6%～15%,其余区域增幅为 3%左右。春玉米气候生产潜力减少的区域分布在辽宁西部、吉林西部和东部等区域,减幅在 5%左右。2021—2030 年,辽宁省、吉林省和黑龙江省南部区域春玉米气候生产潜力表现为减少趋势,减幅为 1%～10%。吉林省西部、黑龙江省西部和北部地区,春玉米气候生产潜力表现为增加趋势,增幅为 5%左右,小兴安岭等高海拔地区增加 6%～15%。2031—2040 年,辽宁省北部、吉林省中东部和黑龙江省中部及北部地区,春玉米气候生产潜力表现为增加趋势,增幅为 3%～8%,哈尔滨和长春以西地区、辽宁省南部地区,春玉米气候生产潜力有减少趋势,减幅为 3%～8%。2041—2050 年,东北地区春玉米气候生产潜力以增加为主要变化趋势。除哈尔滨以西和沈阳以西的局部地区春玉米气候生产潜力减少 5%～10%以外,大部分地区春玉米气候生产潜力都有增加趋势。其中,吉林省中部和黑龙江省三江平原地区增加 5～10%,小兴安岭等高海拔地区增加 6%～15%。

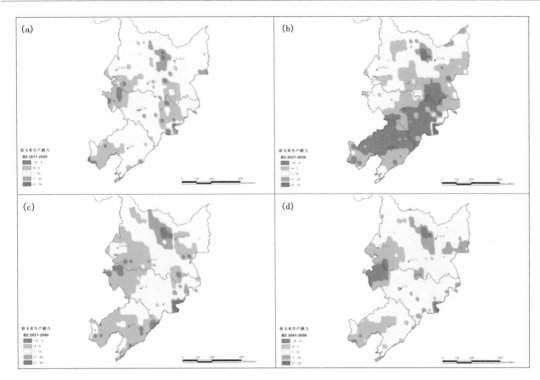

图 11.24 B2 气候情景下春玉米气候生产潜力空间分布与变化趋势(单位:kg/hm²)

(a)2011—2020 年;(b)2021—2030 年;(c)2031—2040 年;(d)2041—2050 年

第十二章　未来主要粮食作物产量提升潜力

粮食产量的提升空间主要考虑当前实际产量与未来作物气候生产潜力之间的差距,差距越大表明提升的空间越大;反之,则提升空间越小。在此,旱地作物采用其气候生产潜力与实际产量间的差距表示产量提升潜力;灌溉为主的水稻,则采用其光温生产潜力与实际产量的差距表示产量提升潜力。

第一节　水稻产量提升潜力

一、一季稻

与 2008 年实测产量相比,未来 A2 气候情景下,2011—2050 年在有灌溉用水保障的前提下,除新疆外,中国各省(区、市)一季稻增产潜力仍很大(表 12.1)。新疆以减产为主,预计平均减产 952 kg/hm²;山西各地增产潜力最大,平均可达 9789 kg/hm²;浙江各地增产潜力最小,平均仅 1005 kg/hm²。

表 12.1　未来 A2 气候情景下中国一季稻增产潜力(单位:kg/hm²)

省份	2011—2020 年	2021—2030 年	2031—2040 年	2041—2050 年
北京	4223	4185	3832	4568
天津	1984	2391	2462	2012
河北	4024	4929	4401	3966
山西	10200	9893	9517	9547
内蒙古	1249	2032	1420	1221
辽宁	3979	5234	3482	3616
吉林	2020	2335	1928	1602
黑龙江	3675	4014	3363	3303
上海	1667	1181	1240	1535
江苏	2137	1667	1810	2125
浙江	1072	936	1112	898
安徽	3021	2771	2773	2950
福建	1882	2202	1973	1786
江西	1611	1615	1557	1463
山东	2850	2359	1826	2239
河南	2074	1663	2192	1862
湖北	1279	1329	1448	1037
湖南	1596	1733	1756	1660
广西	2298	2684	2732	2490

省份	2011—2020 年	2021—2030 年	2031—2040 年	2041—2050 年
重庆	3230	2872	2570	2993
四川	3756	3558	3532	3408
贵州	3043	3100	2997	2995
陕西	6748	6135	5479	6265
甘肃	6288	5035	5299	5109
宁夏	2051	1750	1660	2044
新疆	－1334	－1746	－225	－504

一季稻在各地出现最大增产潜力的时间不同。主产区的辽宁在 2021—2030 年,为 5234 kg/hm^2;吉林在 2021—2030 年,为 2335 kg/hm^2;黑龙江在 2021—2030 年,为 4014 kg/hm^2;江苏在 2011—2020 年,为 2137 kg/hm^2;浙江在 2031—2040 年,为 1112 kg/hm^2;安徽在 2011—2020 年,为 3021 kg/hm^2;福建在 2021—2030 年,为 2202 kg/hm^2;四川在 2011—2020 年,为 3756 kg/hm^2;贵州在 2021—2030 年,为 3100 kg/hm^2;宁夏在 2011—2020 年,为 2051 kg/hm^2。

二、双季早稻

与 2008 年实测产量相比,未来 A2 气候情景下,2011—2050 年中国各省(区、市)双季早稻增产潜力很大(表 12.2)。未来 40 年,浙江增产潜力最大,平均可增产 3007 kg/hm^2;重庆增产潜力最小,平均仅 1577 kg/hm^2。

表 12.2　未来 A2 气候情景下双季早稻增产潜力(单位:kg/hm^2)

省份	2011—2020 年	2021—2030 年	2031—2040 年	2041—2050 年
浙江	3103	2785	3175	2965
安徽	3035	2793	2706	2800
福建	3088	2593	2696	2642
江西	2437	2367	2295	2042
湖北	2907	2627	2449	2524
湖南	1804	2008	1692	1515
广东	2312	2023	2485	2202
广西	1718	1863	1933	1791
重庆	1982	1418	1157	1751
四川	2202	2116	1917	2386
贵州	2610	2620	2246	2429
云南	2722	2429	1841	2661

双季早稻在各地区出现最大增产潜力的时间不同。主产区的浙江在 2031—2040 年,为 3175 kg/hm^2;江西在 2011—2020 年,为 2437 kg/hm^2;湖北在 2011—2020 年,为 2907 kg/hm^2;湖南在 2021—2030 年,为 2008 kg/hm^2;广东在 2031—2040 年,为 2485 kg/hm^2;广西在 2031—2040 年,为 1933 kg/hm^2;重庆在 2011—2020 年,为 1982 kg/hm^2;四川在 2041—2050 年,为 2386 kg/hm^2;云南在 2011—2020 年,为 2722 kg/hm^2。

三、双季晚稻

与 2008 年实测产量相比,未来 A2 气候情景下,2011—2050 年中国各省(区、市)双季晚稻增产潜力也很大(表 12.3)。

表 12.3 　未来 A2 气候情景下双季晚稻增产潜力(单位:kg/hm²)

省份	2011—2020 年	2021—2030 年	2031—2040 年	2041—2050 年
上海	1063	1258	1364	1035
江苏	2165	1998	1932	1704
浙江	3356	3631	3440	3003
安徽	4631	4516	4373	4223
福建	3738	4110	3697	3648
江西	3895	4235	3634	3658
河南	3120	3155	2739	2831
湖北	2788	3273	2201	2526
广东	4501	4629	4503	4453
广西	4396	4550	4361	4308
重庆	2439	2971	2320	2273
四川	2827	3398	3149	3198
贵州	2486	2919	2237	2282
云南	3364	3802	3449	3569

双季晚稻在各地区出现最大增产潜力的时间不同。主产区的福建在 2021—2030 年,为 4110 kg/hm²;江西在 2021—2030 年,为 4235 kg/hm²;湖北在 2021—2030 年,为 3273 kg/hm²;广东在 2021—2030 年,为 4629 kg/hm²;广西在 2021—2030 年,为 4550 kg/hm²;重庆在 2021—2030 年,为 2971 kg/hm²;四川在 2021—2030 年,为 3398 kg/hm²;云南在 2021—2030 年,为 3802 kg/hm²。

第二节　冬小麦产量提升潜力

与 2008 年实测产量相比,未来 A2 气候情景下,2011—2050 年期间,除北京、广东和新疆外,中国其他各省(区、市)的冬小麦仍有较大的增产空间。北京、广东和新疆地区可能以减产为主(未考虑灌溉,表 12.4)。2011—2050 年期间,中国冬小麦主产区的宁夏增产空间最大,平均达 4797 kg/hm²;天津各地冬小麦增产空间最小,平均为 485 kg/hm²。

表 12.4 　未来 A2 气候情景下中国各地冬小麦的增产潜力(单位:kg/hm²)

省份	2011—2020 年	2021—2030 年	2031—2040 年	2041—2050 年
北京	−747	−407	513	−317
天津	227	187	818	710
河北	312	661	935	1030
山西	3287	3302	4122	3560
上海	4151	4060	4074	4422
江苏	4630	4160	4602	4858
浙江	2708	2684	2867	2996
安徽	2857	2735	3145	2941
福建	645	1310	1017	497
江西	3202	3744	3421	3326
山东	2007	2124	2196	2153
河南	1348	1383	1610	1662

续表

省份	2011—2020 年	2021—2030 年	2031—2040 年	2041—2050 年
湖北	3347	3488	3694	3540
湖南	3015	3212	3254	3125
广东	-667	-168	-641	-602
广西	1576	2118	1824	1675
重庆	2793	2870	3332	3256
四川	1795	2284	1550	1667
贵州	4123	3986	4501	4424
云南	3000	3462	3064	2996
西藏	2648	3065	2721	3289
陕西	3829	3972	4964	3841
甘肃	3448	3506	3371	2594
宁夏	4437	4831	5658	4262
新疆	-2172	-2536	-1942	-2006

冬小麦在各地区出现最大增产潜力的时间不同。天津在 2031—2040 年,平均达 818 kg/hm²;河北在 2041—2050 年,平均为 1030 kg/hm²;山西在 2031—2040 年,平均为 4122 kg/hm²;江苏在 2041—2050 年,平均为 4858 kg/hm²;安徽在 2031—2040 年,平均为 3145 kg/hm²;山东在 2031—2040 年,平均为 2196 kg/hm²;河南在 2041—2050 年,平均为 1662 kg/hm²;陕西在 2031—2040 年,平均为 4964 kg/hm²。这表明,中国可通过不同时间冬小麦种植区域的调整实现冬小麦产量的最大化,确保粮食生产安全。

第三节　玉米产量提升潜力

一、夏玉米

与 2008 年实测产量相比,未来 A2 气候情景下,2011—2050 年中国各地夏玉米有很大的增产潜力(表 12.5)。其中,广东春玉米增产潜力最大,平均可增加 10041 kg/hm²;山东增产潜力最小,平均可增加 3568 kg/hm²。

表 12.5　未来 A2 气候情景下夏玉米增产潜力(单位:kg/hm²)

省份	2011—2020 年	2021—2030 年	2031—2040 年	2041—2050 年
河北	4292	4505	4317	4498
山西	3881	4089	4161	4195
上海	4204	4641	4845	4415
江苏	5173	5290	5784	5425
浙江	5610	6156	6654	5727
安徽	6150	6422	6812	6320
福建	7895	8398	8602	6926
江西	6965	7394	7465	6928
山东	3549	3001	3941	3782
河南	4106	3637	4431	4328

省份	2011—2020 年	2021—2030 年	2031—2040 年	2041—2050 年
湖北	5668	5906	6079	5837
湖南	5651	6346	6231	5741
广东	9856	10204	10067	10038
广西	9152	9594	9817	9369
重庆	5091	5356	5105	5313
四川	3339	3658	3714	3958
贵州	4256	4869	4881	4696
云南	4225	4711	4727	4937
陕西	4465	5471	5344	4680

夏玉米在各地区出现最大增产潜力的时间不同。主产区的河北在 2021—2030 年,平均达 4505 kg/hm²;山西在 2041—2050 年,平均达 4195 kg/hm²;山东在 2031—2040 年,平均为 3941 kg/ha;河南在 2031—2040 年,平均增产 4431 kg/hm²;重庆在 2021—2030 年,平均增产 5356 kg/hm²;陕西在 2021—2030 年,平均增产 5471 kg/hm²。

二、春玉米

与 2008 年实测产量相比,未来 A2 气候情景下,2011—2050 年,中国各地春玉米增产潜力相当大(表 12.6)。其中,辽宁增产潜力平均为 17447 kg/hm²;新疆增产潜力最小,平均为 1768 kg/hm²。

春玉米在各地区出现最大增产潜力的时间不同。主产区的内蒙古在 2031—2040 年,平均为 11444 kg/hm²;辽宁在 2021—2030 年,平均为 18708 kg/hm²;吉林在 2031—2040 年,平均为 15543 kg/hm²;黑龙江在 2031—2040 年,平均为 15881 kg/hm²;青海在 2031—2040 年,平均为 8477 kg/hm²;宁夏在 2011—2020 年,平均为 13467 kg/hm²;新疆在 2041—2050 年,平均为 1876 kg/hm²。

表 12.6　未来 A2 气候情景下春玉米增产潜力(单位:kg/hm²)

省份	2011—2020 年	2021—2030 年	2031—2040 年	2041—2050 年
北京	15502	16325	16043	15660
天津	14809	15702	16468	14525
内蒙古	9113	10094	11444	10332
辽宁	16367	18708	17703	17010
吉林	13824	13868	15543	15172
黑龙江	14559	15309	15881	16121
甘肃	9863	10638	11159	12052
青海	5751	6110	8477	5823
宁夏	13467	12408	12361	12360
新疆	1694	1756	1748	1876

第十三章　主要粮食作物适应气候变化的对策措施

农业是对气候变化敏感和脆弱的行业。气候变化将使中国未来农业生产面临三个突出问题：农业生产的不稳定性增加，产量波动大；农业生产布局和结构将出现变动；农业生产条件改变，生产成本和投入大幅度增加。如果不及时采取科学的应对措施，未来中国的农业生产将受到气候变化的严重冲击，从而将严重威胁中国的粮食安全。因此，适应气候变化是中国农业当前面临的紧迫任务。

适应和减缓是人类应对气候变化的两个重要方面。气候变化影响的程度及其危害的大小是由适应和减缓共同作用决定。适应是指通过调整自然和人类系统以应对实际发生的或预估的气候变化或影响，以减轻损害、开发有利机会；减缓是指通过人为干预来减少温室气体的排放源或增强温室气体的汇。由于气候变化的滞后效应，减缓不足以消除气候变化的不利影响，使得适应成为应对气候变化的主要对策。同时，适应并非消极地应对气候变化，而是通过积极主动、有计划的适应行动，以有效减轻气候变化带来的不利影响，充分利用气候变化带来的有利因素，趋利避害，变挑战为新的发展机遇，也为减缓气候变化提供有力的支撑。

目前，针对观测到的和预估的未来气候变化正在采取一些适应措施，但还十分有限。为降低未来对气候变化的脆弱性，还需要采取比现在更为广泛的适应措施。在此，基于气候变化对中国主要粮食作物的影响，分析小麦、玉米和水稻等主要粮食作物适应气候变化的总体策略，提出不同区域的具体对策措施，以确保中国粮食作物的稳定增产。

第一节　主要粮食作物种植面积调整

一、水稻

1. 水稻适应气候变化的总体策略

(1)育种目标与育种策略调整。在高产、优质、高效的基础上，应重点强调抗逆、广适、抗病育种，探索高光效、高温效和高碳效育种。

为适应高温、干旱、低温冷害和水稻病虫害等自然灾害多发的趋势，应加速培育抗高温、抗旱、耐低温以及光合生产率高的新稻种。随着工业迅速发展，大气中 CO_2 浓度剧增，培育光合生产率高的品种，不仅具有增产意义，对减缓大气中 CO_2 浓度和防止气候变暖也有重大作用。积极发展杂交稻，尤其要加快北方杂交稻的发展。

气候变暖将加重病虫害的发生，尤其是迁飞型害虫将比现在分布更广、危害更大。稻纵卷叶螟、白背飞虱、稻飞虱的越冬北界在生存条件允许的情况下会相应北移，提高了未来开春害虫的基数;害虫发育起点日期提前,一年中繁殖代数增加,农田多次受害率上升。因此,加强对水稻抗虫遗传机制、耐虫害生理补偿机制的基础研究,挖掘抗虫资源,选育抗(耐)虫的水稻新品种是防虫治虫的根本措施。

实际生产中,应保持水稻品种布局的多样性,通过调整品种布局来适应气候变化。选用生育期较长、产量潜力较高的中、晚熟品种替代生育期较短、产量潜力较低的早、中熟品种,可以充分利用日益丰富的热量资源,亦是适应气候变化的有效对策之一。

(2)发展水利工程,适度开发、扩大水稻种植面积。气候变暖可能使北方江河径流量减少,南方径流量增加,各流域年平均蒸发将增大,其中黄河及内陆地区的蒸发量将可能增大 15% 左右。因此,旱涝等灾害的出现频率会增加,并加剧水资源的不稳定性与供需矛盾。而气候变暖使农业需水量加大,供水的地区差异也会增大。例如,东北地区近百年升温趋势明显,降水呈减少趋势,近 44 年气候总体有"暖干化"趋势(孙凤华等,2006)。

有针对性地发展水利工程,提高抗旱防涝能力,可以保证水稻生产。例如,已有的南水北调工程;黑龙江省"引松计划""两江一湖"工程(引松花江水,引黑龙江、乌苏里江和兴凯湖水,以扩大水稻种植面积。2010 年黑龙江省水稻种植面积已达 296 万 hm^2,该省水稻面积潜力为 400 万 hm^2);吉林省"引嫩入白"工程(引嫩江水入白城稻区)。同时,应大力发展和推广水稻节水灌溉措施。例如,东北地区常用的农业节水措施包括间歇灌溉、浅湿灌溉、分蘖后期晒田、地膜覆盖栽培、直播旱种节水稻作等技术都能有效实现节水。江苏、浙江、山东等沿海省开发滩涂、改良盐碱地等,既扩大了水稻种植面积,又保护了农田生态系统。

(3)加强栽培调控技术研究,积极应对气候变化及农业气象灾害。随着全球气候变暖,极端天气气候事件的出现频率发生变化,呈现出增多增强的趋势。气候不稳定性增加带来的高温和低温危害将在未来影响水稻生产。

目前,在水稻生产上已经形成多种栽培调控技术,可以作为适应未来气候变化的措施。如预防和减轻低温危害的减氮增磷调控技术、"三早"(适时早育苗、适时早插秧、早管理)超稀植高产优质栽培技术和三棚育苗技术,预防和减轻高温危害的无纺布旱育苗技术、前氮后移施肥技术。

(4)探索低碳高产稻作新模式,增碳汇减排,减缓气候变化趋势。为保证可持续发展,必须探索出有效的高产稻作新模式,增加稻田土壤碳汇,减少稻田甲烷排放,以减缓气候变化。

已有不少减少稻田甲烷排放的措施,如"厢沟"栽培技术、直播栽培技术、减排水肥调控技术等。直播栽培技术目前在江苏、四川、宁夏等地已有较大面积的应用。

提高土壤有机质含量,增加土壤碳汇的栽培耕作措施,如北方稻区的机收高留茬(高度<30cm)秸秆还田技术、南方稻区的秸秆全株还田技术和免耕轻耙中留茬低碳稻作模式等,均能有效地增加稻田的土壤碳含量。

2. 水稻适应气候变化的分区对策措施

中国水稻主要种植在南方地区。根据中国水稻种植区划可将水稻种植区划分为华南双季稻区、长江中下游双单季稻区、西南单双季稻区、华北单双季稻区、东北单季稻区等。气候变暖对水稻的复种比较有利,可以提高水稻的复种面积。

(1)华南双季稻区。气候变暖使得华南稻区的水稻生育期天数减少,增温对水稻生长发育反而不利。从热量而言,华中稻区可考虑发展三季稻种植,但大部分地区种植冬稻温度仍偏低,基本上以冬闲—双季稻种植方式为主。随着该区域冬季温度升高,为冬季扩大种植水稻作物提供了热量保证,未来随气候变暖可在灌溉条件较好的地区扩大三季稻种植面积。

(2)长江中下游双单季稻区。充分利用滨湖平原、河谷平原和盆地气候资源,在稳定现有双季稻种植面积的同时,采取激励措施进一步扩大双季稻种植面积,提高单位面积粮食产出。根据气候资源分布特点,选择合适的种植模式,如"迟熟早稻＋迟熟晚稻"、"中熟早稻＋迟熟晚稻＋油菜"、"迟熟早稻＋迟熟晚稻＋油菜"等种植模式。在双季稻不适宜区内,应因地制宜,结合种植习惯,扩展高效旱作配一季稻的种植面积。

(3)西南单双季稻区。西南稻区虽然在季节上可以满足种植双季稻的要求,单季稻改双季稻后有一定增产,但农资、劳力等投入将成倍增加。因此,西南地区仍应大力发展单季稻种植面积,种植模式以目前的稻—麦和稻—油菜为主。

(4)华北单双季稻区。气候变暖使得华北的干旱化趋势加强。虽然华北地区的水稻种植面积比例较小,但因为水稻耗水量大,无论从水资源还是经济效益方面都应该压缩水稻种植面积,或完全取消该地区的水稻种植。

(5)东北单季稻区。在气候变暖背景下,随着温度的升高,蒸发量加大,可能加重东北地区春季干旱程度。东北地区水稻种植面积能否扩大主要取决于能不能解决春旱问题。因此,东北地区主要在江河流域,如北部的黑龙江流域及三江平原北部、西南部扩大水稻种植面积;其他地区可根据降水季节性变化,进行水稻种植面积的调整。

二、小麦

1. 小麦适应气候变化的总体策略

(1)加强农业基础设施的建设。中国北方干旱和南方渍害是危害小麦生产的主要气象灾害,随着气候变化的加剧,发生频率更是增高。中国农田水利基础设施建设工程始建于 20 世纪 50 年代,大部分工程是因陋就简、因地制宜、就地取材,利用沟、塘、坡地兴建起来的,工程起点低,很多工程已基本接近其使用寿命。干渠、支渠的衬砌比重小,而斗、毛、农渠的渗透系数很大,涵管、渡槽、闸等建筑物破损失修也十分严重,造成了渠系水利用系数很低,暴雨期间蓄水集雨能力不足。因此,需要加强农业基础设施建设,完善灌溉体系,提高抗旱排涝的能力,尤其是要加强渠系固化防渗、浅层地下水开发和配套工程建设,优化灌渠的输水功能,减少输水渠道漏水、渗水,提高水资源利用率(周曙东等,2010)。

2009 年秋至 2010 年春,中国西南大旱,储水水库基本干枯,西南冬麦区小麦生产陷入绝境。但在西南地区全局出现严重干旱的同时,西南局部县区却出现了水源较为充足的"异常"现象。云南大理州宾川县自古以来降雨比较少,在 2010 年西南地区全局旱情严峻形势下,宾川县农业生产却没有受到干旱的太大影响,其主要原因是该县在 1994 年修建了一项引水工程,引洱海水入宾川县,这项水利工程在 2010 年抗旱工作中发挥了极大的效应(梁晓伟等,2010)。因此,应对这样极端气候对小麦生产的严重危害,必须大力加强农业水利基础设施的建设。

(2)防护林改造农田小气候。干热风和青枯发生频繁的麦区,有计划地营造防护林带,可以调节湿度、温度,降低风速,减少蒸发和地表径流,使土壤含水量增加,进而改善农田小气候和农业生态环境,减轻灾害天气对小麦生产的危害(史定珊等,1994)。农田防护林所形成的独特小气候,使其防护范围内小麦的水分利用效率提高(杨喜田,1991)。营造防护林,同样可以抵御和减轻干旱对小麦生产的危害。农田防护林能够增加小麦的产量,林网内小麦的平均株高、穗长、每穗实粒数、千粒重和产量均高于对照麦田(揣新军等,2009)。气候变化的加剧引发了病虫害的多发,而农田防护林对喜干性病虫(麦蚜、黄矮病)有减轻的作用,对喜湿性病害(赤霉病)有加重作用,对喜湿性害虫(吸浆虫)有减轻的作用(薛智德等,1994)。

(3)种植制度的适应变化。由于气候变暖,长江下游麦区经常性的暖冬使小麦生长旺盛,生育进程加快,一旦遇到较强低温或"倒春寒",冻害严重,将使产量受到影响。同时,因为气候变化,冬季降水量过多也时常出现。2009 年冬,长江中下游麦区和黄淮海冬麦区部分耕地因雨水过多和突然降温,影响了小麦产量的提高。气候变暖还使小麦播种期推迟,以保证小麦越冬前形成合适的苗情(陈立春等,2009),但全生育期缩短,干旱程度加重,产量下降,不利于小麦生长。因此,必须针对近年来自然气候变化的情况,从生物和气候统一的观点出发,完善和调整小麦种植制度,既要确保小麦苗期形成壮苗,安全越冬,也要控制其旺长,最终实现小麦产量水平的提高。稻套麦作为一种特殊的免耕麦形式,可起到"一降三缓"的作用,即降低成本,缓解茬口与季节的矛盾,缓解秋收秋种季节农村劳动力紧张的矛盾,缓解时间与质量的矛盾(杨文华等,2000)。

对北方麦区时常发生的干旱胁迫可以实行保护性耕作制度。保护性耕作由于机械少进地,形成真正的海绵田,提高蓄水和保水能力,减少水分蒸发;保护性耕作秸秆覆盖明显减轻阳光直射地面,降低了风力直接吹拂地面,土壤里的水分蒸发减少,同时形成茅草屋效应,冬暖夏凉,提墒保湿润,有利于根部生长(毕广玉等,2009)。

(4)选育抗逆性强的小麦新品种。随着气候变化,各麦区原有的一些小麦品种对气候变化的响应不同,可能表现出不同程度的不适应,进而出现减产与受灾等问题。气候进一步变暖将使华北目前推广的冬小麦品种(强冬性)因冬季无法经历足够的寒冷期以满足春化作用对低温的要求而不得不被其他类型的冬小麦品种(如半冬性)所取代(Li et al.,2003)。不同区域的不同气象灾害应选择不同抗性品种进行应对(王西成等,2007)。

通过新品种的选育可以减轻灾害气候的影响。首先,增强小麦的抗逆性,选育耐高温、耐干旱、抗病虫害的优质小麦新品种(陆正铎等,1983),以应对气候变暖和极端天气气候事件的影响。其次,改善小麦的生理特性,选育高光合效能和低呼吸消耗的品种,即使在生育期缩短的情况下也能取得高产优质;对光周期不敏感品种,即使在种植界限北移时也不因日照条件的变化而影响产量。在黄淮海麦区筛选或选育出的光敏性品种,对该麦区应对气候变化、稳定小麦生育节律、降低粮食产量波动、保障粮食安全具有重要的现实意义(孙道杰等,2007)。因此,在不同麦区针对不同的气候变化特征,选育适合各麦区的新品种以应对气候变化对小麦生产带来的负面影响。

(5)建立新的栽培应对技术。节水栽培技术是重要应对技术。2008 年 11 月下旬以来,中国冬麦区降水量明显偏少,旱情持续发展,加之入冬以来几次强降温天气过程造成旱冻交加,对冬小麦安全越冬和正常发育产生严重影响(赵江英,2009)。因此,建立和发展节水栽培技术对减轻干旱给小麦生产造成的危害和合理利用水资源意义重大,具体包括选择合适的土壤;精耕细作;增施有机肥,采用配方施肥,以肥调水;合理灌溉。

推广氮肥后移技术。长江中下游冬麦区以及黄淮海冬麦区经常性的暖冬影响小麦营养生长和生殖生长的平衡,且越冬和早春冻害时有发生(陈顺通,2008)。氮肥后移技术通过基肥变追肥、追肥时期后移可以有效控制小麦"冬旺",稳定群体,增加小麦生长发育的后劲,有效延长叶片功能期,增加粒重和产量(于振文,2006)。因此,氮肥后移技术可以协调小麦苗期地下部分与地上部分、营养生长与生殖生长之间的矛盾,以应对气候变化对小麦生长发育规律的影响。

(6)建立灾害性天气对小麦生产危害的预警技术。近年来中国气候变化导致气象灾害出现一些新的变化,总的趋势是极端天气气候事件发生频繁、灾害强度更大,对中国小麦的生产和粮食安全构成严重的威胁。因此,必须加强对低温严寒、强对流天气、暴雪、干旱、洪涝等农业灾害性天气中长期预测预报、预警能力,加强人工影响天气的能力和应急反应能力建设,特别是对突发的洪灾、季节性干旱及台风,以便各麦区生产者提前做好防范工作,采取必要的措施来防灾减灾,最大限度减少损失。

2. 小麦适应气候变化的分区对策措施

根据中国小麦的种植区划,可以将中国小麦种植区划分为东北春麦区、黄淮海冬麦区、长江中下游冬麦区、华南冬麦区、西南冬麦区、西北干旱麦区等。气候变暖对越冬作物冬小麦生长发育和产量较为有利。冬小麦种植区北移西扩,向高纬度高海拔扩展,可适当扩大种植面积;对喜凉作物春小麦拟适当减少面积。由于中国小麦种植的地域性差异显著,需要因地制宜采取不同对策。

(1)东北春麦区。东北地区气候增暖明显,表现为春季提前,生长季延长,生长季内总积温增加,>10℃积温带北移。但是,干旱、洪涝、低温冷害和霜冻等气候极端事件发生频率也可能会增加。气候变暖使中国冬小麦的安全种植北界在未来50年内由目前的长城一线逐渐北进至东北地区南部,约跨3个纬度。东北平原南部可逐渐种植产量较高的冬小麦,以取代春小麦。

(2)黄淮海冬麦区。气候变暖使农业气候带北移,导致熟制边界北移,作物的种植范围扩大。黄淮海地区水资源短缺,且呈现严重化趋势,虽然耐旱抗旱冬小麦品种不断出现,但因冬小麦生育期属于华北地区缺水最严重的冬春季,水分亏缺十分严重,要根据当地水资源量、因水制宜地进行冬小麦种植和优化布局,合理调整种植结构。在水土资源适宜的地区,集中资金与科技,发展密集型规模化的冬小麦种植,可以大幅度提高单产,实现耕种面积减少,但冬小麦总产量略有减少甚至基本不变。在地表水资源量和灌溉水源严重不足的地区,应适当压缩冬小麦的种植面积,发展需水较少的棉花、谷子、高粱和甘薯等。

(3)长江中下游冬麦区和华南冬麦区。气候变化背景下,该区域降水量呈增加趋势,增暖趋势明显。冬季气温升高,害虫越冬率提高,对作物危害增加。极端天气事件发生频率升高,有害高温、低温和暴雨洪涝增加的影响亦不可忽视。在冬季变暖背景下,该区域应压缩小麦种植区域,种植相对耐湿的油菜和绿肥。

(4)西南冬麦区。本区气候变化呈气温下降、降水减少的冷干化趋势。区域性气候灾害,特别是干旱和暴雨频繁发生,成为该区受气候变化影响的显著特点。该区域可适当扩大小麦种植面积。

(5)西北干旱麦区。西北干旱区气温呈上升趋势,变化强度高于中国平均值,降水有增加的趋势,其中新疆北部降水增加最多,西北气候由暖干向暖湿转型。气候变暖有利于扩大冬小麦种植面积,利于避开干热风、雷雨等气象灾害的影响,但返青期提前也容易在突来的寒潮中受冻害。

三、玉米

1. 玉米适应气候变化的总体策略

气候变暖对玉米等喜温作物生长发育和产量较为有利,可以进一步北移西扩,向高纬度高海拔扩展,拟适当扩大种植面积。虽然未来气候将呈持续变暖趋势,但在增暖大背景下可能会出现低温年份,应根据不同气候年型适当调整玉米种植比例,在低温气候年型应适当降低玉米种植比例,在干旱气候年型应适当控制喜水玉米种植比例。

2. 玉米适应气候变化的分区对策措施

根据中国玉米的种植区划,可以将中国玉米种植区划分为东北平原区、西北干旱/半干旱区、黄淮海平原区。针对中国玉米种植的地域性差异,需要因地制宜采取不同对策。

(1)东北平原区。在水分基本满足的前提下,东北地区未来气候变暖对玉米生产有利。气候变暖使东北地区特别是北部地区热量条件改善,农业气候带向北、向东部山区平移,传统的东北玉米带可以适当向北部和东部拓展。在考虑土壤水分条件基本得到满足的前提下,适当扩大晚熟中晚熟品种的比例,提高单位面积产量。在北部和东部冷凉地区可适当增加玉米等喜温作物比例。

(2)西北干旱/半干旱区。在西北干旱区,气候变暖条件下,甘肃玉米适宜种植区海拔高度可提升 150 m 左右,种植上限高度可达海拔 1900 m 左右。陕西玉米全生育期积温增加 110 ℃·d,生育期平均减少 4 d,河西灌区玉米面积可进一步扩大,延安、关中西部、商洛西部种植面积亦有一定扩展潜力。宁夏地区玉米播种期提早,生长季延长,南部山区在 20 世纪 80 年代玉米难以正常成熟,种植面积很少,随着气候变暖和地膜覆盖,全生育期热量已基本满足需求,种植面积可进一步扩大;引黄灌区及彭阳东南部玉米种植区域也具有扩展潜力。

(3)黄淮海平原区。该区包含黄淮海平原的河北、山东、河南、山西、江苏、安徽等省。作为传统的夏玉米主产区,玉米种植面积整体上处于稳定状态,考虑到生长期的延长趋势,未来在北部地区可采用中早熟和中熟玉米品种替代原来的早熟品种。

第二节　主要粮食作物复种指数调整

复种是指一年内于同一田地上连续种植两季或两季以上的作物,或是一个生产年度内收获两季或多季作物的种植方式。复种指数的计算方法一般为:全年播种(或移栽)作物的总面积/耕地总面积×100％。复种指数是农业耕作制度的重要参数,是衡量耕地资源集约化程度和评价耕地资源利用状况的主要指标。耕地复种行为受到诸如气候、土壤、环境、育种技术和农业基础设施等自然因素和社会经济因素等多重因素的影响。

一、气候变化对作物种植复种指数的影响

在全球气候变暖背景下,中国气候变化保持了与全球气候变化的一致性,并表现出较为显著的变暖特征,降水不确定性增加,农业气候资源分布发生明显改变,气候变化对耕地复种产生了重要影响。气候变暖使农业活动积温增加,作物全年生长季延长,充裕热量使作物生育进

程加快,生育期缩短,作物熟制增加,耕地复种指数提高,但降水的不确定性在一定程度上限制了耕地复种指数的提高。随着温度升高和积温增加,1981—2007 年中国一年两熟制、一年三熟制的作物可能种植北界较 1980 年前均有不同程度北移:一年两熟作物种植北界空间位移最大的省(市)有陕西东部、山西、河北、北京和辽宁,一年两熟制耕地面积增加了 104.50 万 hm²;一年三熟作物种植北界空间位移最大的省份有湖北省、安徽省、江苏省和浙江省,一年三熟耕地面积增加 335.96 万 hm²。

在种植制度界限变化的区域,不考虑品种变化、社会经济等因素前提下,种植制度界限的变化将使粮食单产获得不同程度的增加。以春玉米和冬小麦-夏玉米分别作为一年一熟区和一年二熟区的代表性种植模式,由一年一熟变成一年二熟,陕西省、山西省、河北省、北京市和辽宁省的粮食单产可分别增加82%、64%、106%、99%和54%;以冬小麦-中稻和冬小麦-早稻-晚稻分别作为一年二熟区和一年三熟区的代表性种植模式,由一年二熟变成一年三熟,湖南省、湖北省、安徽省、浙江省的粮食单产可分别增加52%、27%、58%和45%。

二、应对气候变化的复种指数调整策略和措施

气候变化将丰富农业热量资源,增加作物有效积温,延长作物生长季,有利于提高作物产量和复种指数,虽然降水的不确定性对耕地复种指数的提高有一定的影响,但总体上气候变化对农业复种指数的影响利大于弊。中国人多地少,耕地资源紧缺,要应对未来人口增长与粮食安全的挑战,须采取综合措施,利用气候变化背景下农业气候资源较为丰富的优势,趋利避害,充分挖掘农业光温生产潜力,发展多熟种植,提高耕地复种指数,间接增加耕地利用面积,增强粮食自给能力,确保粮食安全。

复种指数调整需注重中国基本国情,在保证农业科学发展和可持续发展的前提下,遵循区域差异规律,切实考虑其对农业资源和环境可能造成的不利影响,对不同地区(如粮食主产区、生态脆弱区等)制定区域差别化的耕地复种指数调整策略,综合平衡生态环境、经济效益和可持续发展等多种因素,有针对性地开展耕地复种指数调整,认真制定复种指数应对气候变化策略。

(1)东北平原区。该区增温显著,耕地资源富足,地势平坦,土壤肥沃,是中国主要农业种植区和商品粮基地,但区内年有效积温较低,作物种植主要以一年一熟为主。在未来气候变暖背景下,该区可充分利用气候变化带来的热量资源增加、冬小麦种植界限明显北移等优势,充分挖掘农业生产潜力。北部地区可种植早熟玉米、水稻、大豆,主要农作物区种植冬小麦-水稻(玉米、大豆等)两熟作物,扩大复种范围,提高复种指数,采用生育期更长的晚熟品种,有效增加作物产量和提高作物品质。

(2)黄淮海平原区。该区暖干化趋势明显,水资源短缺。黄淮海平原是中国粮食主产区之一,区内耕地资源丰富,气候条件较为适宜,但农业水资源短缺,作物种植主要以一年一熟和一年两熟为主,部分地区两年三熟。气候变化将丰富该区农业热量资源,有利于增加农作物熟制,但降水的不确定性可能加重该区的水资源短缺,兴建农业用水基础设施和提高农业水资源利用效率将是影响该区作物复种指数提高的关键因子。该区可结合区域优势,积极调整作物种植结构,优化种植制度组合,加强农业基础设施建设,将有利于提高该区耕地复种指数。

(3)长江中下游区。光热水资源禀赋优越。长江中下游地区自然条件优越,非常适宜农业种植,是中国典型农区。气候变化将使该区冬季变暖、夏季趋凉,更为丰富该区的农业热量资

源,有利于农作物的生长发育,减少农业灾害的影响。该区种植制度以旱地两熟和双季稻三熟为主,气候变暖使农业有效积温增加,可使三熟制成为稳定熟制,北部晚稻早熟、中熟品种类型改种晚稻中熟、晚熟类型,冬小麦可从目前的弱冬性类型为主改种为以春性类型为主。

（4）华南地区。该区热量资源丰富。华南地区地处低纬度,热量资源充足,年均温度较高,农业水资源较为丰富,是中国水稻主产区之一,区内作物熟制以一年两熟和一年三熟为主。气候变化将使该区热量资源更为丰富,有利于增加作物生长季热量,延长作物生长季,农业气候带和作物种植熟制界限向北、向高海拔地区推移。该区可利用热量资源充足和农业水资源丰富的优势,引种扩种热带作物,调整种植结构,提高复种指数。

（5）西南地区。该区呈冷干化趋势。西南地区大部地处山区和丘陵区,耕地资源分散且较少,除少数平原区域外,山区及丘陵区耕地破碎度较大,且区域性小气候明显。气候变化可能使该区呈气温下降、降水减少的冷干化趋势,区域性气象灾害特别是干旱和暴雨频繁发生。该区可在完善农业基础设施的基础上,调整作物播种期,逐步提高复种指数。云贵高原、四川平原区可压缩两熟作物,发展旱三熟,中高原地区可发展立体农林复合型生态农业,提高复种指数。

（6）西北干旱区。该区暖湿化趋势明显。西北干旱区日照资源丰富,热量资源较为丰富,但农业水资源极为短缺,水资源是影响该区农业发展的重要因素。未来气候变化可能使该区气候变暖和降水量增加,将有利于西北干旱区减少极端气候事件对主要农作物生长的影响,对作物生长发育更为有利。西北干旱区需高效利用光热资源,优化农业种植结构,发展优质产品和特色农业,提高复种指数。

第三节　主要粮食作物品种布局调整

一、主要粮食作物品种调整总体策略

随着气候变化,某些地区原有的部分农作物品种不能适应气候变暖的环境,从而出现减产与受灾等问题,但如果引入适应气候变化的新品种则可以提高农作物的产量。因此,从外地引种是一个简便易行的有效育种途径。除此之外,气候变化还将促使科研机构选育抗逆性强的农作物新品种,首先是增强农作物的抗逆性,选育耐高温、耐干旱、抗病虫害的优质农作物新品种,以应对气候变暖和极端天气气候事件的影响;增强抗紫外线的能力,特别增强对 UV－B 的抗性;耐盐碱的农作物新品种,即使在海平面升高,沿海滩涂盐碱加重时也不影响对滩涂盐碱地的开发利用。其次是改善农作物的生理特性,选育高光合效能和低呼吸消耗的品种,即使在生育期缩短的情况下也能取得高产优质;对光周期不敏感品种,即使在种植界限北移时也不因日照条件的变化而影响产量。

未来中国宏观作物品种布局调整主要体现在:华北目前的冬小麦品种将因冬季无法经历足够的寒冷期以满足春化作用对低温的要求而被其他冬小麦品种所取代;东北地区玉米的早熟品种将逐渐被中、晚熟品种取代;华南、华中和华东地区要引进和培育耐高温、耐涝的水稻新品种,而西南地区要引进和培育耐高温、耐旱的水稻新品种。

二、不同区域主要粮食作物品种调整具体对策措施

(1)黄淮海平原区。黄淮海平原区粮食作物类型以小麦和玉米为主。淮北小麦品种选用可向半冬性和弱冬性方向发展,既有利于冬季防冻,又能发挥高产优势,多熟制可选用晚播早熟小麦品种。限制耗水大的小麦品种种植面积,培育和引进抗旱品种。在华北平原区,夏玉米灌浆期增加 5 天左右,生长期延长,未来可采用中早熟和中熟玉米品种替代原来的早熟品种。在水土资源适宜的地区,可以发展规模化小麦—玉米种植区。气候变暖对该地区灌溉玉米/小麦的影响小于雨养玉米/小麦,也就是说灌溉能减少气候变化对玉米和小麦产量的不利影响。但是,对水资源比较缺乏的华北农区而言,灌溉并不是解决问题的根本途径,适当改变种植方式,选育抗旱、耐高温的玉米和小麦品种等是更为合理有效的对策。

(2)东北平原区。东北平原区粮食作物类型以玉米和水稻为主,适应气候变化的作物品种调整对策是选育或引进一些生育期相对较长、感温性强或较强、感光性弱的中晚熟作物品种,逐步取代目前盛行的生育期短、产量较低的早熟品种,这样做将有利于充分利用当地气候资源,提高作物产量。在引种过程中,忌操之过急,忌用感光性强的品种,也不能搞大跨度的纬向引种。同时,还需注意培育抗旱玉米品种,推广节水栽培技术。气候变化对目前冷凉湿润的东部山区将是有利的,但东北地区气候变暖最有可能伴随降水减少和气候变干,而气候变干对玉米生物量积累和产量形成都有不利影响。未来气候的暖干化对占东北地区玉米产量 80% 以上的气候半湿润和半干旱的中西部玉米带而言,农业干旱将趋于严重而且频繁,对玉米生产和玉米带的发展构成严重威胁,在推广中晚熟和晚熟品种的同时,必须大力培育抗旱品种。

(3)长江中下游地区。长江中下游地区作物类型以水稻为主,受热量条件的支配,水稻品种布局的多样性是该区的一个重要特点。华中稻区北部目前以稻麦两熟为主,其中苏南水稻多用晚粳类型,江淮则多用中粳类型;华中稻区南部和华南稻区的双季稻又可以根据不同的品种搭配,分为早双季、中双季和晚双季;华南稻区的三熟制亦有早、中、晚之分。随着气候的不断增暖,未来可尝试将苏南的晚粳类型移栽到江淮地区,将晚双季稻地区的品种移到中双季或早双季稻地区等。总体而言,在该地区选用生育期较长、产量潜力较高的中、晚熟品种替代生育期较短、产量潜力较低的早、中熟品种,可以充分利用日益丰富的热量资源,亦是该区水稻生产适应气候变化的有效对策之一。

(4)西北干旱/半干旱地区。西北地区粮食作物类型以小麦和玉米为主,气候变暖对农作物生长发育利弊皆有,目前气候变暖的程度对越冬作物的冬前生长发育及喜温作物和喜热作物的全生育期生长发育均较为有利。但由于气候变暖引起土壤干旱化和农作物某些病虫害增加,对大多数农作物生长发育却并不太有利。从作物品种的调整方向来看,未来西北地区农作物熟性总体上由早熟型向偏晚熟型发展,由于冬季气温升高,使冬小麦越冬死亡率大大降低,可选用抗寒性或冬性稍弱但丰产性较好的冬小麦品种,以进一步提高产量。同时,气候变暖为玉米等喜温和喜热作物生长发育赢得了更充足和更有利的热量资源,未来可选用生育期更长的中晚熟型玉米品种。然而,气候变化对小麦条锈病、白粉病和蚜虫等病虫害的发生和流行均有比较明显的影响,农作物病虫害的增加和生长期不足会对冬春小麦等作物的品质有一定的不利影响,未来需进一步选用耐高温、耐干旱、抗病虫害的小麦和玉米新品种,以应对该地区气候变暖和极端天气气候事件的影响。

(5)西南地区。西南地区目前粮食作物类型以水稻和玉米为主,近年来气候在逐渐发生变

化,特别是降水时间与农作物季节、降水量减少变化,严重影响正常农业生产,在水源缺乏区域水田改旱现象较多。作物品种的调整措施主要为:

①大穗高产型。由于西南山区农田多呈梯田分布,大田作物种植投入人力、物力较多,在劳动力缺乏情况下,种植密度变小、种植面积呈现萎缩态势。因此,大穗、高产型玉米/水稻品种是未来推广的趋势。

②抗病型。西南山区呈现立体气候、温差大,丘陵高温高湿、山区低温多雨。玉米易发纹枯病和大小斑病,导致减产甚至绝收。同时,西南山区多为稻瘟病高发区,稻瘟病在各个生长阶段发生都会造成大面积减产甚至绝收,特别是稻颈瘟会成为毁灭性灾害。

③耐肥抗倒型。西南山区作物种植化学肥料使用比例大、气候高温高湿,作物营养生长阶段旺盛,容易在苗期徒长,影响产量。山区农田瘠薄、面积少,要求水稻和玉米具有中秆抗倒特性。

三、选育高产优质抗逆性强的作物品种,科学应对气候暖干化与病虫害影响

未来气候变暖将加剧干旱、热害、洪涝及病虫害等自然灾害发生的频率和强度。气温升高将使当前品种的作物生长期缩短、光合受阻、呼吸消耗加大,不利于作物产量形成与质量提高;而气候变化背景下作物病虫害发生的加剧,将更不利于作物产量形成与质量的提高。表 13.1 给出了 1961—2010 年气象要素变化对中国作物单产的实际影响与防治后病虫害导致的 2010 年中国作物单产实际损失。除单季稻外,气候变暖与病虫害均导致中国冬小麦、玉米和双季稻的单产减少,且病虫害的影响高于气候变暖导致的单产减少。同时,气候变暖与病虫害的共同作用导致的中国冬小麦、玉米和双季稻的单产减少达 4%~6.6%,严重地威胁粮食安全与粮食自给率。

表 13.1　1961—2010 年气象要素变化对中国作物单产的实际影响与防治后病虫害导致的2010 年中国作物单产实际损失

	冬小麦	玉米	水稻
2010 年中国作物单产(kg/亩)	316.56	363.58	436.87
近 50 年平均气温变化导致的平均单产实际变化(kg/亩)	−9.2	−7.6	41.2(单季稻) −6.0(双季稻)
近 50 年降水量变化导致的平均单产实际变化(kg/亩)	2.5	−0.1	23.2(单季稻) −0.0(双季稻)
防治后 2010 年病虫害导致的作物单产实际损失(kg/亩)	−11.74	−11.02	−11.55
防治后 2010 年病害导致的作物单产实际损失(kg/亩)	−6.90	−2.62	−5.50
防治后 2010 年虫害导致的作物单产实际损失(kg/亩)	−4.84	−8.38	−6.04
温度与防治后 2010 年病虫害导致的作物单产实际损失(kg/亩)	−20.94	−18.62	−17.55(双季稻)
温度与防治后 2010 年病虫害导致的作物单产实际损失占 2010 年单产的比例(%)	−6.6%	−5.1%	−4.0%(双季稻)

为减少气候变化对农作物的不利影响,选育高产优质抗逆性强的优良品种是最根本的适应性对策之一。研究表明,良种在农业增产中的作用达 20%~30%,高的可达 50%。21 世纪的农业发展主流将是先进的生物技术与常规农业技术的融合。用于品种改良的生物技术途径,如体细胞无性繁殖变异技术、体细胞胚胎形成技术、原生质融合技术、DNA 重组技术等,都能快速有效地培育出抗逆性强、高产优质的作物新品种。

1. 培育与采用耐高温抗旱作物品种，尽快适应暖干化气候

1961—2010 年，中国小麦、玉米和水稻生育期内温度均呈升高趋势，降水空间变异较大。以气候变暖为显著特征的气候暖干化已经对中国的粮食产量产生了严重影响。除单季稻外，近50 年来作物生育期内的温度升高均导致中国冬小麦、玉米和双季稻的平均单产减产，而作物生育期内的降水变化尽管对作物单产的影响相对于温度的影响较小，但仍以减产为主（表13.2）。因此，培育与采用耐高温、抗旱的作物品种是未来农业应对气候变化的重要措施。

表 13.2　1961—2010 年中国主要作物单产与生育期内气象要素的线性回归系数及气象要素变化对中国作物单产的实际影响

作物	气象要素	单产的相对变化（%）		单产的实际变化（kg/hm²）	
		平均	95.0%置信区间	平均	95.0%置信区间
冬小麦	平均气温	−5.8	−13.1~−1.6	−138.5	−316.5~39.5
	降水量	1.6	0.7~2.4	37.3	16.8~57.8
玉米	平均气温	−3.4	−6.5~−0.2	−114.0	−220.7~−7.2
	降水量	0	−0.1~0	−0.9	−1.7~−0.2
单季稻	平均气温	11.0	0.3~26.5	618.2	12.5~1223.8
	降水量	6.2	0.8~14.3	348.4	36.7~660.0
双季稻	平均气温	−1.9	−4.2~0.4	−90.2	−197.7~17.3
	降水量	0	−0.02~0.01	−0.2	−0.7~0.4

2. 选用高产优质抗病虫新品种，推广专业化统防统治措施

1961—2010 年期间的气候变化导致的农区温度、降水、日照等气象因子变化总体有利于中国农业病虫害、病害和虫害发生面积扩大，危害程度加剧；中国农业病虫害、病害和虫害发生面积由 1961 年的 0.58 亿、0.15 亿和 0.43 亿公顷次增加到 2010 年的 3.70 亿、1.24 亿和 2.46 亿公顷次，分别增加 5.38 倍、7.27 倍和 4.72 倍，反映出中国农业病害增加速度远高于虫害。

从主要作物病虫害发生面积来看，1961—2010 年期间气候变化导致的麦区温度、降水、日照等气象因子变化总体有利于中国小麦、玉米和水稻病虫害发生面积扩大；中国小麦病虫害、病害和虫害的发生面积分别由 0.198 亿、0.086 亿和 0.112 亿公顷次增加到 0.694 亿、0.313 亿和 0.381 亿公顷次，分别增加约 2.51 倍、2.64 倍和 2.40 倍；中国玉米病虫害、病害和虫害的发生面积分别由 0.063 亿、0.006 亿和 0.057 亿公顷次增加到 0.679 亿、0.203 亿和 0.476 亿公顷次，分别增加约 9.78 倍、32.83 倍和 7.35 倍；中国水稻病虫害、病害和虫害的发生面积分别由 0.117 亿、0.018 亿和 0.099 亿公顷次增加到 1.130 亿、0.328 亿和 0.802 亿公顷次，分别增加约 8.66 倍、17.22 倍和 7.10 倍。总体而言，气候变化背景下中国小麦、玉米和水稻的病虫害、病害和虫害发生面积均呈增加趋势，且病害发生面积速度均远高于虫害。

从主要粮食作物单产实际损失看，1961—2010 年，中国小麦、玉米与水稻的平均单产分别为 178.39、237.78 和 321.85 kg/亩，从 1961 年的 37.15、75.91 和 136.10 kg/亩增加到 2010 年的 316.56、363.58 和 436.87 kg/亩，增加约 7.52 倍、3.79 倍和 2.21 倍。防治后，病虫害导致的中国小麦、玉米和水稻的单产实际损失分别由 1961 年的 1.27、1.50 和 1.92 kg/亩增至 2010 年的 11.74、11.02 和 11.55 kg/亩，增加约 8.24 倍、6.35 倍和 5.02 倍；其中，病害导致的

中国小麦、玉米和水稻的单产实际损失由 1961 年的 0.65、0.21 和 0.20 kg/亩增至 2010 年的 6.90、2.64 和 5.50 kg/亩,增加约 9.62 倍、11.57 倍和 26.50 倍;虫害导致的中国小麦、玉米和水稻的单产实际损失分别由 1961 年的 0.62、1.34 和 1.72 kg/亩增至 2010 年的 4.83、8.38 和 6.04 kg/亩,增加约 6.79 倍、5.25 倍和 2.51 倍。气候变化背景下中国小麦、玉米和水稻的平均单产均呈快速增加趋势,平均单产增加 2.21~7.52 倍;但由于气候变化导致的作物病虫害的增加,即使在防治后作物的平均单产实际损失亦呈快速增加趋势,增加 5.02~8.24 倍,增加速率几乎是平均单产增加的 2 倍;其中,病害导致作物单产实际损失增加速率(增加 9.62~26.50 倍)远大于虫害导致作物单产实际损失增加速率(增加 2.51~6.79 倍),同时病害导致的中国小麦单产实际损失绝对值较大,由 1961 年的 0.65 kg/亩增加到 2010 年的 6.90 kg/亩;虫害导致的中国玉米单产实际损失绝对值较大,由 1961 年的 1.34 kg/亩增加到 2010 年的 8.38 kg/亩。

　　1961—2010 年平均,病虫害导致的小麦、玉米和水稻单产、总产损失与发生面积相一致,即水稻>小麦>玉米。3 种作物虫害发生面积均大于病害,但虫害和病害导致的不同作物单产、总产损失与发生面积没有对应关系;同一作物间,小麦病害导致的单产、总产损失重于虫害;不同作物间,玉米虫害发生面积小于小麦、水稻病害发生面积小于小麦,但虫害导致的单产、总产损失则玉米大于小麦,病害导致的总产损失为水稻大于小麦。除小麦、水稻病害外,病虫害、虫害、病害导致的 3 种作物单产损失与总产损失相一致。水稻和玉米的虫害、小麦和水稻的病害对作物单产和总产的影响显著。因此,气候变化背景下中国小麦、玉米和水稻生产科学应对病虫害、病害和虫害的措施在于选用高产优质抗病虫作物新品种,尤其需高度关注气候变化背景下小麦病害、玉米虫害和水稻虫害的暴发性灾变为害,重点进行防控治理。

　　同时,为最大限度地减少气候变化背景下中国主要粮食作物产量损失,需要大力推广专业化病虫害统防统治与生态控制技术,提高防治效果。专业化统防统治是解决当前农村病虫害防治效果差的有效措施,可有效提高病虫防治效果,节约成本,减少中毒事故的发生。通过推广病虫生态控制技术,降低化学农药用量。推广作物类型、品种合理搭配的间作套种、轮作、水旱轮作以及生物防治、物理防治等病虫生态控制技术,控制和减少化学农药的使用量。例如,在南方水稻主产区扩大双季稻种植面积,逐步减少中稻(一季稻)面积,尽量避免单、双季稻混栽,以有效地减少桥梁田,减少过渡虫源;采用稻鸭共作可有效控制纹枯病、稻飞虱、叶蝉、福寿螺和杂草;既能减少农药使用量,又能提高作物产量。

第四节　主要粮食作物生产管理方式调整

　　以气候变暖为标志的全球变化已经对中国农业生产产生了严重影响,包括气候暖干化不利于主要麦区冬小麦的产量形成,但西北麦区气候暖湿化有利于提高冬小麦产量;气候变暖对水分满足条件下的东北玉米增产有利,气候暖湿化对西北玉米的产量形成有利,但气候暖干化对黄淮海和西南玉米的产量形成不利;气候变暖有利于东北单季稻的产量形成,气候变化对长江中下游和西南稻区的单季稻产量形成的不利影响小于双季稻,同时气候变暖对华南双季稻的产量形成不利。因此,气候变化背景下的中国主要农区生产管理方式也需要作相应的调整。

一、东北地区

20 世纪 90 年代以来,东北地区气候增暖明显,表现为春季提前,生长季延长,生长季内积温带北移;未来东北地区的气候变化仍以温度升高为主,降水有可能增加,但降水增量的时空分布不均匀。这些变化为东北农业发展带来了机遇,使农作物复种有了可能。但是,干旱、洪涝、低温冷害和霜冻等气候极端事件发生频率也可能会增加。

1. 加强农业水利基础设施建设

基础设施建设是农业生产高产稳产的保证,是适应气候变化影响的重要措施。用水效率低、水资源恶化、过度开采地下水,严重影响了水资源的正常循环,是东北地区农业水资源目前面临的重要问题。加强水资源的管理和分配工作、水利基础设施建设、发展节水农业都是必要而有效的选择。东北地区要大力加强农田基础设施建设,统筹水资源的管理和规划使用。建设一批具有长期调蓄功能的防洪、防涝骨干工程,并提高现有水利设施的调节和保证功能,减少干旱、洪涝等灾害的损失。与大的水利工程同步,改善农田配套工程设施,拦蓄降雨,减少地表径流和土壤渗漏,增加降水就地入渗量,提高保水、保土、保肥能力。

2. 调整作物生产管理方式

气候变化要求作物田间管理措施做出及时相应的调整。由于温度和热量条件的变化,作物生长发育进程也会发生变化,需要开展适应新条件下的作物栽培研究,包括有效利用水资源、改进田间管理、增加灌溉和施肥、防治病虫害等,提高作物系统的适应能力。同时,要研究推广以自动化、智能化为基础的精准耕作技术,降低作物生产成本,提高耕地利用率和产出率。

二、华北地区

气候变化使华北地区的温度明显升高,降水下降趋势明显,呈现暖干化的特征,极端气候事件增多。水资源不足是华北地区作物生产的关键限制因子,而气候变暖又在很大程度上加剧了该地区的水资源紧张。所以,华北地区作物应对气候变化的主要方面是水的问题。

1. 积极推广和普及农业节水技术

华北地区水资源短缺,但水分利用效率较低,尤其表现在灌溉中的水资源浪费。许多地区仍然采用土渠输水、大水漫灌的方式,灌溉用水在输水过程中一半就被浪费了。加强农业基础设施建设,加快实施以节水改造为中心的大型灌区续建配套,着力搞好田间工程建设,更新改造老化机电设备,完善灌排体系。改进灌溉制度,实施定额灌溉、减少灌溉次数、灌关键水等。

2. 推广集水保水技术

华北地区属于季风区,降水季节变化大,夏季多暴雨,许多雨水来不及利用即流失,造成很大的浪费。在山区可以修筑反坡梯田,进行等高条耕;沿坡面开挖串珠式集水坑;采用单坡式、双坡式、漏斗式、扇形状、V 字形等整地方式汇集地表径流。在平原区可采取田间方格种植、沟垄覆盖种植等方式增加水分入渗;利用洼地蓄水,修建集雨沟、水窖、塘坝等收集雨水;利用井壁回灌、坑塘引渗等方式来补充地下水。为防止地表水资源蒸发,必须采取一些保水措施。在土壤表面,可采取地膜或秸秆覆盖方式,即垄上覆盖地膜作集水区,沟内种植作物为种植区,区内可覆盖秸秆、砾石、塑料地膜等。

3. 加强作物适宜播种期预测预报服务

气候变暖,春季气温回升较快,春播作物应适时提前播种,充分利用早春热量资源,弥补生育后期热量不足,躲避早晚霜冻、盛夏高温影响和生殖生长后期的低温危害。秋冬偏暖,越冬作物应适时推迟播种,防止冬前生长过旺。作物生长季积温提高,生长季延长,有利于种植熟性偏中晚的高产品种。

三、长江中下游地区和华南地区

在气候变化背景下,该区域增暖趋势明显,降水量呈增加趋势。冬季气温升高,害虫越冬率提高,对作物危害增加;极端天气事件发生频率升高,高温、低温和暴雨洪涝增加的影响亦不可忽视。

1. 加强应对极端气象灾害能力建设

建立"政府主导、部门联动、社会参与"的防灾减灾机制。构建气象灾害综合风险防范模式,增强极端气象灾害防御能力。逐步建立现代化立体人工增雨防雹指挥和作业体系,提升人工影响天气工作在防灾减灾、空中水资源开发利用中的作用,增强对中部地区生态与环境建设保障支撑能力。

2. 加强田间管理

进一步推广应用地膜和秸秆覆盖技术,以提高地温、减少土壤水分蒸发及增加土壤中的有机质,对于充分利用土壤水分、减少灌溉量和灌溉次数都有现实意义。在作物茬口和气象条件等因素允许的情况下,适当调整作物播期,改变作物生育期内的温、光、水配置,使作物生长过程趋利避害。

四、西南地区

西南地区气候变化呈气温下降、降水减少的冷干化趋势。区域性气候灾害,特别是干旱和暴雨频繁发生,成为该地区受气候变化影响的显著特点。因气候引起的地质灾害日趋严重,水土流失面积扩大,对水利工程设施造成危害。

1. 加强农业基础设施建设

加强水利、灌溉设施建设和低产田土改造,建设高产稳产田土。大力推广以节水保墒为主要内容的旱作农业技术。提高农业的抗旱、防洪、排涝能力,改变西南地区农业基础条件薄弱的现状,提高农业抗御气象灾害的能力,既能提高产出能力,又增强了农业的稳定性。

2. 加强旱涝灾害的监测预警

优化和完善灾害应急管理体系,将极端旱涝灾害应急管理体系与其他公共危机事件管理体系整合,使之具有系统化的预防管理机制。通过规范旱涝灾害管理活动,控制旱涝灾害事件的风险,最大限度地减少旱涝灾害造成的危害,增强对气候变化及其区域响应能力,特别是对极端旱涝事件的适应能力。

3. 加强田间管理

根据作物对水分的敏感期调整播期,避开伏旱;平整土地,深耕改土,控制水土流失;采取耕作保墒、覆盖保墒等措施。在干季,改进灌溉方案,优化灌溉系统和灌溉方式,提高灌喷水分的利用效率等;在雨季,采取防止土壤被淋蚀、肥料流失及调控地下水位等排灌措施,既可改善农业生产的生态与环境条件,还可提高农业抗御灾变的能力。特别是,在红、黄壤瘠薄地要结合提高灌排能力,重点改造这些中低产田,以增强这些地方的适应能力。

五、西北地区

西北干旱区的气温呈上升趋势,变化强度高于中国平均值,降水有增加的趋势,其中新疆北部降水增加最多。气候变暖对西北干旱区农业影响有利有害,降水量增加、极端气候事件减少对农业生产有利。气候变暖使生育期提早,利于避开干热风、雷雨等气象灾害的影响,但返青期提前也容易在突来的寒潮中受冻害,而生育期变短将使作物品质下降。

1. 实现地表水—地下水联合调度

加强西北地区水利工程建设,建设山区水库、除险加固平原水库、抽取浅层地下水补充灌溉。实施地表水—地下水联合开发技术,优化配置水资源,增强水资源联合调度和防洪抗旱能力,减轻干旱和洪涝灾害的损失,缓解春季作物灌溉的水资源短缺问题。

2. 推广节水农业

降水增加并不能在短期内缓解西北地区干旱半干旱的状况,水资源短缺仍然是西北地区作物生产的瓶颈。因此,应研究并实施跨流域调水、开发空中水资源等计划;建立以节水为中心的农业体系,推广旱地农业技术,蓄水保墒,建设渠道防渗工程,采用秸秆还田、地表覆盖等减少蒸发,改变传统灌溉方式,提高水分利用率,是西北干旱区作物发展的重要举措。

第五节　保障措施

一、政策措施

坚定不移地走可持续发展道路,采取更加有力的政策措施,落实在可持续发展框架下应对气候变化的策略。完善有利于减缓和适应气候变化的相关法规,依法推进应对气候变化工作,并在国家中长期发展规划中强化适应气候变化对策。

完善气候变化适应政策,全面统筹减缓、适应和可持续发展的关系,制订和完善气候有关的法规和政策,从资金投入、人力资源等方面保障适应气候变化的技术研发与推广。大力加强气候变化工作的宏观管理和政策,为地方应对气候变化的管理体系等提供政策保障。

鼓励各部门、地区制订部门和地区的适应战略,制订部门、地区适应气候变化科技行动实施方案。明确要求各部门和地方政府在日常工作规划中包含适应气候变化的行动。

二、科技保障

重视和加强基础研究,切实提高自主创新能力。围绕国家重大战略需求,重点部署研究一批适应气候变化领域的重大问题。推动适应气候变化科技资源共享,鼓励企业与高等院校、科研院所联合建立国家重点实验室,奠定适应气候变化技术的科技基础。

三、资金保障

适应气候变化需要庞大的资金支持,仅仅依靠财政资金是远远不够的。必须建立以国家财政投入为主、鼓励和引导金融机构和企业单位向适应气候变化行动投资、积极利用外资为补充的多渠道和完善的资金保障体制,支持开展适应气候变化相关行动,全面提高中国适应气候变化的能力,最大限度地降低气候变化的不利影响。

1. 加大国家财政的适应性投入和保障

各级政府应将适应气候变化逐步纳入到各行各业的发展规划中,增加采取适应气候变化行动的预算和投入,切实保证适应气候变化行动的实施。积极运用财政手段,增加国家财政投入以加强气候预报能力、加强农业信息和技术服务能力、建立健全动植物基因库、重建或创建湿地和森林、加强海岸带管理及适应基础设施投资,提高国民的适应能力以保障生命财产安全。各级政府应通过设立专项税收,建立适应基金或者环境基金,壮大财政适应性投资的能力以及气候灾害的财政救济能力。

2. 引导金融部门和企业对适应气候变化提供支持

气候变化的灾难性影响会损害信贷金融的信用,气候变化所引起的财产损失和人体健康或生命损失会增加保险赔付,其不确定性使保险的风险管理变得困难。应为商业金融部门提供支持适应气候变化行动的鼓励机制,使金融部门和企业为国家和地区的适应行动提供更多的资金支持和分担风险提供资金保障。

3. 充分利用国际适应性资金

充分利用《联合国气候变化框架公约(UNFCCC)》体系内可以利用的适应气候变化资金。积极开拓国际合作,吸引更多的双边或者多边资金投资适应气候变化行动。

四、组织机制

1. 加强组织领导与统筹协调

政府部门要切实加强总体指导和宏观管理能力,对各种利益关系和矛盾进行统筹协调。健全责任体系,大力促进各地方、各部门、各科研院校在适应气候变化领域的大力协同,充分调动各方积极性,共同推进适应气候变化行动的开展和实施。

2. 加强人才培养与引进力度

加强人才培养,促进人才队伍建设,特别是学科梯队建设,培养和造就一批学科带头人和后备人选以及相应的骨干研究队伍。加大海外优秀人才和智力资源的引进力度。

3. 提高公众的气候变化科学意识

通过网站、新闻报道及座谈会等形式大力宣传适应气候变化相关知识,增强公众意识和公众参与度。大力开展方法论研究,为适应气候变化行动提供理论支持和指导。

五、国际合作

应对气候变化需要广泛的国际合作与协作,国际合作是实施国家适应战略的重要保障之一。

1. 加强国际合作政策研究

积极参加"全球气候变化适应网络",针对中国及东亚地区特殊的复杂环境特征,构建区域全球气候变化适应网络。全球气候变化适应网络由联合国环境规划署发起,总体目标是通过知识和技术的应用,支持气候变化适应能力建设、政策设计和区域实践,建立脆弱地区适应气候变化的人类系统、生态系统和经济系统。邀请国际著名专家作为咨询顾问,构建"中国气候变化适应战略"决策咨询机构,一方面可以获得适应气候变化领域科学与政策研究的最新成果;另一方面,也可以通过这些咨询专家将中国在适应气候变化方面所取得的成就向世界进行宣传。政府有关部门应当加强与国际相关组织和科研机构的沟通,积极开展双边和多边政府间合作研究,为中国科学家构建国际合作平台。

2. 强化适应技术开发与转让

适应气候变化技术的研发在应对气候变化中起到不可替代的核心作用,在适应气候变化和减少气候变化不利影响方面也发挥着重要作用。目前,这些先进的技术大都掌握在发达国家手中,而这些技术往往对一个国家的国民经济水平产生巨大的影响,这些技术拥有国不愿无偿或低价将这些技术转让出去,造成了技术转让本质的困难。在技术市场上,一些拥有先进技术的跨国企业对技术转让起着主导作用,追求利益又是企业的宗旨。因此,《联合国气候变化框架公约》框架下的技术转让不应单纯依靠市场,关键在于发达国家应该消减技术转让壁垒,消除技术合作中存在的政策、体制、程序、资金及知识产权保护等方面的障碍,技术转让过程中采取引导、激励政策和机制。国际社会广大成员国应通力合作,积极研发应对气候变化的关键技术,并为世界各国所共享,特别是技术尚落后的发展中国家。

3. 通过国际合作加强能力建设

加强发展中国家能力建设是近年来各缔约方国家比较重视的问题,也是技术转让成功的关键。能力建设包括技术转让与合作、人力资源开发、提高公众意识、信息化建设、国家信息通报编制等。

参考文献

《气候变化国家评估报告》编写委员会. 2007. 气候变化国家评估报告. 北京:科学出版社:182-200.

白鸣祺,高永刚,王芳. 2008. 黑龙江省气温变化对水稻产量的影响. 安徽农业科学,**36**:13571-13573,13580.

白月明,王春乙. 1996. 不同 CO_2 浓度处理对冬小麦的影响. 气象,**22**(2):7-11.

柏秦凤. 2008. 华南寒害致灾气候因子及综合指数研究[硕士学位论文]. 北京:中国气象科学研究院.

班军梅,缪启龙,李雄. 2006. 西南地区近50年来气温变化特征研究. 长江流域资源与环境,(3):346-351.

包云轩,刘维,高苹,等. 2012. 气候变暖背景下江苏省水稻热害发生规律及其对产量的影响. 中国农业气象,**33**(2):289-296.

鲍巨松. 1990. 水分胁迫对玉米生长发育及产量形成的影响. 山西农业科学,(3):87-91.

毕广玉,秦现增,夏阳. 2009. 郑州市小麦保护性耕作抗旱作用调查报告. 农业机械,(4):60-62.

蔡佳熙,管兆勇,高庆久,等. 2009. 近50年长江中下游地区夏季气温变化与东半球环流异常. 地理学报,(3):289-302.

蔡剑,姜东. 2011. 气候变化对中国冬小麦生产的影响. 农业环境科学学报. **30**(9):1726-1733.

蔡昆争,骆世明. 1999. 不同生育期遮光对水稻生长发育和产量形成的影响. 应用生态学报,**10**(2):193-196.

曹艳芳,古月,徐健,等. 2009. 内蒙古近47年气候变化对春小麦生育期的影响. 内蒙古气象,(4):22-25.

车少静,智利辉,冯立辉. 2005. 气候变暖对石家庄冬小麦主要生育期的影响及对策. 中国农业气象,**26**(3):180-183.

陈冬冬,戴永久. 2009. 近五十年我国西北地区降水强度变化特征. 大气科学,**33**(5):924-935.

陈方藻,刘江,李茂松. 2011. 60年来中国农业干旱时空演替规律研究. 西南师范大学学报(自然科学版),**36**(4):111-114.

陈海新,张国林,徐金妹. 2009. 气候变暖对农作物病虫害发生的影响与对策. 广东农业科学,(1):67-77.

陈立春,郭磊,宋波,等. 2009. 气候变化对小麦生产的影响与对策. 安徽农业科学,**37**(32):15779-15782.

陈少勇,郭江勇,郭忠祥,等. 2009. 中国西北干旱半干旱区年平均气温时空变化规律分析. 干旱区地理,(3):364-372.

陈顺通. 2008. 应对气候变暖,改进栽培技术,促进小麦增产. 安徽农学通报,(9):240.

陈特固,曾侠,钱光明,等. 2006. 华南沿海近100年气温上升速率估算. 广东气象,(3):1-5.

陈晓燕,尚可政,王式功,等. 2010. 近50年中国不同强度降水日数时空变化特征. 干旱区研究,**27**(5):766-772.

陈莹,许有鹏,尹义星. 2008. 长江中下游地区20世纪60年代以来气温变化的标度特征. 南京大学学报(自然科学),(6):683-690.

陈永顺. 2012. 对背负式玉米收获机的改进建议. 现代农业装备,**1**:84-85.

陈振鑫,陈活起. 2006. 水稻气象低温危害与减灾对策. 农业与技术,**26**(2):99-104.

成林,张志红,常军. 2011. 近47年来河南省冬小麦干热风灾害的变化分析. 中国农业气象,**32**(3):456-460.

程海霞,宋军芳,帅克杰,等. 2009. 气温变化对晋城市冬小麦适宜播种期的影响. 安徽农业科学,**37**:552-553.

揣新军,孙旭,张瑞,等. 2009. 河套灌区农田防护林对小麦增产效益的研究. 内蒙古农业大学学报,(30):104-108.

崔读昌,曹广才,张文,等. 1991. 中国小麦气候生态区划. 贵州:贵州科技出版社.

戴兴临,卞新民,冯金飞. 2009. 南方水稻面积波动与我国夏季降水分布的相关性分析. 江西农业学报,21
　　(7):117-119.

邓可洪,居辉,熊伟. 2006. 气候变化对中国农业的影响研究进展. 中国农学通报,22(5):439-441.

邓振铺,张强 ,韩永翔,等. 2006. 甘肃省农业种植结构影响因素调整原则探讨. 干旱地区农业研究,24(3):
　　126-129.

邓振铺,张强,徐金芳,等. 2007. 西北地区农林牧生产及农业结构调整对全球气候变暖响应的研究进展. 冰
　　川冻土,30(5):835-842.

邓振铺,张强,徐金芳,等. 2008a. 全球气候增暖对甘肃农作物生长影响的研究进展. 地球科学进展,23(10):
　　1070-1078

邓振铺,张强,蒲金涌,等. 2008b. 气候变暖对中国西北地区农作物种植的影响. 生态学报,28 (8):
　　3760-3768.

邓振铺,张强,倾继祖,等. 2009. 气候暖干化对中国北方干热风的影响. 冰川冻土,31(4):664-671

邓振铺,王强,张强,等. 2010. 中国北方气候暖干化对粮食作物的影响及应对措施. 生态学报,30(22):
　　6278-6288.

丁丽佳,谢松元. 2009. 气候变暖对潮州水稻主要生育期的影响和对策. 中国农业气象,30(增1):97- 102.

丁一汇,任国玉,石广玉,等. 2006. 气候变化国家评估报告(I):中国气候变化的历史和未来趋势. 气候变化
　　研究进展,2(1):3-8.

丁一汇,任国玉,赵宗慈. 2007. 中国气候变化的检测与预估.沙漠与绿洲气象,(l):l-10.

董文军,张彬,田云录,杨飞,张卫建. 2008. 江淮水稻生产力对不同增温情景的响应特征及其作用机制//
　　2008 中国作物学会学术年会论文摘要集.

董谢琼,段旭. 1998. 西南地区降水量的气候特征及变化趋势. 气象科学,(3):239-247.

董昀,刘成等. 2008. 暖冬气候对小麦生长发育的影响及对策. 作物杂志,(4):95-96.

杜尧东,毛慧琴,刘锦銮. 2003. 华南地区寒害概率分布模型研究. 自然灾害学报,12:103-107.

杜尧东,李春梅,唐力生,等. 2008. 广东地区冬季寒害风险辨识. 自然灾害学报,17:82-86.

段金省,牛国强. 2007. 气候变化对陇东塬区玉米播种期的影响. 干旱地区农业研究. 25(2):235-238.

樊有义,高玉振,陈刚,等. 2001. 小麦生育期内的降水对产量的影响. 安徽农业科学,29(6):742-743.

方修琦,盛静芬,2000. 从黑龙江省水稻种植面积的时空变化看人类对气候变化影响的适应. 自然资源学报,
　　15(3):213-217.

方修琦,王媛,徐锬,等. 2004. 近 20 年气候变暖对黑龙江省水稻增产的贡献. 地理学报. 59(6):820-828.

房世波,阳晶晶,周广胜. 2011. 30 年来我国农业气象灾害变化趋势和分布特征. 自然灾害学报,20:69-73.

费永成,陈林,彭国照.2012.气候变暖对成都水稻安全播种期的影响. 贵州农业科学. 2012,40(3):44-47.

冯佩芝,李翠金,李小泉. 1985. 中国主要气象灾害分析 1951—1980. 北京:气象出版社.

冯秀藻,陶炳炎. 1991. 农业气象学原理. 北京:气象出版社.

高歌. 2008. 1961—2005 年中国霾日气候特征及变化分析. 地理学报,63(7):761-768.

高歌,李维京,张强. 2003. 华北地区气候变化对水资源的影响及 2003 年水资源预评估. 气象,(8):25-30.

高亮之,金之庆. 1994. 全球气候变化和中国的农业. 江苏农业学报,10:1-10

高懋芳,邱建军,刘三超,等. 2008. 我国低温冷冻害的发生规律分析. 中国生态农业学报,16(5):1167-1172.

高荣,王凌,高歌. 2008. 1956—2006 年中国高温日数的变化趋势. 气候变化研究进展,4(3):177-181.

高蓉,张燕霞,石圆圆,等. 2009. 西北干旱半干旱过渡区近 50 年气候变化特征分析及对粮食产量的影响. 安
　　徽农业科学,37:6493-6519.

高永刚,王育光,南锐,等. 2005. 黑龙江省大豆主栽品种热量指标鉴定及应用. 中国农业气象,26(3):
　　200-204

高永刚,齐长方,喻晓天,等. 2007. 黑龙江省气候变化趋势对小麦产量的影响. 黑龙江气象,(4):25-29.

高志强,苗果园,邓志锋. 2004. 全球气候变化与冬麦北移研究. 中国农业科技导报,**6**(1):9-13.

葛道阔,金之庆,石春林,等. 2002. 气候变化对中国南方水稻生产的阶段性影响及适应性对策. 江苏农业学报,**18**(1):1-8.

葛奇,李宪光,王燕. 2004. 2003年气候异常对鱼台水稻生长的影响分析. 山东气象,(4):41-42.

谷洪波,冯智灵. 2009. 论自然灾害对中国农业的影响及其治理. 湖南科技大学学报(社会科学版),**12**:64-68.

顾俊强,杨军. 2005. 中国华南地区气候和环境变化特征及其对策. 资源科学,(1):128-135.

郭海霞,张立,孔丰丽,等.2012.玉米褐斑病发生原因及防治策略.河南农业,(17):27.

郭海英,赵建萍,索安宁,等. 2006. 陇东黄土高原农业物候对全球气候变化的响应. 自然资源学报,**21**(4):608-614.

郭静,黄义德. 2009. 暖冬天气对淮北麦区小麦中后期部分群体质量指标及产量的影响. 安徽农业科学,**37**(24):11475-11477.

郭志梅,缪启龙. 2005. 中国北方地区近50年来气温变化特征及其突变性. 干旱区地理,(2):176-182.

国务院新闻办公室. 2008. 中国应对气候变化的政策与行动 2008. 北京.

韩湘玲. 1999. 农业气候学. 太原:山西科学技术出版社.

韩湘玲,刘巽浩,高亮之,等. 1986. 中国农作物种植制度气候区划. 耕作与栽培,(1、2):2-18.

郝立生,闵锦忠,张文宗,等. 2009. 气候变暖对河北省冬小麦产量的影响. 中国农业气象,**30**(2):204-207.

郝志新,郑景云,陶向新. 2001. 气候增暖背景下的冬小麦种植北界研究——以辽宁省为例. 地理科学进展,**20**(3):254-261.

郝志新,郑景云,陶向新. 2002. 辽宁省冬小麦种植北界研究. 中国农业气象,**23**(4):5-8.

何丽. 2007. 近百年全球气温变化对长江流域降水影响分析. 资源环境与发展,(4):4-7.

何素兰. 1995. 近40年华南地区旱涝变化特征. 灾害学,(2):52-57.

贺明荣,王振林等. 2001. 不同小麦品种千粒重对灌浆期弱光的适应性分析. 作物学报,**27**(5):640-644.

侯琼,郭瑞清,杨丽桃. 2009. 内蒙古气候变化及其对主要农作物的影响. 中国农业气象,**30**(4):560-564.

侯婷婷,霍治国,李世奎,等.2003. 影响稻飞虱迁飞规律的气象环境成因. 自然灾害学报,**12**(3):142-148.

胡荣利,徐蕾,周福才,等.2005. 沿江稻区第4代稻纵卷叶螟的成灾机制. 植物保护学报,**32**(4):392-396.

黄秉维. 1958. 中国综合自然区划的初步草案. 地理学报,**24**(4):348-363.

黄建晔,董桂春,杨洪建,等.2003. 开放式空气 CO_2 增高对水稻物质生产与分配的影响. 应用生态学报,**14**(2):253-257.

黄建晔,董桂春,杨洪建,等. 2004. 开放式空气 CO_2 浓度增加(FACE)对水稻产量形成的影响及其与氮的互作效应. 中国农业科学,**37**(12):1824-1830.

黄建晔,杨连新,杨洪建,等,2005. 开放式空气 CO_2 浓度增加对水稻生育期的影响及其原因分析. 作物学报,**31**(7):882-887.

黄敏,祝剑真,李旺盛,等. 2006. 水稻主要病虫不防治对产量的影响. 江西农业学报,**18**(6):120-121.

黄永才. 2005. 气候变暖对福建省水稻的影响. 台声新视角,**6**:222-223.

霍治国,叶彩玲,钱拴,等. 2002a. 气候异常与中国小麦白粉病灾害流行关系的研究. 自然灾害学报,**11**(2):85-90.

霍治国,陈林,叶彩玲,等,2002b. 气候条件对中国水稻稻飞虱为害规律的影响. 自然灾害学报,**11**(1):97-102.

霍治国,王石立,郭建平. 2009. 农业和生物气象灾害. 北京:气象出版社.

霍治国,李茂松,王丽,等. 2012a.气候变暖对中国农作物病虫害的影响. 中国农业科学,**45**(10):1926-1934.

霍治国,李茂松,李娜,等. 2012b. 季节性变暖对中国农作物病虫害的影响. 中国农业科学,**45**(11):2168-2179.

霍治国,李茂松,王丽,等. 2012c. 降水变化对中国农作物病虫害的影响. 中国农业科学,**45**(10):1935-1945.

姬兴杰,朱业玉,刘晓迎,等. 2011. 气候变化对北方冬麦区冬小麦生育期的影响. 中国农业气象,32(4):
　　576-581.

吉奇,宋冀凤,刘辉. 2006. 近 50 年东北地区温度降水变化特征分析. 气象与环境学报,(5):1-5.

纪瑞鹏,陈鹏狮,冯锐,等. 2009. 辽宁省农作物及自然物候对气候变暖的响应. 安徽农业科学,37(30):
　　14764-14766,14801.

纪瑞鹏,张玉书,姜丽霞. 2012. 气候变化对东北地区玉米生产的影响. 地理研究,31(2):290-298.

贾建英,郭建平. 2009. 东北地区近 46 年玉米气候资源变化研究. 中国农业气象,30(3):302-307.

江爱良. 1960. 论我国热带亚热带气候带的划分. 地理学报,1960,26(2):104-109.

江爱良. 1993. 中国 40 年来气候变化的某些方面及其对农业的影响//气候变化对中国农业的影响. 北京:科
　　学出版社:205-209.

姜群鸥,邓祥征,战金艳,等. 2007. 黄淮海平原气候变化及其对耕地生产潜力的影响. 地理与地理信息科学,
　　23:82-85.

蒋相梅. 2001. 东北地区控制玉米越区种植取得明显成效. 中国农业信息快讯,1(8):8-9.

蒋耀培,郭玉人,谭秀芳,等. 2003. 上海地区水稻螟虫暴发原因和综合治理措施. 植保技术与推广,23(2):6-
　　7,11.

矫江,许显滨,孟英. 2004. 黑龙江省水稻低温冷害及对策研究. 中国农业气象,25(2):26-28.

矫江,许显滨,卞景阳,等. 2008. 气候变暖对黑龙江省水稻生产影响及对策研究. 自然灾害学报,17(3):41-48.

金之庆,石春林,葛道阔,等. 2001. 长江下游平原小麦生长季气候变化特点及小麦发展方向. 江苏农业科学,
　　(17):193-199.

冷传明,杨爱荣. 2004. 我国洪涝灾害加剧的社会因素分析与减灾对策. 焦作工学院学报(社会科学版),5
　　(1):52-54.

李栋梁,魏丽,蔡英,等. 2003. 中国西北现代气候变化事实与未来趋势展望. 冰川冻土,(2):135-142.

李辑,龚强. 2006. 东北地区夏季气温变化特征分析. 气象与环境学报,(1):6-10.

李进永,张大友,许建权,等. 2008. 小麦赤霉病的发生规律及防治策略. 上海农业科技,(4):113.

李军,陈惠,陈艳春,等. 2009. 华东地区热量资源的变化特征、趋势预估及农业适应对策. 生态学杂志,28:
　　2069-2075.

李立军,褚庆全,胡志全,等. 2004. 中国主要粮食作物区域布局变化研究. 农业现代化研究,25(5):334-339.

李林,张更生,陈华年. 1994a. 阴害影响水稻产量的机制及其调控技术Ⅰ:水稻分蘖期间模拟阴害对产量形成
　　的影响. 中国农业气象,15(2):28-32.

李林,张更生,陈华年. 1994b. 阴害影响水稻产量的机制及其调控技术Ⅱ:灌浆期模拟阴害影响水稻产量的
　　机制. 中国农业气象,15(3):5-9.

李茂松,李森,李育慧. 2003. 中国近 50 年旱灾灾情分析. 中国农业气象,24:7-10.

李茂松,李森,李育慧. 2004. 中国近 50 年洪涝灾害灾情分析. 中国农业气象,25(1):38-41.

李茂松,王道龙,张强,等. 2005. 2004—2005 年黄淮海地区冬小麦冻害成因分析. 自然灾害学报年,14:
　　51-55.

李茂松,李章成,王道龙,等. 2005. 50 年来中国自然灾害变化对粮食产量的影响. 自然灾害学报,14:55-60.

李娜. 2010. 华南寒害气候风险区划技术研究[硕士论文]. 北京:中国气象科学研究院.

李娜,霍治国,贺楠,等. 2010. 华南地区香蕉、荔枝寒害的气候风险区划. 应用生态学报,21:1244-1251.

李荣平,周广胜,史奎桥,等. 2009. 1980—2005 年玉米物候特征及其对气候的响应. 安徽农业科学,37(31):
　　15197-15199.

李世峰. 2005. FACE 对小麦产量形成和品质的影响及其原因分析[硕士论文]. 扬州:扬州大学.

李淑华. 1993. 气候变化对中国农业病虫害的影响. 北京:北京科学技术出版社.

李淑华. 1995. 气候变化对水稻虫害的影响. 灾害学,10(2):43-47.

李秀芬,陈莉,姜丽霞. 2011. 近 50 年气候变暖对黑龙江省玉米增产贡献的研究. 气候变化研究进展,**7**(5): 336-341.

李一平. 2004. 湖南省农作物生物灾害发生特点、成因及对策. 中国农学通报,**20**(6):268-271.

李祎君,王春乙. 2010. 气候变化对中国农作物种植结构的影响. 气候变化研究进展,**6**(2):123-129.

李永庚,于振文,张秀杰,等. 2005. 小麦产量与品质对灌浆不同阶段高温胁迫的响应. 植物生态学报,**29**(3): 461-466.

李镇清,刘振国,陈佐忠,等. 2003. 中国典型草原区气候变化及其对生产力的影响. 草业学报,**12**(1):4-10.

李正国,杨鹏,唐华俊,等. 2011. 气候变化背景下东北三省主要作物典型物候期变化趋势分析. 中国农业科学,**44**(20):4180-4189.

梁乃亭,樊康美,魏玉波,等. 2004. 2003 年米泉市水稻低温冷害原因分析. 新疆农业科学,**41**(4):237-239.

梁晓伟,李胜斌,吴继轩. 2010. 从西南地区旱情看建设农业水利基础设施的紧迫性. 经济导刊,(4):11-12.

林而达. 2008. 气候变化与减灾. 中国减灾,**3**:16-17.

林而达,张建云,居辉,等. 2005. 农业、主要自然生态系统和水资源对气候环境变化的脆弱性分析//陈宜瑜等主编. 中国气候与环境演变(下卷):气候与环境变化的影响与适应、减缓对策. 北京:科学出版社: 81-113.

林云萍,赵春生. 2009. 中国地区不同强度降水的变化趋势. 北京大学学报(自然科学版),(2):18-25.

刘宝发,孙春来,孟爱中,等. 2009. 小麦病虫草害自然损失率估计试验. 现代农业科技,(12):104-107.

刘德祥,董安祥,邓振镛. 2005. 中国西北地区气候变暖对农业的影响. 自然资源学报,**20**(1):119-125.

刘德祥,郭俊琴,董安祥. 2006. 气候变暖对甘肃夏秋作物产量的影响. 干旱地区农业研究,**24**(4):123-128.

刘德祥,董安祥,梁东升,等. 2007. 气候变暖对西北干旱区农作物种植结构的影响. 中国沙漠,**27**(5): 831-836.

刘德祥,孙兰东,宁惠芳. 2008. 甘肃省干热风的气候特征及其对气候变化的响应. 冰川冻土,**30**:81-86.

刘九夫,张建云,关铁生. 2008. 20 世纪我国暴雨和洪水极值的变化. 中国水利,(2):35-37.

刘娟,杨沈斌,王主玉,等. 2010. 长江中下游水稻生长季极端高温和低温事件的演变趋势. 安徽农业科学,**38** (25):13881-13885.

刘明春,蒋菊芳,魏育国,等. 2009a. 气候变暖对甘肃省武威市主要病虫害发生趋势的影响. 安徽农业科学, **37**(20):9522-9525.

刘明春,张强,邓振镛,等,2009b. 气候变化对石羊河流域农业生产的影响。地理科学,**29**(5):727-732.

刘万才,邵振润. 1998. 中国小麦白粉病大区流行的气候因素分析. 植保技术与推广,(18):3-5.

刘伟昌,陈怀亮,赵国强. 2007. 河南省玉米生长发育对气候变化的响应. 中国农业气象,**28**(增):21-24.

刘晓云,李栋梁,王劲松. 2012. 1961—2009 年中国区域干旱状况的时空变化特征. 中国沙漠,**32**:473-483.

刘巽浩,韩湘玲. 1987. 中国的多熟种植. 北京:北京农业大学出版社.

刘巽浩,陈阜. 2005. 中国农作制. 北京:中国农业出版社.

刘亚臣,丛斌,韩冰,等. 2006. 辽宁省春玉米主要病虫为害损失之研究. 中国农学通报,**22**(6):297-300.

刘引鸽. 2005. 关中平原土地利用及农业气候生产潜力分析. 水土保持研究,**12**(6):21-22,49.

刘颖杰,林而达. 2007. 气候变暖对中国不同地区农业的影响. 气候变化研究进展,**3**(4):229-233.

刘志娟,杨晓光,王文峰,等. 2009. 气候变化背景下我国东北三省农业气候资源变化特征. 应用生态学报, (9):2199-2206.

刘志娟,杨晓光,王文峰,等. 2010. 全球气候变暖对中国种植制度可能影响Ⅳ:未来气候变暖对东北三省春玉米种植北界的可能影响. 中国农业科学,**43**(11):2280-2291.

陆正铎,常守吉,刘新正,等. 1983. 不同小麦品种抗御干热风能力的研究. 内蒙古农业科技,(4):20-25.

陆自强,杜予州,周福才,等. 2005. 水稻螟虫发生动态与循证控制方案中的若干问题.植物保护,**31**(2):48-51.

罗云峰,吕达仁. 2000. 华南沿海地区太阳直接辐射、能见度及大气气溶胶变化特征分析. 气候与环境研究,

(1):36-44.

马红亮,朱建国,谢祖彬,等. 2005a. 开放式空气 CO_2 浓度升高对冬小麦 P、K 吸收和 C：N,C：P 比的影响. 农业环境科学学报,**24**(6):1192-1198.

马红亮,朱建国,谢祖彬,等. 2005b. 开放式空气 CO_2 浓度升高对冬小麦生长和 N 吸收的影响. 作物学报,31 (12):1634-1639.

马树庆,袭祝香,王琪. 2003. 中国东北地区玉米低温冷害风险评估研究. 自然灾害学报,**12**(3):137-141.

马树庆,王琪,罗新兰. 2008. 基于分期播种的气候变化对东北地区玉米(Zeamays)生长发育和产量的影响. 生态学报,**28**(5):2131-2139.

马振峰,彭骏,高文良,等. 2006. 近 40 年西南地区的气候变化事实. 高原气象,(4):633-642.

马柱国,符淙斌. 2005a. 中国干旱和半干旱带的 10 年际演变特征. 地球物理学报,**48**:519-525.

马柱国,黄刚,甘文强,等. 2005b. 近代中国北方干湿变化趋势的多时段特征. 大气科学,**29**:671-681.

梅伟,杨修群. 2005. 中国长江中下游地区降水变化趋势分析. 南京大学学报(自然科学),(6):577-589.

牟会荣. 2009. 拔节至成熟期遮光对小麦产量和品质形成的影响及其生理机制[硕士论文]. 南京:南京农业大学.

宁金花,申双和. 2008. 气候变率和变化对中国北方冬小麦气候生产力的影响. 南京:南京信息工程大学.

潘根兴. 2010. 气候变化对中国农业生产的影响分析与评估. 北京:中国农业出版社.

潘铁夫,方展森,赵洪凯. 1983. 农作物低温冷害及其防御. 北京:农业出版社.

裴保华,袁玉欣,王颖. 1998. 模拟林木遮光对小麦生育和产量的影响. 河北农业大学学报,**21**(1):1-5.

彭国照,田宏,郭海燕. 2006. 四川凉山州水稻盛夏低温危害及对策. 西南农业大学学报(自然科学版),**27** (6):799-803.

蒲金涌,姚玉璧,马鹏里,等. 2007. 甘肃省冬小麦生长发育对暖冬现象的响应. 应用生态学报,**18**(6): 1237-1241.

齐冬梅,李跃清,陈永仁,等. 2011. 近 50 年四川地区旱涝时空变化特征研究. 高原气象,**30**(5):1170-1179.

钱锦霞,赵桂香,李芬,等. 2006. 晋中市近 40 年气候变化特征及其对玉米生产的影响. 中国农业气象,**27** (2):125-129.

秦大河,丁一汇,苏纪兰,等. 2005. 中国气候与环境演变评估(I):中国气候与环境变化及未来趋势. 气候变化研究进展,**1**(1):4-9.

秦大河. 2009. 气候变化与干旱. 科技导报. (11):1.

丘宝剑. 1993. 关于中国热带的北界. 地理科学,**13**(4):297-306.

邱光,刘储,储西平,等. 1999. 特殊气候条件对小麦白粉病流行的影响. 江苏农业科学,(2):36-38.

曲曼丽. 1990. 农业气候实习指导. 北京:北京农业大学出版社.

中国农业区划委员会. 1991. 中国农业自然资源与农业区划. 北京:农业出版社.

全文伟,查菲娜,王其英,等. 2009. 气候变化对河南省小麦产量影响分析. 河南科学,**27**(12):1546-1549.

任朝霞,杨达源. 2007. 西北干旱区近 50 年气候变化特征与趋势. 地球科学与环境学报,(1):99-102.

任国玉. 2007. 气候变化与中国水资源. 北京:气象出版社.

任万军,杨文钰,樊高琼,等. 2003. 始穗后弱光对水稻干物质积累与产量的影响. 四川农业大学学报,**21**(4): 292-296.

荣艳淑,罗健. 2009. 华北地区 1901—2002 年气候变化强度的演变. 河海大学学报(自然科学版),(3): 276-280.

荣云鹏,朱保美,韩贵香,等. 2007. 气温变化对鲁西北冬小麦最佳适播期的影响. 气象,**33**:110-113.

桑建人,刘玉兰,邱旺. 2006. 气候变暖对宁夏引黄灌区水稻生产的影响. 中国沙漠,**26**(6):935-958.

商鸿生. 2003. 麦类作物病虫害诊断与防治原色图谱. 北京:金盾出版社:43-45.

商兆堂. 2009. 江苏气候变化及其对小麦单产的影响分析. 中国农业气象,**30**(增 2):185-188.

上海植物生理研究所人工气候室. 1976. 高温对早稻开花结实的影响及其防治Ⅰ:早稻灌浆－成熟期高温对结实的影响. 植物学报,18(3):250-257.

上海植物生理研究所人工气候室. 1977. 高温对早稻大批开花结实的影响及其防治Ⅲ:早稻开花结实对高温伤害的敏感期. 植物学报,19(2):126-131.

申玉香,陶红,王海洋,等. 1999. 气候变暖对沿海地区小麦生长的影响. 江苏农业科学,(6):18-21.

盛承发,宣维健,焦晓国,等. 2002. 中国稻螟暴发成灾的原因、趋势及对策. 自然灾害学报,11(3):103-108.

施雅风,沈永平,胡汝骥. 2002. 西北气候由暖干向暖湿转型的信号影响和前景初步探讨. 冰川冻土,(3):219-226.

史定珊,毛留喜. 1994. 冬小麦生产气象保障概论. 北京:气象出版社.

史桂荣. 2001. 黑龙江省"水玉米"生产的原因及解决途径. 作物杂志,(2):1-3.

史印山,王玉珍,池俊成,等. 2008. 河北平原气候变化对冬小麦产量的影响. 中国生态农业学报,16(6):1444-1447.

宋艳玲,刘波,钟海玲. 2011. 气候变暖对我国南方水稻可种植区的影响. 气候变化研究进展,7(4):259-264.

苏向阳,刘根强,张宏伟,等. 2009. 气象因子对叶县小麦吸浆虫发生的影响及防治对策. 安徽农学通报,15(12):192,240.

孙道杰,宋仁刚,王辉. 2007. 调整小麦生长发育对环境因子的敏感性培育可应对气候变化的新品种. 安徽农业科学,35(33):10642-10644.

孙凤华,袁健,路爽. 2006. 东北地区近百年气候变化及突变检测. 气候与环境研究,11(1):101-108.

孙荣强. 1993. 中国农业干旱区及其特征. 灾害学,8:49-52.

谭方颖,王建林,宋迎波. 2010. 华北平原近45年气候变化特征分析. 气象,(5):40-45.

谭凯炎,房世波,任三学,等. 2009. 气候变化中的非对称性增温对农作物生长的影响. 应用气象学报,20(5):634-641.

唐国平,李秀彬,Fischer G,等. 2000. 气候变化对中国农业生产的影响. 地理学报,55(2):129-138.

唐如航,郭连旺,陈根云,等. 1998. 大气 CO_2 浓度倍增对水稻光合速率和 Rubisco 的影响. 植物生理学报,24(3):309-312.

陶建平,李翠霞. 2002. 两湖平原种植制度调整与农业避洪减灾策略. 农业现代化研究,23(1):26-29.

天莹. 2001. 内蒙古农牧业自然灾害问题探讨. 内蒙古草业,13(4):27-32.

田奉俊,朴燕,曹海珺,等. 2008. 吉林省水稻低温冷害发生特征与防御措施. 作物杂志,(5):77-79.

佟屏亚. 1992. 中国玉米种植区划. 北京:中国农业科技出版社.

王爱娥. 2006. 农业生物灾害呈加重态势,植保专业化防治势在必行. 山东农药信息,(12):13-14.

王斌,顾蕴倩,刘雪,等. 2012. 中国冬小麦种植区光热资源及其配比的时空演变特征分析. 中国农业科学,45(2):228-238.

王春乙. 2007. 重大农业气象灾害研究进展. 北京:气象出版社.

王春乙,娄秀荣,王建林. 2007. 中国农业气象灾害对作物产量的影响. 自然灾害学报,16(5):37-43.

王春春,黄山,邓艾兴,等. 2010. 东北雨养农区气候变暖趋势与春玉米产量变化的关系分析. 玉米科学,18(6):64-68.

王德仁,陈苇. 2000. 长江中游及分洪区种植结构调整与减灾避灾种植制度研究. 中国农学通报,16(4):1-8.

王馥棠. 2002. 近十年来我国气候变暖影响研究的若干进展. 应用气象学报,13(6):755-766.

王浩. 2010. 综合应对中国干旱的几点思考. 中国水利,(8):4-6.

王军,邓根生,龚晓松,等. 2010. 水稻纹枯病主要发病因素及防治指标研究. 江苏农业科学,(3):164-166.

王力,李凤霞,徐维新,等. 2010. 气候变化对柴达木灌区小麦生育期的影响. 中国农业气象,31(增1):81-83.

王丽,霍治国,张蕾,等. 2012. 气候变化对中国农作物病害发生的影响. 生态学杂志,31(7):1673-1684.

王菱,谢贤群,苏文,等. 2004. 中国北方地区50年来最高和最低气温变化及其影响. 自然资源学报,19:

337-343.

王培娟,梁宏,李祎君,等. 2011. 气候变暖对东北三省春玉米发育期及种植布局的影响. 资源科学,**33**(10):
1976-1983.

王萍,李廷全,闫平,等. 2008. 黑龙江省近35年气候变化对粳稻发育期及产量的影响. 中国农业气象,**29**
(3):268-271.

王璞. 2004. 农作物概论. 北京:北京农业大学出版社.

王琪,马树庆,郭建平,等. 2009. 温度对玉米生长和产量的影响. 生态学杂志,**28**(2):255-260.

王位泰,张天锋,黄斌,等. 2006. 甘肃陇东黄土高原冬小麦对气候变暖的响应. 生态学杂志,**25**(7):774-778.

王位泰,黄斌,张天锋,等. 2007. 陇东黄土高原冬小麦生长对气候变暖的响应特征. 干旱地区农业研究,**25**
(1):153-157.

王西成,赵虹,曹廷杰. 2007. 谈2007年黄淮麦区小麦品种的利用. 河南农业科学,(8):16-20.

王修兰,徐崔. 2003. CO_2 浓度倍增及气候变暖对农业生产影响的诊断与评估. 中国生态农业学报,**11**(4):
47-48.

王修兰,徐诗华,李佑祥,1996. CO_2 浓度倍增对小麦生育性状和产量构成的影响. 生态学报,**16**(3):328-332.

王亚伟,翟盘茂,田华. 2006. 近40年南方高温变化特征与2003年的高温事件. 气象,(10):27-33.

王沅,田正国,邱泽生,等. 1981. 小麦小花发育不同时期遮光对穗粒数的影响. 作物学报,(7):157-164.

王铮,彭涛,魏光辉,等. 1994. 近40年来中国自然灾害的时空统计特征. 自然灾害学报,**3**(2):16-27.

王志强,方伟华,何飞,等. 2008. 中国北方气候变化对小麦产量的影响——基于EPIC模型的模拟研究. 自然
灾害学报,**17**(1):109-114.

王志伟,唐红玉,李芬. 2005. 近50年中国华南雨涝变化特征分析. 热带气象学报,**21**(1):87-92.

王宗明,于磊,张柏,等. 2006. 过去50年吉林玉米带玉米种植面积时空变化及其成因分析. 地理科学,**26**:
299-305.

王宗明,宋开山,李晓燕,等. 2007. 近40年气候变化对松嫩平原玉米带单产的影响. 干旱区资源与环境,**21**
(9):112-117.

王遵娅,丁一汇. 2006. 近53年中国寒潮的变化特征及其可能原因. 大气科学. **30**(6):1068-1076.

魏凤英. 2007. 现代气候统计与预测技术. 北京:气象出版社.

魏凤英,冯蕾,马玉平,等. 2010. 东北地区玉米气候生产潜力时空分布特征. 气象科技,**38**(2):243-247.

魏金连,潘晓华. 2008. 夜间温度升高对早稻生长发育及产量的影响. 江西农业大学学报,**30**(3):427-432.

魏金连,潘晓华,邓强辉. 2010a. 不同生育阶段夜温升高对双季水稻产量的影响. 应用生态学报,**21**(2):
331-337.

魏金连,潘晓华,邓强辉. 2010b. 夜间温度升高对双季早晚稻产量的影响. 生态学报,**30**(10):2793-2798.

吴建寨,任育锋,王东杰. 2011. 我国稻谷消费时空动态研究. 中国食物与营养,**17**(7):41-44.

吴健,蒋跃林. 2008. CO_2 浓度对水稻籽粒蛋白质及氨基酸含量的影响. 安徽农学通报,**14**(11):84-86.

吴林,覃峥嵘,黄大贞,等. 2009. 华南区域季节性降水的差异分析. 气象研究与应用,(3):5-7,11.

吴普特,赵西宁. 2010. 气候变化对中国农业用水和粮食生产的影响. 农业工程学报,**26**(2):1-6.

吴育英,刘小英,朱彩华,等. 2010. 水稻病虫草综合危害损失评估试验初探. 上海农业科技,(4):126,123.

吴志祥,周兆德. 2004.气候变化对我国农业生产的影响及对策. 华南热带农业大学学报,**10**(2):7-11.

武万里. 2008. 气候变暖背景下宁夏水稻低温冷害的变化特征分析. 宁夏农林科技,(1):54-59.

武万里,韩世涛. 2007. 气候变暖对宁夏小麦干热风的影响. 宁夏农林科技,(1):64-66.

夏敬源. 2008. 我国重大农业生物灾害暴发现状与防控成效. 中国植保导刊,**28**(1):5-9.

肖风劲,张海东,王春乙. 2006. 气候变化对我国农业的可能影响及适应性对策. 自然灾害学报,**15**(6):
327-331.

肖满开,严士贵,柏玉明,等. 2007. 几种药剂防治褐飞虱效果比较. 现代农药,**6**(5):54,55.

肖运成,艾厚煜. 1999. 浅析逆温对玉米雌穗分化的影响. 种子,**18**(1):70-73.

谢家琦,李金才,魏凤珍. 2008. 花后渍水逆境对冬小麦产量及氮磷钾营养状况的影响. 中国农学通报,(24):425-429.

谢立勇,林而达. 2007. 二氧化碳浓度增高对稻、麦品质的影响研究进展. 应用生态学报,**18**(3):659-664.

谢立勇,郭明顺,曹敏建,等. 2009. 东北地区农业应对气候变化的策略与措施分析. 气候变化研究进展,**5**(3):174-178.

谢鲁承,郭海明,欧高财,等. 2007. 气象因素与早稻瘟病发生条件分析. 湖南农业科学,(6):142-143.

熊伟. 2009. 气候变化"威胁"中国农业.华夏星火·农经,(7):58-59.

熊伟,许吟隆,林而达,等. 2005. IPCC SRES A2 和 B2 情景下中国玉米产量变化模拟. 中国农业气象,**26**(1):11-15.

熊伟,居辉,许吟隆. 2006. 气候变化下我国小麦产量变化区域模拟研究. 中国生态农业学报. **14**(2):164-167.

熊伟,杨婕,林而达,等. 2008. 未来不同气候变化情景下中国玉米产量的初步预测. 地球科学进展,(10):1092-1101.

徐冠军. 1999. 植物病虫害防治学. 北京:中央广播电视大学出版社:1-4.

徐海莲,曾宜杰,徐善忠,等. 2010. 水稻病虫危害损失和防治效益评估研究初报. 植物保护,**36**(4):148-151.

许信旺,孙满英,方宇媛. 2011. 安徽省气候变化对水稻生产的影响及应对. 农业环境科学学报,**30**(9):1755-1763.

薛昌颖,刘荣花,吴骞. 2010. 气候变暖对信阳地区水稻生育期的影响. 中国农业气象,**31**(3):353-357.

薛智德,王忠林. 1994. 农田防护林对小麦病虫害的影响. 陕西林业科技,(2):36-39.

闫敏华,邓伟,陈泮勤. 2003. 三江平原气候突变分析. 地理科学,**23**(6):661-667.

杨爱萍,冯明,刘安国. 2009. 湖北水稻盛夏低温冷害变化特征及其影响. 华中农业大学学报,**28**(6):771-775.

杨飞,姚作芳,宋佳,等. 2012. 松嫩平原作物生长季气候和作物生育期的时空变化特征. 中国农业气象,**33**(1):18-26.

杨国虎. 2005. 玉米花粉花丝耐热性研究进展. 种子,**24**(2):47-51.

杨国华,董建力. 2009. 灌浆期高温胁迫对小麦叶绿素和粒重的影响. 甘肃农业科技,(8):3-4.

杨恒山,李华,李红,等. 2000. 我国气候变化及其农业影响研究综述. 哲里木畜牧学院学报,(1):21-26.

杨建莹,梅旭荣,刘勤,等. 2011. 气候变化背景下华北地区冬小麦生育期的变化特征. 植物生态学报,**35**(6):623-631.

杨连新,李世峰,王余龙,等. 2007a. 开放式空气二氧化碳浓度增高对小麦产量形成的影响. 应用生态学报,**18**:75-80.

杨连新,王余龙,李世峰,等. 2007b. 开放式空气二氧化碳浓度增高对小麦物质生产与分配的影响. 应用生态学报,**18**(2):339-346.

杨沈斌,申双和,赵小艳,等. 2010. 气候变化对长江中下游稻区水稻产量的影响. 作物学报,**36**(9):1519-1528.

杨万江. 2009. 水稻发展对粮食安全贡献的经济学分析. 中国稻米,(3):1-4.

杨文华,姚麒麟,张功铨. 2000. 按照气候变化调整大、小麦种植技术. 上海农业科技,(5):23-25.

杨喜田. 1991. 农田防护林对小麦水分利用效率的影响. 河南农业大学学报,(25):333-338.

杨小利,姚小英,蒲金涌,等. 2009. 天水市干旱气候变化特征及粮食作物结构调整. 气候变化研究进展,**5**(3):179-184.

杨晓光,刘志娟,陈阜. 2010. 全球气候变暖对中国种植制度可能影响Ⅰ:气候变暖对中国种植制度北界和粮食产量可能影响的分析. 中国农业科学,**43**(2):329-336.

杨晓光,刘志娟,陈阜. 2011. 全球气候变暖对中国种植制度可能影响Ⅵ:未来气候变化对中国种植制度北界的可能影响. 中国农业科学,**44**(8):1562-1570.

杨晓琳,宋振伟,王宏,等. 2012. 黄淮海农作区冬小麦需水量时空变化特征及气候影响因素分析. 中国生态农业学报,**20**(3):356-362.

杨彦武,于强,王靖. 2004. 近40年华北及华东局部主要气候资源要素的时空变异性. 资源科学,**26**(4):45-50.

杨镇. 2007. 东北玉米. 北京:中国农业出版社.

姚凤梅. 2005. 气候变化对我国粮食产量的影响评价——以水稻为例. 北京:中国科学院大气物理研究所.

姚小英,邓振镛,蒲金涌,等. 2004. 甘肃省糜子生态气候研究及适生种植区划. 干旱气象,**22**(2):52-56.

姚玉璧,王润元,杨金虎,等. 2011. 黄土高原半湿润区气候变化对冬小麦生育及水分利用效率的影响. 西北植物学报,**31**(11):2290-2297.

尤凤春,郝立生,史印山,等. 2007. 河北省冬麦区干热风成因分析. 气象,**33**:95-100.

于沪宁. 1995. 气候变化与中国农业的持续发展. 生态农业研究,**3**(4):38-43.

于秀晶,刘玉瑛,胡靖彪. 2003. 吉林省近50年气候变化研究. 吉林气象,(2):27-30.

于振文. 2006. 小麦产量与品质生理及栽培技术. 北京:中国农业出版社.

余卫东,赵国强,陈怀亮. 2007. 气候变化对河南省主要农作物生育期的影响. 中国农业气象,**28**(1):9-12.

禹代林,欧珠. 1999. 西藏玉米生产的现状与建议. 西藏农业科技,**21**(1):20-22.

云雅如,方修琦,王媛,等. 2005. 黑龙江省过去20年粮食作物种植格局变化及其气候背景. 自然资源学报,**20**(5):697-705.

云雅如,方修琦,王丽岩,等. 2007. 我国作物种植界线对气候变暖的适应性响应. 作物杂志,(3):20-23.

曾凯,周玉,宋国华. 2011. 气候变暖对江南双季稻灌浆期的影响及其观测规范探讨. 气象,**37**(4):468-473.

翟盘茂,潘晓华. 2003. 中国北方近50年温度和降水极端事件变化. 地理学报,**58**(增刊):1-10.

翟盘茂,李茂松,高学杰. 2009a. 气候变化与灾害. 北京:气象出版社.

翟盘茂,王萃萃,李威. 2009b. 极端降水事件变化的观测研究. 气候变化研究进展,**3**(3):144-148.

张爱民,王效瑞,马晓群. 2002. 淮河流域气候变化及其对农业的影响. 安徽农业科学,**30**(6):843-846.

张德汴,霍继超. 2011. 气候变化与玉米生产的响应分析——以1961—2010年开封市玉米生产为例. 河南科学,**29**(9):1066-1069.

张福春. 1987. 中国农业物候图集. 北京:科学出版社.

张厚瑄. 2000a. 中国种植制度对全球气候变化响应的有关问题 I. 气候变化对中国种植制度的影响. 中国农业气象,**21**(1):9-13.

张厚瑄. 2000b. 中国种植制度对全球气候变化响应的有关问题 II. 中国种植制度对气候变化响应的主要问题. 中国农业气象,**21**(2):10-13.

张吉旺. 2005. 光温胁迫对玉米产量和品质及其生理特性的影响. 哈尔滨:东北农业大学.

张蕾,霍治国,王丽,等. 2012. 气候变化对中国农作物虫害发生的影响. 生态学杂志,**31**(6):1499-1507.

张礼福,朱旭彤,胡业正,等. 1989. 小麦前期生长对弱光的反应. 湖北农业科学,(2):9-12.

张强,邓振镛,赵映东. 2008. 全球气候变化对我国西北地区农业的影响. 生态学报,**28**(3):1210-1218.

张茹琴. 2010. 气候变暖对玉米生长及其土壤微生物数量的影响. 安徽农业科学,**38**(12):6409-6411.

张卫建,陈金,徐志宇,等. 2012. 东北稻作系统对气候变暖的实际响应与适应. 中国农业科学,**45**(7):1265-1273.

张小丽,张儒林. 2001. 20世纪深圳气温变化特征及严重冷暖事件. 热带气象学报,(3):293-300.

张秀云,姚玉璧,蒲金涌,等. 2012. 西北半干旱区主要农作物对气候暖干化的响应. 干旱区资源与环境,(3):42-47.

张养才,何维勋,李世奎. 1991. 中国农业气象灾害概论. 北京:气象出版社.

张勇,张强,叶殿秀,等. 2009. 1951—2006 年黄河和长江流域雨涝变化分析. 气候变化研究进展,**5**(4): 226-230.

张正斌,山仑,王德轩. 1996. 降水因子与小麦产量最优回归模型的探讨. 水土保持通报,**16**(4):31-35.

章基嘉,徐祥德,苗俊峰. 1992. 气候变化及其对农作物生产潜力的影响. 气象,**18**(8):3-7.

章秀福,王丹英. 2003. 我国稻—麦两熟种植制度的创新与发展. 中国稻米,**2**:3-5.

赵广才. 2010. 中国小麦种植区划研究(一). 麦类作物学报,**30**(5):886-895.

赵鸿,肖国举,王润元,等. 2007a. 气候变化对半干旱雨养农业区春小麦生长的影响. 地球科学进展,**22**(3): 322-327.

赵鸿,王润元,王鹤龄,等. 2007b. 西北干旱半干旱区春小麦生长对气候变暖响应的区域差异. 地球科学进展,**22**(6):636-641.

赵鸿,何春雨,李凤民,等. 2008. 气候变暖对高寒阴湿地区春小麦生长发育和产量的影响. 生态学杂志,**27**: 2111-2117.

赵建平,帅文卫. 2002. 天门市农业产业结构调整中的气候问题初探. 湖北气象,**4**:33-34.

赵江英. 2009. 干旱天气小麦的节水栽培技术初探. 安徽农学通报(下半月刊),(10):182-183.

赵俊芳,杨晓光,刘志娟. 2009. 气候变暖对东北三省春玉米严重低温冷害及种植布局的影响. 生态学报,**29**(12):6544-6551.

赵俊芳,赵艳霞,郭建平,等. 2012. 过去 50 年黄淮海地区冬小麦干热风发生的时空演变规律. 中国农业科学,**45**:2815-2825.

赵荣,张存岭,陈若礼,等. 2005. 影响淮北地区小麦生产的降水因子分析. 中国农学通报,(21):117-120.

赵圣菊,姚彩文. 1988. 厄尔尼诺与小麦赤霉病大流行关系的研究. 灾害学,(3):21-28.

赵圣菊,姚霍. 1991. 中国小麦赤霉病地域分布的气候分区. 中国农业科学,(24):60-61.

中国农业年鉴编辑委员会. 2007. 中国农业年鉴. 北京:中国农业出版社.

中国气象局. 2007. QX/T 82—2007 小麦干热风灾害等级. 北京:气象出版社.

中华人民共和国农业部. 2009. 新中国农业 60 年统计资料. 北京:中国农业出版社.

周光明. 2009. 松嫩平原作物气候生产潜力分析及其气候变化响应. 黑龙江农业科学,(5):35-37.

周广胜,李从先,辛小平,等. 2005. 第 12 章 气候与环境未来变化对生态系统的影响.//陈宜瑜,丁永建,佘之详,林而达主编. 中国气候与环境演变(下卷):气候与环境变化的影响与适应、减缓对策. 北京:科学出版社:49-79.

周京平,王卫丹. 2009. 极端气候因素对中国农业经济影响初探. 现代经济,**8**(7):142-145.

周丽静. 2009. 气候变暖对黑龙江省水稻、玉米生产影响的研究.山东:山东农业大学.

周林,王汉杰,朱红伟. 2003. 气候变暖对黄淮海平原冬小麦生长及产量影响的数值模拟. 解放军理工大学学报,(4):76-82.

周守华,黄永平,苏荣瑞,等. 2009. 盛夏中稻极端热冷害的气象生态表征及对策. 湖北农业科学,**48**(8): 1817-1822.

周曙东,周文魁,朱红根,等. 2010. 气候变化对农业的影响及应对措施. 南京农业大学学报(社会科学版),(1):34-39.

周新保. 2005. 河南省小麦品种更新及发展. 种子世界,(5):5-7.

周震,王鹤龄,李耀辉. 2006. 甘肃河西地区棉花生长对气候变暖的响应及对策研究. 中国棉花,**33**(11): 17-18.

朱大威,金之庆. 2008. 气候及其变率变化对东北地区粮食生产的影响. 作物学报,**34**(9):1588-1597.

朱红根. 2010. 气候变化对中国南方水稻影响的经济分析及其适应策略. 南京:南京农业大学.

朱兴明,曾庆曦,宁清利. 1983. 自然高温对杂交稻开花受精的影响. 中国农业科学,(2):37-43.

朱展望,黄荣华,佟汉文,等. 2008. 气候变暖对湖北省小麦生产的影响及应对措施. 湖北农业科学,**8**(10):

1216-1218.

竺可桢. 1958. 中国的亚热带. 科学通报, **17**:524-527.

邹立坤, 张建平, 姜青珍. 2001. 冬小麦北移种植的研究进展. 中国农业气象, **22**(20):53-57.

祖世亨, 曲成军, 高英姿, 等. 2001. 黑龙江省冬小麦气候区划研究. 中国生态农业学报, **9**:85-87.

左洪超, 吕世华, 胡隐樵. 2004. 中国近 50 年气温及降水量的变化趋势分析. 高原气象, **23**(2):238-244.

Bale J S, Masters G J, Hodkinson I D, et al. 2002. Herbivory in global climate change research: Direct effects of rising temperature on insect herbivores. *Global Change Biology*, **8**:1-16.

Battisti D S, Naylor R L. 2009. Historical warnings of future food insecurity with unprecedented seasonal heat. *Science*, **323**:240-244.

Brooks T J, Wall G W, Pinter P J, et al. 2000. Acclimation response of spring wheat in a free-air CO_2 enrichment (FACE) atmosphere with variable soil nitrogen regimes. 3. Canopy architecture and gas exchange. *Photosynthesis Research*, **66**:97-108.

Brown R A, Rosenberg N J. 1997. Sensitivity of crop yield and water use to change in a range of climatic factors and CO_2 concentrations: a simulation study applying EPIC to the central USA. *Agricultural and Forest Meteorology*, **83**:171-203.

Challinor A J, Wheeler T R, Craufurd P Q, et al. 2005. Simulation of the impact of high temperature stress on annual crop yields. *Agric For Meteor*, **135**(1-4):180-189.

Chaudhari K, Oza M, Ray S. 2010. Impact of climate change on yield of major food crops in India. ISPRS Archives XXXVIII-8/W3 Workshop Proceedings.

Chaves M M, Maroco J P, Pereira J S. 2003. Understanding plant responses to drought-from genes to the whole plant. *Functional Plant Biology*, **30**:239-264.

Chen F J, Wu G, Ge F, et al. 2005. Effects of elevated CO_2 and transgenic Bt cotton on plant chemistry, performance and feeding of insect herbivore, cotton bollworm Helicoverpa armigera (Hubner). *Entomologia Experimentalis et Applicata*, **115**:341-350.

Deepak S S, Agrawal M. 1999. Growth and yield responses of wheat plant to elevated levels of CO_2 and SO_2, singly and in combination. *Environmental Pollution*, **104**:411-419.

Demotes-Mainard S, Jeuffroy M H. 2004. Effects of nitrogen and radiation on dry matter and nitrogen accumulation in the spike of winter wheat. *Field Crops Research*, **87**(2):221-233.

Drake B G, GonzalezMeler M A, Long S P. 1997. More efficient plants: A consequence of rising atmospheric CO_2 Ann. *Rev Plant Phys Plant Mol Biol*, **48**:609-639.

Drake V A. 1994. The influence of weather and climate on agriculturally important insects: An Australian perspective. *Australian Journal of Agricultural Research*, **45**(3):487-509.

Easterling W E, Aggarwal P K, Batima P, et al. 2007. Food, fibre and forest products. *Climate Change 2007: Impacts, Adaptation and Vulnerability*. Contribution of Working Group II to the Fourth Assessment Report of the Intergovernmental Panel on Climate Change. Parry M L, Canziani O F, Palutikof J P, et al. Eds. Cambridge University Press, Cambridge, UK, p 273-313.

Estrada-Campuzano G, Miralles D J, Slafer G A. 2008. Yield determination in triticale as affected by radiation in different development phases. *European Journal of Agronomy*, **28**:597-605.

Evans L T. 1993. *Crop Evolution, Adaption and Yield*. Cambridge: Cambridge University Press.

FAO. 2009. *The State of Food Insecurity in the World* 2009. Rome: FAO.

Fischer R A, Stockman Y M. 1980. Kernel number per spike in wheat: Responses to preanthesis shading. *Australian Journal of Plant Physiology*, (7):169-180.

Hakala K. 1998. Growth and yield potential of spring wheat in a simulated changed climate with increased

CO₂ and higher temperature. *European Journal of Agronomy*, (9):41-52.

Hanson J D,Liebig M A,Merrill S D,et al. 2007. Dynamic cropping systems:Increasing adaptability amid an uncertain future. *Agronomy Journal*,**99**:939-943.

Hatfield J L. 1981. Spectral behavior of wheat yield variety trials. *Photogrammetric Engineering and Remote Sensing*, **47**:1487-1491.

He B, Lu A, Wu J, et al. 2011. Drought hazard assessment and spatial characteristics analysis in China. *Journal of Geographical Sciences*, **21**:235-249.

Hoogenboom G, Tsuji G Y, Pickering N B, et al. 1995. Decision support system to study climate change impacts on crop production. In:*Climate change and agriculture:Analysis of potential international Impacts*, ASA Special Publication, No.59:51-75.

Howden S M, Ash A J, Barlow E W R,et al. 2003. An overview of the adaptive capacity of the Australian agricultural sector to climate change-options,costs and benefits. Report to the Australian Greenhouse Office, Canberra,Australia,157. http://www. eedu. org. cn/Article/Biodiversity/pact/200608/9439. html.

IPCC. 2007. *Climate Change 2007: Impacts, Adaptation and Vulnerability*. Working group II contribution to the intergovernmental panel on climate change fourth assessment report. Brussels:IPCC, 2007.

IPCC. 2007. *Climate Change 2007:Synthesis Report*. Cambridge:Cambridge University Press

IPCC. 2007. *Climate Change 2007:The Physical Science Basis*. Cambridge University Press, 996.

Jeffrey S A. 2001. Effects of atmospheric CO₂ concentration on wheat yield:review of results from experiments using various approaches to control CO₂ concentration. *Field Crops Research*, **73**:1-34.

Judel G K, Mengel K. 1982. Effect of shading on nonstructural carbohydrates and their turnover in culms and leaves during the grain filling period of spring wheat. *Crop Science*, **22**:958-962.

Kevenbolden K. 1993. Gas hydrates-geological perspective and global change. *Review Geophysics*, **31**:173-187.

Kim H Y, Lieffering M, Kobayashi K, et al, 2003a. Effects of free-air CO₂ enrichment and nitrogen supply on the yield of temperate paddy rice crops. *Field Crops Research*, **83**(3):261-270.

Kim H Y, Lieffering M, Kobayashi K, et al , 2003b. Seasonal changes in the effects of elevated CO₂ on rice at three levels of nitrogen supply:A free air CO₂ enrichment (FACE) experiment. *Global Change Biology*, **9**:826-837.

Kirschbaum M U F. 1995. The temperature dependence of soil organic matter decomposition,and the effect of global warming on soil organic C storage. *Soil Biology and Biochemistry*,**27**:753-760.

Kirschbaum M U F. 2004. Direct and indirect climate change effects on photosynthesis and transpiration. *Plant Biology*, **6**(3):242-253.

Kobayashi K, Lieffering M, Kim H Y. 2001. Growth and yield of paddy rice under free-air CO₂ enrichment. In:Shiyomi M, Koizumi H (eds), *Structure and Function in Agroecosystem Design and Management*. Boca Raton, Florida, USA:CRC Press:371-395.

Leung Y K, Yeung K H, Ginne W L, et al. 2004. Climate changes in HongKong Observatory. *Technical Note*,**107**:41.

Li C, Zhuang Y, Frolking S, et al. 2003. Modeling soil organic carbon change in cropland of China. *Ecological Application*, (1):327-336.

Liu Y, Wang E, Yang X, et al. 2009. Contributions of climatic and crop varietal changes to crop production in the North China Plain, since 1980s. *Global Change Biology*, **16**:2287-2299.

Lobell D B,Asner G P. 2003. Climate and management contributions to recent trends in U. S. agricultural yields. *Science*,**299**:1032.

Lobell D B, Burke M B, Tebaldi C, et al. 2008. Prioritizing climate change adaptation needs for food security in 2030. *Science*, **319**:607-610

Long S P, Ainsworth E A, Rogers A, Ort D R. 2004. Rising atmospheric carbon dioxide: Plants FACE the future. *Annual Review of Plant Physiology*, **55**:591-628.

Manderscheid R, Weigel H J. 2007. Drought stress effects on wheat are mitigated by atmospheric CO_2 enrichment. *Agronomy for Sustainable Development*, **27**:79-87.

Matsui T, Horie T. 1992. Effects of elevated CO_2 and high temperature on growth and yield of rice--Part 2: Sensitive period and pollen germination rate in high temperature sterility of rice spikelets at flowering. *Japan Journal of Crop Science*, **61**:148-149.

Matthews R B, Kropff M J, Horie T, Bachelet D. 1997. Simulating the impact of climate change on rice production in Asia and evaluating options for adaptation. *Agricultural Systems*, **54**:399-425.

Mavromatis T. 2007. Drought index evaluation for assessing future wheat production in Greece. *International Journal of Climatology*, **27**:911-924 .

McKane R B, Rastetter E B, Shaver G R, et al. 1997. Climatic effects on tundra carbon storage inferred from experimental data and a model. *Ecology*, **78**:1170-1187.

Mohammed A-R, Tarpley L. 2009. Impact of high nighttime temperature on respiration, membrane stability, antioxidant capacity, and yield of rice plants. *Crop Science*, **49**:313-322.

Nicholls N. 1997. Increased Australian wheat yield due to recent climate trends. *Nature*, **387**:484 -485.

Parry M L., Carter T R, Knoijin N T, et al. 1988. The Impact of Climatic Variations on Agriculture. Kluwer, Dordrecht.

Peng S, Huang J, Sheehy J E, et al. 2004. Rice yields decline with higher night temperature from global warming. *Proc. Natl. Acad. Sci. USA.* **101**:9971-9975.

Pinter P J, Kimball B A, Wall G W, et al. 2000. Free-air CO_2 enrichment (FACE): Blower effects on wheat canopy microclimate and plant development. *Agri For Meteorol*, **103**:319-333.

Polley H W. 2002. Implications of atmospheric and climatic change for crop yield and water use efficiency. *Crop Science*, **42**(1):131-140

Rachel W, Arnell N, Nicholls R, et al. 2006. Understanding the Regional Impacts of climate change. Research Report Prepared for the Stern Review on the Economics of Climate Change. Research Working Paper No. 90 Tyndall Centre for Climate Change, Norwich.

Rosenzweig C. 1993. Modeling crop responses to environmental change. *Vegetation Dynamics and Global Change*. Chapman & Hall, 306-321.

Rosenberg N J, Kimball B A, Martin P, et al. 1990. From climate and CO_2 enrichment to evapotranspiration. *Climate Change and US Water Resources*:286.

Rosenzweig C and Chillel D. 1998. *Climate Change and the Global Harvest*. Oxford University Press.

Slafer G A, Rawson H M. 1994. Sensitivity of wheat phasic development to major environmental factors: A re-examination of some assumptions made by physiologists and modellers. *Functional Plant Biology*, **21**(4):393-426.

Sundquist E T. 1993. The global carbon dioxide budget. Science, **259**:934-94.

Tao F, Yokozawa M, Xu Y, et al. 2006. Climate changes and trends in phenology and yields of field crops in China, 1981—2000. *Agricultural and Forest Meteorology*, **138**:82-92.

Tao F, Yokozawa M, Liu J, et al. 2008. Climate-crop yield relationships at provincial scales in China and the impacts of recent climate trends. *Clim Res*, **38**:83-94.

Tubiello F N, Soussana J-F, Howden S M. 2007. Crop and pasture response to climate change. PNAS, **104**:

19686-19690.

Turner N C. 2004. Sustainable production of crops and pastures under drought in a Mediterranean environment. *Annals of Applied Biology*, **144**:139-147.

Wang E, Yu Q, Wu D, Xia J. 2008. Climate, agricultural production and hydrological balance in the North China Plain. *International Journal of Climatology*, **28**:1959-1970.

Wang G G, Qian H, Klinka K. 1994. Growth of Thuja plicata seedlings along a light gradient. *Canadian Journal of Botany*, **72**:1749-1757.

Wang Z, Yin Y, He M, et al. 2003. Allocation of photosynthates and grain growth of two wheat cultivars with different potential grain growth in response to pre- and post-anthesis shading. *Crop Science*, **189**: 280-285.

Wheeler T R, Hong T D, Ellis R H, et al. 1996. The duration and rate of grain growth, and harvest index, of wheat (*Triticum aestivum L.*) in response to temperature and CO_2. *Journal of Experimental Botany*, **47**(5):623-630.

Wu D X, Wang G X, Bai Y F, et al. 2004. Effects of elevated CO_2 concentration on growth, water use, yield and grain quality of wheat under two soil water levels. *Agriculture, Ecosystems & Environment*, **104**: 493-507.

Xiao G J, Zhang Q, Yao Y B, et al. 2008. Impact of recent climatic change on the yield of winter wheat at low and high altitudes in semi-arid northwestern China. *Agric Ecosys Environ*, **127**:37-42.

Xiong W, Conway D, Lin E D, Holman I. 2009. Potential impacts of climate change and climate variability on China's rice yield and production. *Climate Research*, **40**:23-35.

You L, Rosegrant M W, Wood S, et al. 2009. Impact of growing season temperature on wheat productivity in China. *Agricultural and Forest Meteorology*, **149**(6):1009-1014.

Zhang R H, Wu B Y, Zhao P, et al. 2008. The decadal shift of the summer climate in the late 1980s over Eastern China and its possible causes. *Acta Meteorologica Sinica*, (4):435-445.

Zhang T, Zhu J, Wassmann R. 2010. Responses of rice yields to recent climate change in China: An empirical assessment based on long-term observations at different spatial scales (1981—2005). *Agricultural and Forest Meteorology*, **150**:1128-1137.